HACK · DER SCHNELLE DIESEL

Typologie aller Diesel-Personenwagen

Entwicklung
Motor-Technik
Turbo-Aufladung
Rekordwagen

Gert Hack

unter Mitarbeit von Wolfgang König

Der schnelle Diesel

Alles über Diesel-Autos

Motorbuch Verlag Stuttgart

Einband und Schutzumschlag: Siegfried Horn,
unter Verwendung von Fotos von H. P. Seufert und Daimler-Benz

Fotos und Abbildungen: Alfa Romeo (2), Aral (1), Archiv (20), Audi (11), Austin (3), Automobil Revue (1), Autopress (1), Beru (1), BMW (2), Bosch (21), Busch (2), Citroen (9), Daimler-Benz (55), Daihabu (1), Datsun (10), Elsbett (1), Farymann (3), v. Fersen (1), Fiat (17), Ford (13), General Motors (15), Hack (5), Hölder (2), Innocenti (1), Isuzu (7), KKK (2), König (4), Lancia (1), Mades (1), Mahle (1), M.A.N. (26), Mazda (2), Mitsubishi (4), Molter (2), Opel (21), Perkins (1), Peugeot (30), Porsche (2), Renault (11), Rolls Royce (3), Saurer (1), Seat (1), Seufert (19), Shell (1), Sulzer (1), Talbot (1), Toyota (7), Volga (1), Volvo (3), VW (24).

ISBN 3-87943-746-7 (1. Auflage)
ISBN 3-613-01048-8 (ab 2. Auflage)

2. Auflage 1985

Eine Abteilung des Buch- und Verlagshauses Paul Pietsch GmbH & Co. KG.

Satz und Druck: Verlagsdruckerei Carle, 7143 Vaihingen/Enz.
Bindung: Verlagsbuchbinderei Karl Dieringer, 7000 Stuttgart.
Printed in Germany.

Inhalt

Vorwort 9

Die Geschichte einer Erfindung

Wie der Dieselmotor zu seinem Namen kam 11

Ein Motor wird geboren 12
Ein Motor lernt laufen 15
Wie der Dieselmotor ins Auto kam ... 17
Die ersten Diesel-Personenwagen gehen in Serie 30

Das Diesel-Prinzip

Warum der Diesel die wirtschaftlichste Wärmekraftmaschine ist 35

Das Arbeitsverfahren des Dieselmotors 36
Der Viertaktmotor 36
Der Zweitaktmotor 41
Die Thermodynamik des Dieselmotors 43
Der Otto-Prozeß 45
Der Gleichdruck-Prozeß 46
Der Grenzdruck-Prozeß 46
Der Verbrennungsvorgang im Dieselmotor 48
Die drei Verbrennungsphasen 49
Der Zündverzug 51
Das Einspritzgesetz 52
Wirkungsgrad und Verbrauch des Dieselmotors 53
Der indizierte Wirkungsgrad 54
Die Leistungsverluste im Dieselmotor .. 54
Die Energiebilanz 57
Der Gesamtwirkungsgrad 57
Die Abgase des Dieselmotors 58

Die Brennräume der Dieselmotoren

Wie der Diesel-Kraftstoff verbrannt wird 61

Dieselmotoren mit unterteiltem Brennraum 62
Vorkammermotoren 63
Wirbelkammermotoren 65
Dieselmotoren mit direkter Einspritzung 67
Das M-Verfahren 69
Das Elko-Verfahren 70

Das Kraftstoffsystem

Wie das Dieselöl in den Motor gelangt .. 72

Die Reiheneinspritzpumpe 75
Die Verteilereinspritzpumpe 78
Der Regler 80
Der Spritzversteller 83
Der elektronische Regler 85
Die Kraftstoff-Förderpumpe 87
Die Einspritzdüsen 88
Die Pumpen-Düse 89

Konstruktionsmerkmale des Dieselmotors

Wie Dieselmotoren gebaut sind und wie lange sie leben 91

Das Triebwerk 92
Der Zylinderkopf ist hoch belastet 95
Zwei Konstruktions-Philosophen konkurrieren 97
Warum ein Dieselmotor länger lebt 101

Die Aufladung des Dieselmotors

Wie der Turbolader zum Dieselmotor kam 103

Wie sich der Turbolader durchgesetzt hat 106
Warum der Turbolader für den Diesel besonders geeignet ist 108
Vom Weltrekordmotor zum ersten serienmäßigen Turbo-Diesel 112
Mercedes-Benz 300 SD – der erste Personenwagen mit Turbo-Diesel 115
Ladedruckregelung – verschiedene Methoden zur Ladedruckbegrenzung .. 116
Peugeot 604 D Turbo – Zurückhaltung bei der Leistungsausbeute 118
Neuentwicklung für die Serie und Verbrauch 119

Der Dieselkraftstoff

Woher er kommt, wie er hergestellt wird und was ihn auszeichnet 124

Das Ausgangsprodukt Rohöl 125
Die Herstellung von Dieselkraftstoff 127

Die besonderen Eigenschaften
von Dieselöl 130
Die Cetanzahl und was sie bedeutet . . . 132

Das Universalgenie

Welche extremen Bauformen
mit dem Dieselprinzip möglich sind 134
Die Motor-Miniaturen 135
Die Mammut-Maschinen 139
Das Raritäten-Kabinett 144

Diesel-Rekordwagen und -Rennwagen

Wie sich der Dieselmotor auf Rekord-
und Rennpisten bewährte 150
Die Europäer entdecken
den Rekord-Diesel 154
Unternehmen Nardo – Weltrekorde
nach Plan 163
Marathonfahrten ganz besonderer Art . . 167
Eine Zigarre von VW 170

Diesel in der Praxis

Worauf beim Umgang mit Diesel-Personen-
wagen besonders zu achten ist 174
Ohne elektrische Starthilfe geht es nicht 175
Ein Diesel braucht keinen Choke 181
Diesel im Winter 182
Kaltstart-Tips für die Praxis 185
Praktische Diesel-Ratschläge 186

Die Typologie der Diesel-Personenwagen

Welche Diesel-Personenwagen
bisher gebaut wurden 193
Alfa Romeo Giulia Diesel (1977 bis 1979) 194
Alfa Romeo Alfetta Turbodiesel (1979) . . 195
Alfa Romeo Alfa 90 (ab 1984) 196
Audi 100 5 D (1978 bis 1982) 197
Audi 100 Diesel und Turbodiesel
(ab 1982) 198
Audi 80 Diesel und Turbodiesel
(ab 1980) 199
Austin Taxi FX4 (ab 1958) 200
Austin Cambridge (1962 bis 1965)
Morris Oxford (1962 bis 1968) 201
BMW 524 TD (ab 1983) 202
Borgward Hansa 1800 Diesel
(1952 bis 1954) 203
Citroen CX 2200 D (1975 bis 1978)
Citroen CX 2500 D (ab 1978) 204
Citroen CX 25 RD/TRD Turbo (ab 1983) . 205
Citroen BX 19 RD/TRD (ab 1983) 206
Citroen Visa 17 D/RD (ab 1984) 207
Datsun/Nissan Cedric (1968 bis 1979) . . 208
Datsun/Nissan Cedric (ab 1979) 209
Datsun/Nissan Bluebird (1980 bis 1983) 210
Datsun/Nissan Bluebird (ab 1983) 211
Datsun/Nissan Laurel (ab 1981) 212
Datsun/Nissan Cherry (ab 1983) 213
Datsun/Nissan Sunny (ab 1982) 214
Daihatsu Charade Diesel (ab 1983) 215
Fiat 1400 D (1953 bis 1954) 216
Fiat 131 D 2000 (1978 bis 1984)
Fiat 131 D (1978 bis 1984) 217
Fiat 132 D 2000 (1978 bis 1981)
Fiat 132 D 2500 (1978 bis 1981) 218
Fiat Argenta Diesel (ab 1981)
Fiat Argenta Turbo D (ab 1983) 219
Fiat Ritmo D (ab 1980) 220
Fiat Regata D (ab 1983)
Fiat Regata DS (ab 1984) 221
Fiat 127 Diesel (ab 1981) 222
Fiat Uno Diesel (ab 1983) 223
Ford Granada 2,1 D (1978 bis 1982)
Ford Granada 1,9 D (ab 1978)
Ford Granada 2,5 D (ab 1982) 224
Ford Sierra 2,3 D (ab 1982) 225
Ford Fiesta Diesel (ab 1983) 226
Ford Escort Diesel (ab 1984) 227
Ford Escort Diesel/USA (ab 1984) 228
Ford Orion Diesel (ab 1984) 229
Ford Tempo (ab 1984) 230
GM Oldsmobile Delta 88/Ninety Eight
(1977 bis 1984)
GM Buick Le Sabre, Chevrolet Impala,
Pontiac Bonneville (1980 bis 1984) 231
GM Cadillac Seville (ab 1978 232
GM Cadillac Eldorado (ab 1978)
GM Oldsmobile Toronado (ab 1978) . . . 233
GM Buick Regal, Chevrolet Monte Carlo,
Oldsmobile Cutlass, Pontiac Bonneville
(ab 1979) 234
GM Chevrolet Chevette (ab 1982)
GM Pontiac 1000 (ab 1982) 235
GM Chevrolet Celebrity, Buick Century,
Oldsmobile Cutlass Ciera, Pontiac 6000
(ab 1982) 236
Hanomag Rekord Diesel (1938 bis 1940) 237
Innocenti 3 Diesel (ab 1983) 238
Isuzu Bellel 2000 Diesel (1961 bis 1967) 239
Isuzu Bellel 1800 Diesel (1965 bis 1967) 240
Isuzu Flarian Diesel (1977 bis 1983) 241

Isuzu Flarian / Aska Diesel (ab 1983)
Isuzu Flarian / Aksa Turbodiesel (ab 1983) 242
Isuzu Gemini Diesel (ab 1979) 243
Lancia Prisma Diesel (ab 1984) 244
Lincoln Mark VII Turbodiesel (ab 1984) . 245
Mazda 626 Diesel (ab 1983) 246
Mazda 929 Diesel (ab 1983) 247
Mercedes-Benz 260 D (1936 bis 1940) . 248
Mercedes-Benz 170 D (1949 bis 1953) . 249
Mercedes-Benz 170 DS (1952 bis 1953)
Mercedes-Benz 170 S-D (1953 bis 1955) 250
Mercedes-Benz 180 D (1953 bis 1962)
Mercedes-Benz 190 D (1958 bis 1961) 251
Mercedes-Benz 190 D (1961 bis 1965)
Mercedes-Benz 200 D (1965 bis 1968) 252
Mercedes-Benz 200 D (1968 bis 1976)
Mercedes-Benz 220 D (1968 bis 1976) 253
Mercedes-Benz 240 D (1973 bis 1976)
Mercedes-Benz 240 D 3.0 (1974 bis 1976) 254
Mercedes-Benz 200 D (1976 bis 1985)
Mercedes-Benz 220 D (1976 bis 1979) 255
Mercedes-Benz 240 D (1976 bis 1985) 256
Mercedes-Benz 300 D (1976 bis 1985) 257
Mercedes-Benz 240 TD (1977 bis 1985) 258
Mercedes-Benz 300 TD (1977 bis 1985)
Mercedes-Benz 300 TD Turbodiesel (1980 bis 1985) 259
Mercedes-Benz 300 SD Turbodiesel (1978 bis 1980) 260
Mercedes-Benz 300 SD Turbodiesel (ab 1980) 261
Mercedes-Benz 190 D (ab 1983) 262
Mercedes-Benz 200 D (ab 1985) 263
Mitsubishi Galant Turbodiesel (1980 bis 1984) 264
Mitsubishi Galant 1800 GLX Turbodiesel (ab 1984) 265
Mitsubishi Colt 1800 D (ab 1984) 266
Mitsubishi Lancer 1800 D (ab 1984) 267
Moskvich 2138/2140 (ab 1967) 268
Opel Rekord 2100 D (1972 bis 1977) . . . 269
Opel Rekord 2,1 D (1977 bis 1978)
Opel Rekord 2,3 D (1979 bis 1982) 270
Opel Rekord 2,3 D (ab 1982)
Opel Rekord 2,3 Turbodiesel (ab 1984) . 271
Opel Ascona 2,0 D (1978 bis 1981) 272
Opel Ascona 1,6 D (ab 1981) 273
Opel Kadett 1,6 D (1982 bis 1984) 274
Opel Kadett 1,6 D (ab 1984) 275
Peugeot 403 Diesel (1959 bis 1963) 276
Peugeot 404 Diesel (1962 bis 1971) 277
Peugeot 204 GL Diesel (1968 bis 1976) . 278
Peugeot 504 Diesel (ab 1971) 279
Peugeot 304 GL Diesel (1976 bis 1980) . 280
Peugeot 305 GL Diesel (1979 bis 1983) . 281
Peugeot 305 GLD/SRD (ab 1983) 282
Peugeot 604 GTD Turbo (ab 1979) 283
Peugeot 505 GLD/GRD/SRD (ab 1979) 284
Peugeot 505 SRD Turbo (ab 1980)
Peugeot 505 GTD Turbo (ab 1983) 285
Peugeot 205 GLD/GRD/SRD (ab 1983) . 286
Renault 20 TD/GTD (1980 bis 1984)
Renault 30 TD (1981 bis 1984) 287
Renault 25 TD/GTD (ab 1984)
Renault 25 Turbo D / Turbo DX (ab 1984) 288
Renault 18 TD/GTD (ab 1980)
Renault 18 GTD Turbo (ab 1983) 289
Renault Fuego Turbodiesel (ab 1982) . . 290
Renault 9 TD/GTD/TDE (ab 1983) 291
Renault 11 GTD (ab 1983) 292
Rover 2400 SD Turbo (ab 1982) 293
Standart Diesel (1954 bis 1955) 294
Seat 132 Diesel (1974 bis 1982) 295
Seat 131 Diesel (ab 1979) 296
Seat Ronda Diesel (ab 1982) 297
Chrysler Diesel (1976 bis 1979)
Talbot Simca Diesel (1979 bis 1982) . . . 298
Talbot Tagora DT (1980 bis 1983) 299
Talbot Horizon LD/EXD (ab 1982) 300
Toyota Crown Diesel (ab 1978)
Toyota Crown Turbodiesel (ab 1982) . . . 301
Toyota Mark II / Cressida Diesel (ab 1981)
Toyota Mark II / Cressida Turbodiesel (ab 1982) 302
Toyota Carina 1800 Diesel (ab 1982) . . . 303
Toyota Corona FF / Carina II Diesel (ab 1983) 304
Toyota Camry Turbodiesel (ab 1983) . . . 305
Toyota Corolla 1800 Diesel (ab 1983) . . 306
Volga GAZ-24 (ab 1973) 307
Volvo 244 GL D6 (ab 1979)
Volvo 245 GL D6 (ab 1979) 308
Volvo 740 GLE Diesel (ab 1984)
Volvo 760 GLE Turbodiesel (ab 1982) . . 309
VW Golf Diesel (1976 bis 1982) 310
VW Golf GTD (1982 bis 1983) 311
VW Golf Diesel (ab 1983)
VW Golf Turbodiesel (ab 1983) 312
VW Passat Diesel (1979 bis 1980) 313
VW Jetta Diesel (1980 bis 1984)
VW Jetta Turbodiesel (1982 bis 1984) . . 314
VW Passat Diesel (ab 1980)
VW Passat Turbodiesel (ab 1982) 315
VW Santana Diesel (ab 1982)
VW Santana Turbodiesel (ab 1982) 316
VW Jetta Diesel (ab 1984)
VW Jetta Turbodiesel (ab 1984) 317

Ein Votum für den Dieselmotor

Vorwort

Der Dieselmotor war vom Anbeginn seiner Entstehung eine umstrittene Antriebsquelle. Aber er vermochte überall dort auch die hartnäckigsten Zweifler zu überzeugen, wo rein sachliche Gesichtspunkte und objektiv nachprüfbare Qualitäten die Wahl der Antriebsmaschine bestimmten. So nimmt es nicht Wunder, daß sich die universellste und sparsamste aller Brennkraftmaschinen als Schiffs- und Nutzfahrzeugantrieb längst durchgesetzt hat. Ebenso hat der Diesel als Baumaschinenantrieb und als stationäre Kraftquelle seinen festen Platz.

Nur im Automobil, wo seit jeher die Emotionen eine mindestens ebenso große Rolle spielen wie sachliche Erwägungen, hatte es der Diesel in der Vergangenheit schwer, gegen den bestens etablierten Ottomotor Boden gut zu machen. In letzter Zeit hat sich das Bild freilich gewandelt: Moderne Personenwagen-Diesel haben nichts mehr mit den lethargischen Antriebsquellen der frühen Jahre gemein und haben mit dazu beigetragen, daß der Dieselmotor im Personenwagen ein zunehmend positives Image genießt.

Auch können weder Autofahrer noch Automobilhersteller in einer Zeit, wo die Energie knapp und teuer ist, an einem so sparsamen Antriebsaggregat wie dem Dieselmotor vorbeigehen. Die Vielzahl der gerade in den letzten Jahren auf den Markt gekommenen Neuentwicklungen macht dabei deutlich, daß die Erfindung des Rudolf Diesel speziell für ihren Einsatz im Personenwagen noch ein überraschend großes Entwicklungspotential birgt. Es wäre gut, dieses Potential zu nutzen. Und es wäre falsch, durch eine einseitig orientierte Gesetzgebung die Entwicklung eines Motors gerade dann zu bremsen, wenn er beginnt zu zeigen, was in ihm steckt.

Dipl.-Ing. Gert Hack

Rudolf Diesel, der Mann, der dem Motor seinen Namen gab, erlebte den Dieselmotor im Personenwagen nicht mehr. Er wählte im Jahr 1913 den Freitod.

Die Geschichte einer Erfindung

Wie der Dieselmotor zu seinem Namen kam

Die Geschichte des Dieselmotors ist fast so alt wie das Automobil selbst. Genau genommen ist sie noch älter, wenn man sie am Leben jenes Menschen beginnen läßt, der dieser besonderen Verbrennungsmaschine seinen Namen gab. Und dies sollte man auch tun, denn bei kaum einer anderen Antriebsmaschine sind Lebensweg und Erfindung eines Mannes so eng miteinander verknüpft, wie im Falle des Rudolf Diesel.
Als Rudolf Diesel in der Mitte des vorigen Jahrhunderts, am 18. März 1858 in Paris das Licht der Welt erblickte, wurde er in ein Zeitalter hineingeboren, das gerade die Technik entdeckt hatte und begann, Menschenkraft durch Maschinenkraft zu ersetzen.
Der Engländer James Watt hatte nämlich vor einigen Jahren die Dampfmaschine erfunden, überall in den Betrieben zischte und puffte es, die ersten Dampflokomotiven zogen ihre Bahn, und auch auf dem Wasser machte sich der Dampfantrieb daran, den Großseglern den Wind aus den Segeln zu nehmen.
Ganz ohne den lästigen Dampf mit seinen umständlichen Aufbereitungsanlagen gab dann schon im Jahr 1860 der Gasmotor von Jean Lenoir seine ersten Huster von sich, und der Deutsche Nikolaus August Otto entwickelte im Jahr 1878 das Prinzip jenes Antriebs-Aggregates, das heute in millionenfacher Ausfertigung vor allem für die Fortbewegung von Personenwagen benutzt wird.
Daß der Dieselmotor ebenfalls eine deutsche Erfindung genannt werden darf, ist, wie so vieles in der Geschichte dieser Maschine, dem Zufall oder besser gesagt dem Schicksal seines Erfinders zuzuschreiben. Jener nämlich wurde damals in Paris als Rodolphe Diesel getauft, und wenn nicht der deutsch-französische Krieg die Diesel-Sippe 1870 nach England verschlagen hätte, wäre Sohn Rudolf zweifellos irgendwann als Franzose in Paris eingebürgert worden.
Aber auch die Engländer sollten nicht von dem Erfindungsgeist des Ru-

dolf Diesel profitieren, denn es ging den geflüchteten Diesels auf dem Inselreich so miserabel, daß sie den zwölfjährigen Knaben Rudolf im November des Jahres 1870 zu Pflegeeltern nach Augsburg schickten. Die Stadt Augsburg und die Entwicklung des Dieselmotors sind seit dieser Zeit eng miteinander verbunden, und die M.A.N. (Maschinenfabrik Augsburg Nürnberg) zählt heute zu jenen Firmen, die in der Diesel-Entwicklung führend sind.
So weit war es freilich im Jahr 1870 noch lange nicht. Vorläufig ging der technisch interessierte Junge Rudolf in die Gewerbeschule und besuchte ab 1873 die technisch orientierte Industrieschule Augsburg. Genau dort kam Diesel dann zum ersten mal die vage Idee, irgendwelche Brennstoffe ohne Hilfsmittel durch einfache Komprimierung von Luft in einem Motor zu entzünden.
Anlaß für diese Idee war die Vorführung eines von dem Marquis de Montgrand erfundenen Kompressions-Feuerzeuges, in dem durch reine Verdichtung der Luft eine Lunte zum Glimmen gebracht wurde. Doch Diesel war noch einige Jahre davon entfernt, aus dem Schlüssel-Erlebnis jener Unterrichtsstunden konkrete Konsequenzen zu ziehen, denn schließlich war der Musterschüler erst knapp siebzehn Jahre alt und beendete im Jahr 1875 seine Schulzeit mit dem besten Examen, das in der Industrieschule Augsburg je abgelegt wurde.
Damit waren aber die Weichen für den weiteren Lebenslauf Diesels gestellt. Das gute Examen verschaffte ihm ein Stipendium am Polytechnikum in München, wo der junge Student Rudolf Diesel, dem erst im Jahr 1877 die deutsche Staatsbürgerschaft zuerkannt wurde, jenes technische Rüstzeug erlernte, das ihn später dazu befähigte, seine Idee in die Tat umzusetzen.

Ein Motor wird geboren

Rudolf Diesel unterschied sich vom üblichen Klischee-Bild des Erfinders, der heute einen Patent-Korkenzieher kreiert und gleichzeitig am Perpetuum Mobile arbeitet, gründlich. Diesel war ein Mann von überdurchschnittlicher Intelligenz und außergewöhnlicher technischer Begabung. Daß er dazu noch die Kraft hatte, eine einmal gefaßte Idee konsequent in die Tat umzusetzen, war die dritte unbedingt notwendige Komponente, die seinen Motor schließlich zum Leben erweckte.

Rudolf Diesel schreibt selbst in seinem Buch »Die Entstehung des Dieselmotors«: »Eine Erfindung besteht aus zwei Teilen, der Idee und ihrer Ausführung.« Den Ansatz einer Idee hatte Diesel ja bereits bei der Vorführung des Kompressions-Feuerzeugs in der Schule. Die Idee nahm 1878 konkretere Formen an, als Rudolf Diesel in der thermodynamischen Vorlesung am Polytechnikum erfahren mußte, daß eine Dampfmaschine nur etwa sechs bis zehn Prozent der zugeführten Energie in nutzbare Arbeit umwandelt. Sein Professor für Thermodynamik, jener berühmte Carl von Linde, der 1876 die Kältemaschine erfand, erläuterte gleichzeitig, daß bei einem idealen Kreisprozeß mit isothermer Zustandsänderung der Gase, also bei gleichbleibender Temperatur, annähernd die gesamte zugeführte Wärme in Nutzarbeit verwandelt werden könnte.
Diese bis heute ungelöste Aufgabe stellte sich Diesel damals und schrieb an den Rand seines Skriptums: »Studieren, ob es nicht möglich ist, die Isotherme praktisch zu verwirklichen.«

PATENT-URKUNDE

№ 67207

AUF GRUND DER ANGEHEFTETEN BESCHREIBUNG UND ZEICHNUNG IST DURCH BESCHLUSS DES KAISERLICHEN PATENTAMTES

an Rudolf Diesel, Ingenieur, in Berlin

EIN PATENT ERTHEILT WORDEN.

GEGENSTAND DES PATENTES IST:

Arbeitsverfahren und Ausführungsart für Verbrennungskraftmaschinen.

GESETZ v. 7. APRIL 1891

ANFANG DES PATENTES: 28. Februar 1892.

DIE RECHTE UND PFLICHTEN DES PATENTINHABERS SIND DURCH DAS PATENTGESETZ VOM 7. APRIL 1891 (REICHS-GESETZBLATT FÜR 1891 SEITE 79) BESTIMMT.

ZU URKUND DER ERTHEILUNG DES PATENTES IST DIESE AUSFERTIGUNG ERFOLGT.

Berlin, den 23. Februar 1893.

KAISERLICHES PATENTAMT.

Beglaubigt durch Frank

Bureau-Vorsteher des Kaiserlichen Patentamtes.

Das Deckblatt der Patenturkunde vom 23. Februar 1893 weist Rudolf Diesels Erfindung als »Arbeitsverfahren und Ausführungsart für Verbrennungskraftmaschinen« aus. Daß daraus die wirtschaftlichste Wärmekraftmaschine der modernen Technik werden sollte, ahnte damals noch niemand.

Nach einem mit Bestnoten abgeschlossenen Examen (1880) reiste Diesel im Auftrag Lindes in ganz Europa umher, um die neuartigen Lindeschen Kältemaschinen vorzuführen und an den Mann zu bringen. Seine dabei gefundenen Kontakte – unter anderem mit den Gebrüdern Sulzer, die in Winterthur eine Maschinenfabrik betrieben –, und die dabei gewonnenen schlechten Erfahrungen mit den zum Antrieb der Kälteaggregate notwendigen Dampfmaschinen ließen in Diesel den endgültigen Entschluß reifen, eine neue Kraftmaschine zu entwickeln. Sie sollte nicht nur den umständlichen Umweg über den Dampf auslassen, sie sollte auch wesentlich wirtschaftlicher arbeiten als alles bisher Dagewesene.
Daß Diesel bei der Verfolgung seines Zieles in technische Sackgassen lief, ließ sich beim damaligen Stand der theoretischen Grundlagen kaum vermeiden. So nimmt es nicht wunder, wenn Diesels 1888 begonnener Versuch, einen Ammoniak-Motor zu konstruieren, als Fehlschlag endete. Immerhin brachte er ihn endgültig auf den richtigen Weg, den Brennstoff – was immer auch dies sein mochte – direkt in die erhitzte Luft des Arbeitszylinders hineinzublasen.
Interessant ist in diesem Zusammenhang, daß Diesel damals die bereits funktionierenden Gasmotoren und Ottomotoren kaum in seine Überlegungen einbezog. Sie schienen ihm hinsichtlich ihrer unvollkommenen Verbrennung und notwendigen Fremdzündung zu weit von seinem angestrebten Ziel entfernt. Diesel orientierte sich nach wie vor an der Dampfmaschine, wollte nur den lästigen Dampf und die Kessel weg haben.
Als Ergebnis seiner Bemühungen meldete Diesel schließlich am 27. Februar 1892 sein Patent »Neue Rationelle Wärmekraftmaschine« an. In der ursprünglichen Fassung war jedoch die Anmeldung Diesels nicht patentfähig, da sie mit anderen, bereits erteilten Patenten kollidierte. Die geänderte Fassung mit dem Titel »Arbeitsverfahren und Ausführungsart für Verbrennungskraftmaschinen« war endlich patentwürdig und erhielt die Nummer 67207. Dieses Patent war gleichzeitig die Grundlage für eine experimentelle Weiterarbeit an Diesels Idee und letztlich auch Basis für den weltweiten Erfolg des Dieselmotors.
Schon vor der Patenterteilung suchte Diesel nach einem großen Partner, einer Firma also, die seine Idee in die Tat umsetzen könnte. Mit der Maschinenfabrik Augsburg, von der Diesel zunächst abschlägig beschieden wurde, kam dann doch, zwei Tage vor der offiziellen Patenterteilung am 21. Februar 1893 ein Vertrag zustande. Auch mit Friedrich Krupp in Essen hatte Diesel bereits Kontakt aufgenommen, wo man den Wert seiner bis dato lediglich theoretischen Arbeit wohl erkannte. Die deutschen und österreichischen Rechte an seinen Patenten, soweit sie nicht bereits

bei der Maschinenfabrik Augsburg lagen, übernahm Krupp. Beide Firmen, Krupp und die Maschinenfabrik Augsburg einigten sich, in einem gemeinsamen Laboratorium in Augsburg eine Versuchsmaschine zu bauen. Die praktischen Arbeiten am ersten Dieselmotor konnten beginnen.

Ein Motor lernt laufen

Was in Augsburg auf massiven Betonfundamenten errichtet wurde, hatte im Aussehen mit heutigen Motoren wenig gemein. Auf einem riesigen,

Links: Der umgebaute Versuchsmotor Rudolf Diesels aus dem Jahre 1893 steht heute im Werksmuseum der M.A.N. in Augsburg. – Rechts: Der erste funktionsfähige Dieselmotor der Welt hatte einen Zylinderdurchmesser von 250 mm und einen Hub von 400 mm. Das über drei Meter hohe Ungetüm leistete bescheidene 20 PS bei 172 min^{-1} und ist heute im Deutschen Museum in München zu besichtigen.

tonnenschweren und unten offenen Kurbelgehäuse thronte stehend ein einziger Zylinder, die Steuerung war frei außenliegend, und die Maschine war zunächst von Rohrleitungen förmlich umzingelt. Mit ihrem großen Schwungrad sah sie einer Dampfmaschine nicht unähnlich.
Vom Fundament bis zum Zylinderkopf war der Motor vorerst 2,5 Meter hoch. Ein Wassermantel zur Zylinderkühlung fehlte, da Diesel damals noch fest daran glaubte, eine Kraftmaschine ohne Wärmeverluste, also auch ohne Kühlung realisieren zu können. Gemessen an seinen gewaltigen Außenmaßen, war der Hubraum der ersten Versuchsversion relativ bescheiden: Bei einer Bohrung von 150 mm und einem Hub von 400 mm kamen knapp über sieben Liter zusammen.
Der Motor sollte seine Arbeit im Viertaktverfahren aufnehmen und die über ein gemeinsames Auspuff- und Einlaßventil angesaugte Luft auf etwa 30 bis 35 Atmosphären verdichten, bevor der Brennstoff in diese überhitzte Hochdruck-Atmosphäre eingebracht wurde. Welcher Energiespender jedoch die erste Dieselmaschine betreiben sollte, war zu Beginn des Versuchsstadiums noch keineswegs klar.
Man entschied sich, nachdem Überlegungen mit schwerem Rohöl, Gas oder sogar Kohlenstaub zu große Schwierigkeiten erwarten ließen, der Einfachheit halber für Benzin. Das in die fremd angetriebene Maschine eingespritzte Benzin explodierte jedoch so heftig, daß der zu Messungen der Leistung installierte Druckindikator in Stücke flog, nicht ohne vorher einen Höchstwert von 80 bar zu verzeichnen. Immerhin wurden mit dieser ersten Versuchsmaschine 2,15 indizierte PS gemessen, aber zum selbsttätigen Laufen war der Apparat nicht zu bringen. Mehr als fünf Monate dauerte es, bis ein wesentlich geänderter neuer Versuchsmotor auf der Kurbelgehäuse-Basis des alten aufgebaut war.
Mit neuen Kolben, separatem Ein- und Auslaßventil sowie einer Petroleumpumpe zur Einspritzung des damals üblichen Lampenpetroleums als Kraftstoff wurden die Versuche fortgesetzt. Auch dieser Motor gab zunächst keine Leistung ab, da die Einspritzung des Petroleums große Probleme bereitete. Erst die Abkehr von der damals sehr unvollkommenen direkten Einspritzung und der Übergang zur Lufteinblasung des Brennstoffs über ein steuerbares Nadelventil brachten den gewünschten Erfolg. Am 17. Februar 1894 lief dann erstmals ein Dieselmotor aus eigener Kraft im Leerlauf – genau eine Minute lang mit 88 Umdrehungen.

Wie der Dieselmotor ins Auto kam

Wer den ersten Dieselmotor mit seinen gewaltigen Dimensionen heute bei M.A.N. in Augsburg betrachtet, kann sich wohl kaum vorstellen, daß ein Mensch angesichts dieses Ungetüms überhaupt auf die Idee käme, ihn zum Antrieb eines Automobils zu benutzen. Doch Größe schreckte die Techniker jener Zeit nicht. Schon 1897, so berichtet jedenfalls der Sohn Rudolf Diesels, sprach jener von einer Verwendung seines Motors in Automobilen. Rudolf Diesel war offenbar von seinem inzwischen mit recht hohem Wirkungsgrad und guter Zuverlässigkeit laufenden Triebwerk so überzeugt, daß er, nach Aussage seines Sohnes Eugen, in diesem Zusammenhang folgendes äußerte:
»Das Automobil marschiert, der Dieselmotor wird bald marschieren. Die Dampfmaschine, die wegen ihres Dampfkessels, der Kohlenfeuerung und aus anderen Gründen ohnehin verschwinden muß, wird im Automo-

Das Bild zeigt den Dieselmotoren-Prüfstand der M.A.N. aus dem Jahre 1899. Wie zu jener Zeit üblich, wurden Dieselmotoren vorwiegend als stationäre Antriebe für Betriebe benutzt und gaben ihre Leistung über Transmissionen an die einzelnen Maschinen ab.

bil den entscheidenden Erfolg nicht herbeiführen können. Mein Motor hingegen tritt gerade in dem Augenblick auf die Szene, in welchem der Sieg des Verbrennungsmotors, zunächst in Gestalt des Benzinmotors, bereits entschieden ist. In einigen Jahren wird der Dieselmotor an die Stelle des Benzinmotors treten, weil er die unzuverlässigen Apparate für Vergasung des Brennstoffs und Zündung nicht aufweist und mit billigerem Brennstoff betrieben werden kann, von dem er außerdem sehr viel weniger verbraucht, und der, was sehr wichtig ist, nicht explosionsgefährlich ist. Voraussichtlich wird man auch ein Wechselgetriebe entbehren können. Eine sehr hübsche Zugabe ist das Anlassen des Motors mit Druckluft, wodurch das lästige und keineswegs ungefährliche Ankurbeln von Hand überflüssig wird.«
Soweit die euphorischen Äußerungen Rudolf Diesels, die, wie man inzwischen weiß, nur zum Teil zutreffend waren. Auch vergaß Diesel wohlweislich zu erwähnen, daß die Regelung des Motors nach wie vor große Probleme bereitete und zum Betrieb zwecks Kraftstoffaufbereitung durch Lufteinblasung eine schwere Luftpumpe, empfindliche Förderpumpen und nicht ganz ungefährliche Druckluftspeicher notwendig waren. Jene Komponenten waren es, die der Einführung des Dieselmotors im Automobil am meisten im Wege standen. Sie wurden im Laufe der Zeit eliminiert, während die erwähnten Vorzüge erhalten blieben und gerade heute zur weiteren Verbreitung des Dieselmotors beitragen.
Ungeachtet der zu erwartenden Schwierigkeiten nahm Rudolf Diesel bereits im vorigen Jahrhundert den ersten Anlauf, seinen Motor in ein Automobil zu verpflanzen. Zu diesem Zweck schrieb Diesel an den Wiener Hofwagen-Fabrikanten Ludwig Lohner bereits am 4. September 1894: »Besondere Eigenschaften meines Motors lassen ihn gerade für den Automobilismus fast mit Sicherheit den Sieg über alle anderen erhoffen.«
Lohner teilte den nahezu grenzenlosen Optimismus Diesels, zumal damals in der Maschinenbaugesellschaft Nürnberg – sie fusionierte 1898 mit der Maschinenfabrik Augsburg AG zur M.A.N. – ein Ingenieur namens Adolf Klose die Konstruktion einer relativ kleinen »Explosionskraftmaschine mit einem oder mehreren gegenläufigen Kolbenpaaren« nach dem Dieselprinzip betrieb. Doch der Klose-Diesel war ein Reinfall, er kam nie zum Laufen, so daß die Versuche 1898 eingestellt wurden.
Diesel selbst war die Problematik inzwischen wohl auch klar geworden, denn er sagte nach den Nürnberger Erfahrungen kurz vor der Jahrhundertwende: » Die Versuche, die bis nun mit dem Dieselmotor gemacht wurden, haben bewiesen, daß die Einblasepumpe, die beim derzeitigen Stand noch unerläßlich ist, bei Motoren von kleineren Abmessungen, wie die für die Automobile geeigneten, besonders große Schwierigkeiten

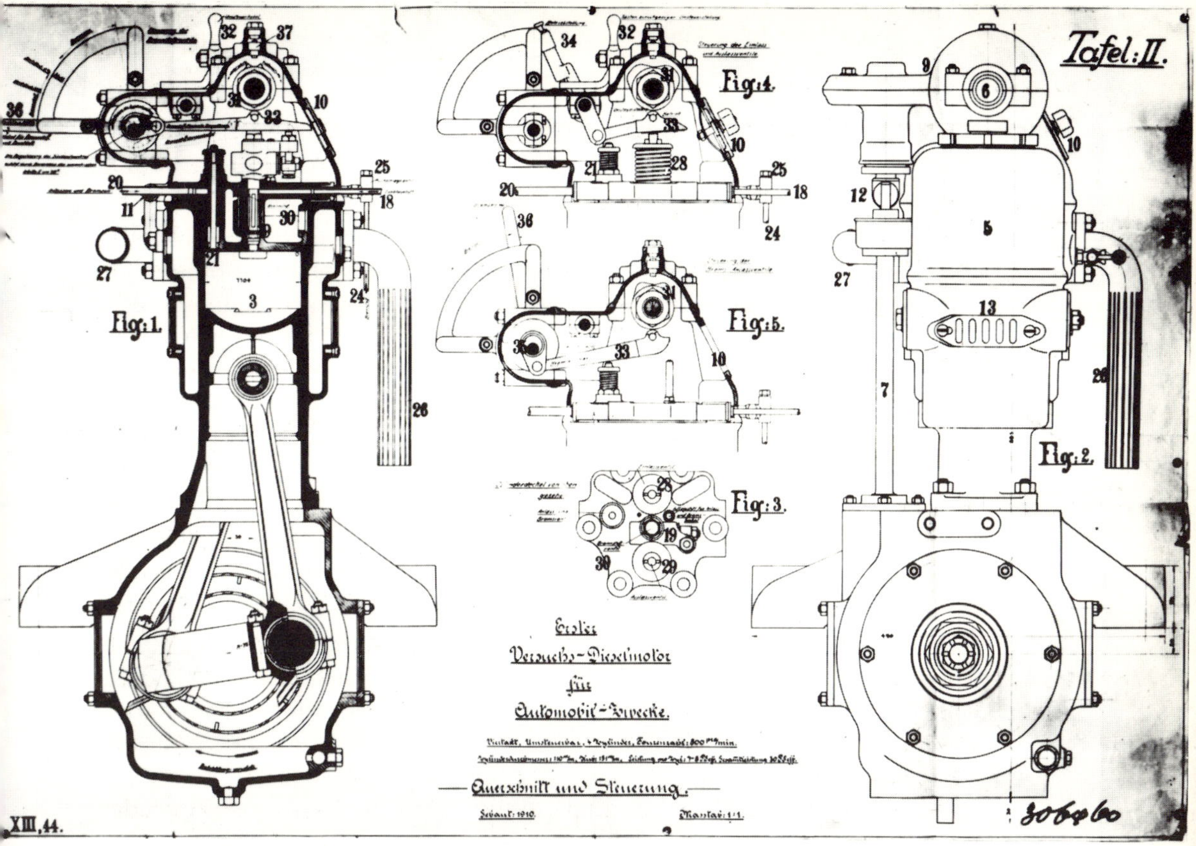

Der erste Dieselmotor für Automobilzwecke wurde 1907 von H. Dechamps in Diesels Konstruktionsbüro entworfen und 1910 gebaut. Er leistete 30 PS bei 800 Umdrehungen, war aber so schlecht regelbar, daß er nie zum Einsatz kam.

beinhaltet.« Damit war der erste Anlauf zum Diesel-Automobil gescheitert.
Das Projekt Diesel-Automobil ruhte nun einige Jahre, obwohl sich Rudolf Diesel im Jahr 1905 einen Benzinwagen mit der unverblümten Absicht kaufte, dessen Eignung für den Einbau seines eigenen Motors zu testen. Der zweite Versuch, den Selbstzünder in ein Fahrgestell zu setzen, wurde im Jahr 1907 gestartet. Der in Diesels Münchner Konstruktionsbüro arbeitende bekannte Automobil-Ingenieur Heinrich Dechamps modifizierte einen vierzylindrigen Saurer-Lastwagenmotor für den Dieselantrieb. Doch auch dieser Motor erwies sich als Flop. Er gab nicht genügend Leistung ab, ließ sich kaum regeln und rußte ab 700 Umdrehungen pro Minute fürchterlich. In ein Fahrgestell wurde er nie eingebaut. Dennoch gilt dieser Motor heute als erster Automobil-Dieselmotor und ist als solcher im Deutschen Museum in München zu bewundern. Auch hier waren die Gründe für den Mißerfolg klar. Die mangelhafte Regelung, die umständliche Kraftstoffzufuhr durch Lufteinblasung und die unzuverlässigen Brennstoffnadeln ließen das Projekt schon auf dem Prüfstand scheitern. Aber auch die infolge niedriger Drehzahl viel zu ge-

Erst die Hochdruck-Einspritzung des Kraftstoffs machte den Dieselmotor im Fahrzeug verwendbar. Hier der erste M.A.N.-LKW-Motor, der 40 PS bei 900 min^{-1} abgab. Auch er steht im Deutschen Museum.

Einer der ersten Mercedes-Lastwagen mit Dieselmotor aus dem Jahr 1923. Der LKW hatte noch Vollgummi-Reifen und Kettenantrieb.

ringe Leistung und das immer noch sehr hohe Gewicht hätten bei einer Lösung der Primärprobleme einer mobilen Verwendung des Motors im Wege gestanden.
Doch Ingenieure geben nicht auf, vor allem dann nicht, wenn handfeste Vorteile im Falle des Gelingens eines solchen Projekts zu erwarten sind. So blieb es anderen Männern überlassen, die Erfindung Rudolf Diesels erstmals auf Räder zu stellen, wobei folgerichtig, schon wegen der Größe und Unhandlichkeit der Maschine, vor dem Personenwagen der Lastwagen rangierte.
In Deutschland waren es drei Firmen, die sich bei der Mobilmachung des Dieseltriebwerks Meriten erworben haben. Es sind Firmen, deren Ruf und Existenz noch heute eng mit jener Maschine verknüpft ist, um deren mobilen Einsatz seinerzeit gekämpft wurde.
Bei der Daimler Motoren-Gesellschaft in Marienfelde konstruierte Professor Alfred Reinsch einen Vierzylinder-Dieselmotor mit Lufteinblasung, der damals respektable 40 PS bei 1000 Umdrehungen abgab. Er wurde in einen zwei Tonnen schweren Omnibus eingebaut und verhalf diesem bei der ersten Probefahrt am 9. August 1923 zu einer Geschwindigkeit von knapp über 30 km/h.

Doch war der Marienfelder Daimler-Omnibus keineswegs der erste Diesel, der ein Fahrzeug über Straßen bewegte. Denn bei der Mannheimer Firma Benz & Cie. liefen schon im Oktober 1922 drei vierzylindrige Benz-Motoren in Lastwagen-Fahrgestellen und wurden ausgiebig erprobt. Und sie unterschieden sich in einem Punkt gründlich von der Daimler-Konstruktion, denn der Kraftstoff wurde bei ihnen erstmals ohne Lufteinblasung in eine Vorkammer eingespritzt.

Es war Prosper L'Orange, ehemaliger Versuchsleiter der Gasmotorenfabrik Deutz, der – inzwischen bei Benz in Mannheim tätig – schon dreizehn Jahre zuvor die Idee mit der Vorkammer hatte. Das Patent auf das Vorkammerverfahren wurde bereits im März 1909 für Benz & Cie. angemeldet. Daß das Vorkammerverfahren so lange auf eine Realisierung warten mußte, lag in erster Linie daran, daß die zur Einspritzung notwendigen Hochdruckpumpen erst sehr viel später zur Funktionsreife entwikkelt wurden.

Obwohl der Vorkammermotor wesentlich besser regelbar war und auch einen deutlich höheren Wirkungsgrad aufweisen konnte als sein Daimler-Konkurrent mit Lufteinblasung, war sein Sieg zum damaligen Zeitpunkt noch gar nicht sicher. Als am 1. Mai 1924 die Daimler-Motoren-Gesellschaft mit der Benz & Cie. einen Interessengemeinschafts-Vertrag zur Konstruktion eines Diesel-Lastwagens schloß, gelang es erst nach heftig ausgetragenen Meinungsverschiedenheiten, den Vorkammermotor als gemeinsame Antriebsquelle durchzusetzen.

Der erste serienmäßige Fahrzeug-Dieselmotor wurde im Jahr 1924 von der M.A.N. in Augsburg produziert. Er hatte direkte Kraftstoff-Einspritzung und leistete 45 PS bei 1000 min^{-1}.

Neben Daimler-Benz beansprucht die M.A.N. das Recht für sich, den ersten Lastwagen mit einem Dieselmotor betrieben zu haben. Fest steht, daß beide Firmen in etwa zur gleichen Zeit dieses Ziel erreicht haben. Hier ein M.A.N.-Lastwagen.

Aus dem damaligen Interessengemeinschafts-Vertrag wurde schließlich durch Fusion die wohl berühmteste Automobilfirma der Welt, nämlich die Daimler-Benz AG. Und der Vorkammermotor führte nicht nur zu einer der erfolgreichsten Firmen-Fusionen, er ebnete dem Dieselmotor auch den Weg in den Personenwagen.

Doch so weit war es 1924 noch nicht. In diesem Jahr stellte Benz erstmals auf der Berliner Automobilausstellung seinen Lastwagen mit Vorkammermotor aus. Doch staunten die Benz-Leute nicht schlecht, als sie feststellen mußten, die Schau nicht für sich allein gepachtet zu haben. Denn die M.A.N. verblüffte die in Berlin versammelte Fachwelt ebenfalls mit einem Diesel-Lastwagen. Sein Motor arbeitete ebenfalls ohne Lufteinblasung, jedoch wurde hier der Kraftstoff ohne den Umweg über die Vorkammer direkt nach dem sogenannten Strahlzerstäubungs-Verfahren eingespritzt.

Von den ersten Diesel-Lastwagen zum ersten Personenwagen mit Dieselantrieb war freilich noch ein weiter Weg. Zwar präsentierte Herrmann

Es hat nicht an Versuchen gefehlt, auch Personenwagen mit Kleindieselmotoren zu betreiben. Das Chassis dieses Dorner-Ölwagen wurde von einem kleinen, luftgekühlten Zweizylinder bewegt, der jedoch so viele Probleme aufwarf, daß es zu einer Serienfertigung nie kam.

Dorner von der Dorner Ölmotoren AG in Hannover schon 1924 einen winzigen Diesel-Zweizylinder in einem kleinen, zweisitzigen Personenwagen. Doch das wassergekühlte und direkt eingespritzte Selbstzünder-Aggregat war äußerst schwierig zu handhaben und nur in der Hand eines gelernten Ingenieurs am Laufen zu halten. Der später auf Luftkühlung umgestellte Zweizylinder V-Motor soll besser funktioniert und in Höchstform an die 10 Pferdestärken geleistet haben. Wohl aus diesem Grund wurde der Dorner-Schwerölwagen als »Hervorragender Bergsteiger« und wegen seines geringen Verbrauchs als »Das billigste Verkehrsmittel der Welt« angepriesen.
Da Dorner davon nur zehn Stück gebaut hat, konnte der erste Diesel-Personenwagen seine Qualitäten nie richtig unter Beweis stellen. So bleibt ihm lediglich der Ruhm, der Erste gewesen zu sein.
Inzwischen arbeitete man bei Bosch in Stuttgart heftig daran, das Hochdruck-Einspritzverfahren für Dieselkraftstoff weiter zu entwickeln. Zwecks Erprobung von Einspritzpumpen wurden damals eine Reihe von auf Diesel umgebauten Ottomotoren in Personenwagen erprobt. So berichtet die Bosch-Chronik schon 1927 von einem Personenwagen mit ei-

nem umgebauten Vierzylinder-Stoewer-Motor, der, nach dem Acro-Einspritzverfahren arbeitend, bei einem Hubraum von rund 2,1 Litern respektable 27 Pferdestärken bei 2000 Umdrehungen pro Minute abgab. Die Leistung reichte immerhin aus, eine Höchstgeschwindigkeit von 65 km/h zu erzielen.

Bei ausgedehnten Probefahrten nach Paris und Berlin erwies sich damals schon die außergewöhnliche Sparsamkeit des Dieselprinzips. Nur zehn bis elf Liter pro 100 km verbrauchte jener Versuchswagen. Für die Entwicklung des Dieselmotors im Personenwagen weit wichtiger war aber die dank der neuentwickelten Bosch-Einspritzpumpe nun problemlose Regelung des Motors. Damit wurde nämlich bewiesen, daß Einspritzpumpen und Düsen in der Lage waren, auch kleinste Kraftstoffmengen exakt genug entsprechend dem jeweiligen Leistungsbedarf zu dosieren. Ohne diese Erkenntnisse und technischen Möglichkeiten wäre der Personenwagen-Diesel nie Realität geworden.

Nach den erfolgreichen Versuchen mit dem Stoewer-Acro-Diesel machten die Bosch-Leute noch ausgedehnte Versuche mit anderen Personenwagen, in denen Dieselaggregate für Vortriebskraft sorgten. Als Protagonisten fungierten ein Buick, ein Mercedes-Nürburg, ein Mannesmann und ein Hotchkiss, die bei ausgiebigen Probefahrten – auch im Gebirge – die Tauglichkeit des Diesel-Antriebs auch für Personenwagen unter Beweis stellten.

Das Diesel-Motorrad, hier das Erst-Muster von Dr. Ing. Ernst Frey und Ing. Fischer, erwies sich schon frühzeitig als nicht praktikabel. Immerhin hatte der luftgekühlte Motor dieses ersten Versuchs-Motorrades bereits direkte Kraftstoff-Einspritzung und soll 6 PS geleistet haben.

Doch nicht nur in Deutschland, auch im Ausland war man redlich bemüht, den Diesel-Motor im Personenwagen salonfähig zu machen. In den USA entwickelte Clessie Cummins, Eigentümer der Cummins-Engine-Company in Indiana den nötigen Pioniergeist. Dieser wurde unterstützt durch die damals im Dezember 1929 herrschende Wirtschaftskrise, die den Absatz der für Schiffe und Stationärbetriebe bestimmten Cummins-Dieselmotoren zum Erliegen brachte.
Cummins suchte nach zusätzlichen Einsatzgebieten für seine Produkte, kaufte kurzerhand eine große Packard-Limousine und ließ in dreiwöchiger Arbeit einen seiner vierzylindrigen Serien-Schiffsdiesel implantieren. Der Wagemut und die Unerschrockenheit dieses Unternehmens wird deutlich, wenn man die wichtigsten Zahlen jenes 6,3 Liter großen Cummins-Diesel kennt: Er wog 1200 kg und leistete gerade 50 PS bei 1000 Umdrehungen pro Minute.
Obwohl alles andere als eine ideale Kombination, machte Cummins mit seinem ersten Diesel-Personenwagen Schlagzeilen. Er fuhr nämlich mit seinem knapp 55 mph (Meilen pro Stunde) schnellen Ungetüm Anfang 1930 von Indianapolis zur Automobilausstellung nach New York. Dort konnte Cummins, von Reportern umringt, die Brennstoffkosten für die 800 Meilen lange Reise bekannt geben. Sie betrugen exakt 1,38 Dollar – selbst für damalige amerikanische Verhältnisse ein sensationell niedriger Preis. Und Cummins war nach dieser Fahrt überzeugt davon, die

Lange bevor der Dieselmotor in Fahrzeuge kam, diente er schon als Schiffsantrieb. Das Foto zeigt U 19, das erste U-Boot der deutschen Marine mit zwei Dieselmotoren von je 850 PS aus dem Jahr 1912.

Die schweizer Firma Saurer machte zu Beginn der dreißiger Jahre vielversprechende Versuche mit dem Einbau von Dieselmotoren in amerikanische Automobile. Hier ein Dodge mit Saurer-Dieselmotor aus dem Jahr 1934.

amerikanische Nation »dieselbewußt« gemacht zu haben. Wie bekannt, kam allerdings das Dieselbewußtsein der Amerikaner erst sehr viel später in den siebziger Jahren.

Cummins ließ jedoch nichts unversucht, schon damals seinen Landsleuten Vorteile und Leistungsfähigkeit des Dieselmotors klar zu machen. In einem Düsenberg-Rennchassis erreichte Clessie Cummins selbst in Daytona Beach am 7. Februar 1931 eine Geschwindigkeit von 100,775 mph. Auf dem berühmten Oval von Indianapolis fuhr dieser Wagen 500 Meilen non-stop und belegte im Gesamtklassement den 13. Rang – selbstverständlich ohne nachzutanken. 1935 schließlich durchquerte Cummins die Vereinigten Staaten von New York bis Los Angeles in einem Auburn-Cummins-Diesel. Dessen neuentwickelter Motor war viel leichter als das alte Schiffsungetüm (ca. 400 kg) und leistete bei einem Hubraum von 6,2 Liter 85 PS bei 2200 min^{-1}. Damit erreichte der Cummins-Auburn die beachtliche Geschwindigkeit von 140 km/h. Die Kraftstoffkosten für diese Mammutfahrt betrugen lächerliche 7,63 Dollar. Dennoch setzte sich der Diesel-Personenwagen in den USA vorerst nicht durch.

Doch nicht nur in Deutschland und den Vereinigten Staaten war man daran, den Dieselmotor in den Personenwagen zu setzen, auch in der Schweiz, in Frankreich und in Österreich hat es an solchen Versuchen nicht gefehlt. So produzierte die bekannte Schweizer Lastwagenfabrik Adolf Saurer in Arbon einen schnellaufenden Dieselmotor, der für leichte Lastwagen vorgesehen war. Es ergab sich günstig, daß bei Saurer zu jener Zeit außerdem amerikanische Plymouth- und Dodge-Limousinen montiert wurden, so daß der Gedanke nahe lag, in eben jene US-Fahrgestelle den Saurer-Diesel zu installieren.

Hierzu war dieser relativ kleine Motor gut geeignet. Kurbelgehäuse und Block des Saurer-Sechszylinders waren nämlich aus Aluminium, die Kolben liefen in nassen Laufbüchsen aus Gußeisen. Der Hubraum betrug 3,6 Liter und bei einem Verdichtungsverhältnis von 19:1 wurden respektable 74 PS bei 3200 min^{-1} abgegeben. Ursprünglich arbeitete die Maschine nach dem Acro-Einspritzsystem, das jedoch später zugunsten der direkten Strahleinspritzung aufgegeben wurde. Insgesamt wurden jedoch nur drei Wagen mit dem Saurer-Diesel ausgerüstet, zwei Dodge und ein Plymouth. Einer davon – ein Dodge – erregte sogar 1936 auf der New Yorker Automobilausstellung Aufsehen, doch zu einer Serie kam es nicht.

Ähnlich erging es der kleinen Firma Oberhänsli im österreichischen Bregenz. Dort wurde einer der kleinsten Dieselmotoren der damaligen Zeit hergestellt, ein Vierzylinder von 1,5 Liter Hubraum und einer Leistung von 30 bis 35 PS. Eingebaut in ein relativ leichtes Amilcar-Chassis ergab dies respektable Fahrleistungen (Höchstgeschwindigkeit ca. 110 km/h) bei minimalem Verbrauch (ca. 5 bis 6 Liter/100 km). Eine weitere Oberhänsli-Entwicklung, ein Vierzylinder mit 2,2 Liter Hubraum, diente der Firma Bosch als Versuchsmotor in Personenwagen.

Der Name Oberhänsli tauchte später wieder auf, nämlich in den Diesel-Annalen der renommierten Firma Peugeot. Schon zu Beginn der zwanziger Jahre hatten sich die französischen Autobauer mit dem Tartrais-Motor im Personenwagen beschäftigt. Allerdings war der Tartrais als Glühkopfmaschine bestenfalls ein Semi-Diesel, der Schweröl verbrannte. Letzteres allerdings in so großen Mengen, daß sich Peugeot von dieser Motorbauart trennte und zum echten Diesel zurückfand. Hier sammelte man mit Lkw-Dieselmaschinen große Erfahrungen, und im Jahr 1938 stellte Peugeot dann den ersten Personenwagen mit Laderaum – heute würde man Kombi dazu sagen – und Dieselmotor vor. Es handelte sich um einen 2,3 Liter großen Vierzylinder – ein Lizenzbau von Oberhänsli. Wenn dieses Auto auch nicht in großer Stückzahl gebaut wurde, so war es doch der Start zu Aktivitäten, die Peugeot später neben Daimler-Benz

Bei Peugeot fanden 1936 die ersten Fahrversuche mit einem relativ kleinen Dieselmotor im PKW-Chassis statt. 1938 ging dann der erste Peugeot-Diesel als Kastenwagen in Serie, zum Personenwagen fehlte der Mut.

zum bedeutendsten Hersteller von Dieselpersonenwagen werden ließ. Einige Jahre früher, nämlich im Jahr 1932, machte in England ein gewisser Hugh Gardner Diesel-Geschichte. Er baute in eine alte Bentley-Limousine von 1925 einen Vierzylinder-Gardner-Dieselmotor, der schon mit einer Bosch-Einspritzpumpe ausgerüstet war und sich dadurch auszeichnete, daß die Zylindereinheiten und der Zylinderkopf aus Aluminium waren. Der Gardner 4 LW Dieselmotor entwickelte aus einem Hubraum von 5,5 Litern 68 PS bei 1700 Umdrehungen.
Mit diesem Bentley-Diesel konnte Lord de Clifford 1933 bei der Rallye Monte Carlo einen fünften Platz belegen. Ein Reporter des Dailye Telegraph schrieb angesichts dieses Erfolges damals: »Ich will nicht behaupten, daß das Ende des Benzinmotors besiegelt sei, aber der Ölmotor mit Kompressionszündung kann nach diesem Erfolg in der härtesten aller Zuverlässigkeitsfahrten nicht länger als lediglich für Nutzfahrzeuge brauchbar angesehen werden.« Gardner baute noch 43 weitere Diesel-Personenwagen, wobei verschiedene Chassis als Träger für seine Motoren dienten.
Doch auch er konnte einen Durchbruch des Diesel-Personenwagens nicht erreichen. Er blieb jener Firma vorbehalten, deren Name als Synonym für guten Automobilbau schlechthin steht: Daimler-Benz.

Die ersten Diesel-Personenwagen gehen in Serie

Bislang hatten sämtliche Personenwagen mit Dieselantrieb ein entscheidendes Handicap: Antriebsmaschine und Fahrgestell waren nie aufeinander abgestimmt. Meist wurde irgendein Dieseltriebwerk zweckentfremdet und in ein dafür oft noch ungeeignetes Chassis gesteckt. Einen speziell für Personenwagen entwickelten Dieselmotor gab es ebenso wenig wie den dafür passenden fahrbaren Untersatz.
Bei der Daimler-Benz A.G., wo man schon jeher dazu neigte, Nägel mit Köpfen zu machen, wurde nun erstmals eine aufeinander abgestimmte Kombination angestrebt. Der damalige Generaldirektor Dr. Wilhelm Kissel gab zudem schon im März 1933 eine Weisung an seine Techniker, »daß man mit besonderer Sorgfalt darauf achte, alle Personenwagen jetzt schon so anzulegen, daß die Benzin-Vergasermotoren gegebenenfalls leicht gegen Dieselmotoren ausgewechselt werden können.« Wie man weiß, machte sich solcher Weitblick bis heute für Daimler-Benz bezahlt.

Der erste konsequent für den Personenwagenantrieb entwickelte Dieselmotor stammt von Daimler-Benz. Der OM 138 schöpfte damals aus 2,6 Liter Hubraum 45 PS und erlaubte damit bereits respektable Fahrleistungen.

Schon vor dem damaligen Ukas des Daimler-Generals Kissel hatte man natürlich mit den Arbeiten an einem speziell für Personenwagen bestimmten Dieselmotor begonnen. Unter der Leitung des damaligen Konstruktions-Chefs Dr. Hans Nibel entstand auf den Zeichenbrettern ein Sechszylinder-Aggregat mit einem Hubraum von 3,8 Litern. Bereits im September 1933 lief der Motor auf dem Prüfstand und gab die beachtliche Leistung von 82 PS bei 2800 Umdrehungen pro Minute ab.
Der Optimismus der Daimler-Benz-Techniker, schon auf der Automobilausstellung 1934 in Berlin den ersten Serien-Personenwagen mit Dieselmotor zeigen zu können, verflog jedoch rasch. Denn der Motor zeigte in dem dafür vorgesehenen Fahrgestell – es war ein Mercedes Typ Mannheim – solche Untugenden in der Laufruhe, daß man das ganze Projekt nicht nur zurückstellte, sondern den Sechszylindermotor völlig fallen ließ.
Unter der Leitung von Fritz Nallinger wurde dann in Untertürkheim ein

völlig neuer Vierzylinder konstruiert, der sowohl im Hubraum wie auch in der Leistung wesentlich bescheidener konzipiert war. Die unter der Bezeichnung OM 138 laufende Maschine hatte schließlich ein Hubvolumen von 2,6 Litern (Bohrung × Hub: 90 × 100 mm) und leistete 45 PS bei 3300 min^{-1}. Sie wurde in das Chassis W 138 eingebaut, wo normalerweise ein 2,3 Liter-Vergasermotor Dienst tat. Der Vierzylinder-Diesel verhalf der sechssitzigen Limousine zu einer Höchstgeschwindigkeit von annähernd 100 km/h und kam auf einen Kraftstoffverbrauch von nur 9,5 Liter/100 km. Er bewährte sich bei Versuchen so gut, daß Daimler-Benz dieses Auto unter der Bezeichnung 260 D als ersten Diesel-Personenwagen 1936 auf der Berliner Automobilausstellung präsentierte. Die Robustheit und Zuverlässigkeit des Mercedes 260 D begründete den guten Ruf des Diesel-Personenwagens. Die Qualitäten des 260 D trugen aber auch zum guten Ruf von Daimler-Benz bei, einer Firma, die als einzige nicht nur den Diesel-Personenwagen zur Serienreife brachte, sondern auch über Jahrzehnte hinweg diese Kombination kultiviert und weiterentwickelt hat.
Außer Daimler-Benz beschäftigte sich noch eine andere deutsche Automobilfirma damit, den Dieselmotor im Personenwagen in Serie zu bringen. Bei Hanomag, wo man damals Personenautos baute, lief 1935

Der erste serienmäßige Diesel-Personenwagen wurde von Daimler-Benz produziert. Im Bild das Pullmann-Landaulet als Droschke mit sechs Sitzen und ausklappbarer Gepäckbrücke, das bis 1937 hergestellt wurde.

Kurz nach Daimler-Benz kam die damals renommierte Firma Hanomag mit einem kleinen Diesel-Personenwagen auf den Markt. Der Hanomag Rekord Diesel wurde von einem 35 PS starken Vierzylinder angetrieben. Von 1938 bis 1940 wurden davon über 1000 Stück gebaut.

erstmals ein kleiner Vierzylinder-Dieselmotor mit 1,9 Liter Hubraum auf dem Prüfstand. Er leistete 35 PS bei 3000 Touren und war zum Einbau in den Hanomag Rekord vorgesehen, der normalerweise von einem 1,5 Liter-Vergasermotor mit ebenfalls 35 PS fortbewegt wurde. Mit dieser Leistung erreichte der Hanomag Rekord-Diesel eine Höchstgeschwindigkeit von 90 km/h und hatte einen Verbrauch von rund 7 Litern auf 100 Kilometer.

Hanomag begann 1938 mit der Serienfertigung des Diesel-Rekord und baute davon immerhin über 1000 Exemplare, bis der Zweite Weltkrieg 1940 den Weiterbau und die Weiterentwicklung stoppte. Ungeachtet dessen kann man Hanomag zu den Pionieren zählen, die mit dafür sorgten, daß der Dieselmotor schließlich im Personenwagen seinen festen Platz fand.

Rudolf Diesel, der Erfinder des Motors, hat all dies nicht mehr erlebt. Er wählte im September 1913 wegen wirtschaftlicher Schwierigkeiten bei einer Überfahrt nach England den Freitod, obwohl er von der Eignung seines Motors für das Automobil voll überzeugt war. Dies beweist ein Brief, den er nur wenige Tage vor seinem Selbstmord, am 15. September 1913, an seinen Schwager, den Motoringenieur Hans Flasche schrieb. Dieser Brief endet mit dem folgenden Satz: »Ich habe noch immer die feste Überzeugung, daß auch der (Diesel) Automobilmotor kommen wird, und dann betrachte ich meine Lebensaufgabe als beendigt.«

Sonder-Entwicklung im Auftrag des Volkswagenwerkes: Unter der Typ-Nummer 508 konstruierte die Firma Porsche für den VW-Käfer 1952 einen Diesel-Boxermotor. In Serie ging das Aggregat nie.

Das Diesel-Prinzip

Warum der Diesel die wirtschaftlichste Wärmekraftmaschine ist

Was ist ein Dieselmotor? Eine Definition lieferte sein Schöpfer Dr. Rudolf Diesel in seinem Buch »Die Entstehung des Dieselmotors« aus dem Jahr 1913. Darin heißt es zu den charakteristischen Besonderheiten seiner Idee:

- Erhitzung reiner Luft...durch ihre Kompression vermittels Kolben weit über die Entzündungstemperatur des zu benutzenden Kraftstoffs.
- Allmähliche Einführung von fein verteiltem Brennstoff unter Verbrennung desselben in diese hocherhitzte Luft bei gleichzeitiger Arbeitsleistung auf den ausschiebenden Kolben.
- Allmähliche Vergasung des Brennstoffs im Arbeitszylinder selbst... für jeden Hub des Kolbens besonders, unter Entnahme der Vergasungswärme...aus der Verdichtungswärme.

Die Idee galt der Konzeption einer besonders ökonomischen Verbrennungsmaschine, wobei die wichtigsten Wärmeverluste auf ein Minimum verringert werden sollten: einmal durch die Abkühlung des verbrannten Gases auf Umgebungstemperatur, zum anderen über die Begrenzung der maximalen Verbrennungstemperatur durch allmähliches Zuführen von Kraftstoff.

Zur möglichst wirtschaftlichen Kraftstoffausnutzung sollte auch die dem Diesel-Prozeß eigene hohe Verdichtung des Arbeitsmediums beitragen, was zwangsläufig eine Selbstzündung des Brennstoffs zur Folge hatte. »Der Zweck der hohen Verdichtung ist nicht die Selbstzündung, wie vielfach behauptet wird«, betonte der Erfinder. »Motoren mit Selbstzündung gibt es schon lange. Ich suchte vielmehr einen Prozeß mit höchster Wärmeausnutzung und dieser Zweck verlangte die hochverdichtete Luft.« Die Beimischung von Kraftstoff schon vor der Verdichtung wäre dabei ein Hindernis gewesen, denn die vorzeitige, unkontrollierte Selbstzündung des Gemischs hätte die mögliche Komprimierung zu stark eingeschränkt. Rudolf Diesel wollte bei seiner Maschine dagegen einen möglichst hohen Kompressionsdruck erzielen und diesen maximalen Druck dann durch Zugeben von Kraftstoff während des Arbeitshubs beibehalten. Damit sollte, so die Theorie, eine besonders gleichmäßige Leistungscharakteristik erreicht werden – mehr in der Art einer durchzugkräftigen Dampfmaschine als in der des explosionsartig zündenden Ottomotors.

Das Arbeitsverfahren des Dieselmotors

Der grundsätzliche Unterschied zwischen Ottomotor und Dieselmotor liegt in der Arbeitsweise. Denn während der Ottomotor den Kraftstoff im vergasten Zustand mit der Verbrennungsluft gemischt ansaugt und dann im Zylinder auf sieben bis zwölf Atmosphären (bar) komprimiert, wird im Dieselmotor reine Luft verdichtet. Der Druck steigt hier auf etwa 45 bis 60 bar an. Der Brennstoff wird erst nach Beendigung des Verdichtungshubs fein zerstäubt in den Zylinder eingespritzt, wo er sich dann von selbst entzündet, ohne die Hilfe eines elektrischen Zündfunkens. Unterschiedlich ist auch der Verlauf der Verbrennung. Beim Ottomotor erfolgt sie explosionsartig und der schnell ansteigende Druck der Gase im Brennraum treibt den Kolben abwärts. Auch beim Diesel steigt der Druck in Folge der hohen Verbrennungstemperatur zunächst schnell an – üblich sind etwa 50 bis 75 bar. Die Verbrennung hält jedoch auch während eines Teils der Abwärtsbewegung des Kolbens an. Wie beim Ottomotor kann dabei beim Diesel ein Arbeitsspiel, das Ansaugen und Verdichten des Frischgases also und die folgende Expansion und das Ausstoßen der Verbrennungsgase, im Viertakt- oder im Zweitakt-Verfahren ablaufen, wobei freilich Zweitakt-Diesel im Personenwagen heute ungebräuchlich sind.

Der Viertaktmotor

Bei einem Viertaktmotor erfordert ein Arbeitsspiel zwei Kurbelwellenumdrehungen, zwei Aufwärts- und zwei Abwärts-Bewegungen des Kolbens also.

Die vier Takte des Viertakt-Dieselmotors

1. Takt: Ansaugen
Der Kolben bewegt sich nach unten. Durch das geöffnete Einlaßventil wird Luft angesaugt.

2. Takt: Verdichten
Die angesaugte Luft wird durch den aufwärtsgehenden Kolben verdichtet. Gegen Ende des Verdichtungshubs wird Kraftstoff eingespritzt, der sich in der verdichteten, heißen Luft entzündet.

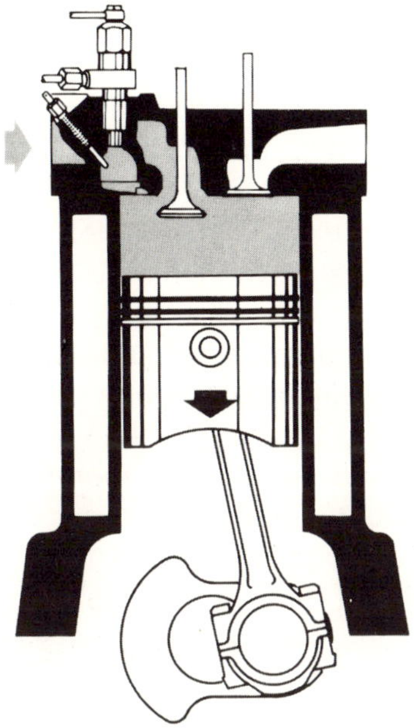

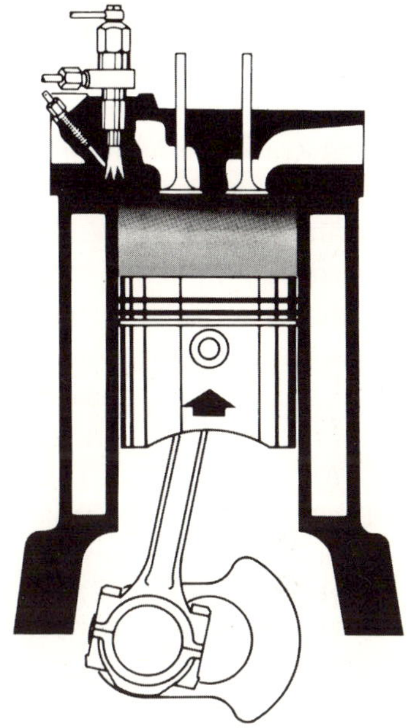

3. Takt: Verbrennen
Während der Verbrennung dehnen sich die Gase im Zylinder aus und bewegen den Kolben nach unten, wobei Arbeit geleistet wird.

4. Takt: Ausstoßen:
Der hochgehende Kolben schiebt die verbrannten Gase durch das geöffnete Auslaßventil aus dem Zylinder.

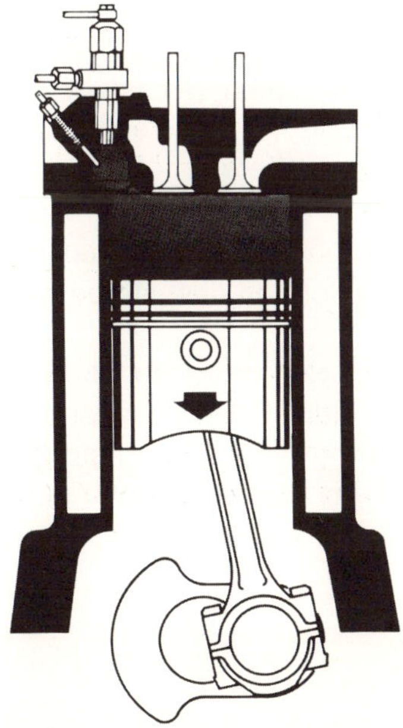

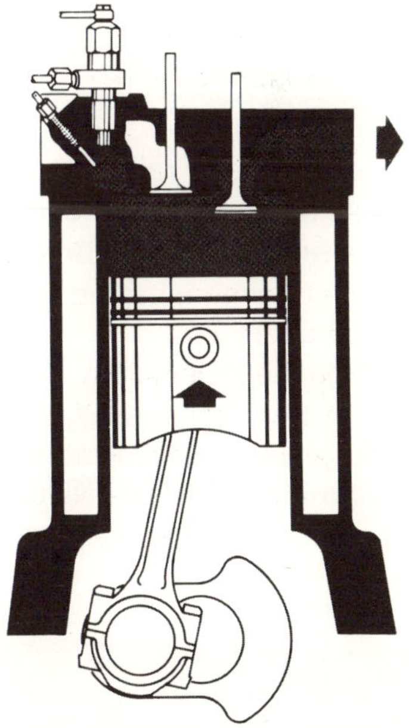

Der *erste Takt* im Arbeitsspiel dient zum Füllen des Zylinders mit Frischluft. Er beginnt im oberen Umkehrpunkt (Totpunkt) des Kolbens. Während der folgenden Abwärtsbewegung des Kolbens wird durch das Einlaßventil im Zylinderkopf Frischluft angesaugt. Um so zu Beginn des Saughubs einen ausreichend großen Einlaßquerschnitt zur Verfügung zu haben, beginnt die Öffnung des Ventils bereits bis 40 Grad vor dem oberen Totpunkt, denn die Bewegung des Ventils erfolgt relativ langsam. Aus dem gleichen Grund, nämlich zur besseren Füllung der Zylinder mit Frischluft, schließt das Einlaßventil auch nicht exakt im unteren Totpunkt des Kolbens nach dem Ende des Saughubs, sondern bleibt noch 30 bis 60 Grad Kurbelwinkel länger geöffnet.
Während des folgenden *zweiten Takts* einer Viertakt-Dieselmaschine wird nun die eingeströmte Verbrennungsluft verdichtet. Die Kraft dazu liefert die Drehenergie des Motors.
Der Verdichtungshub beginnt nach dem unteren Totpunkt mit der Aufwärtsbewegung des Kolbens, wobei die Luft im Brennraum auf den fünfzehnten bis vierundzwanzigsten Teil ihres ursprünglichen Volumens zusammengepreßt wird. Das Verhältnis zwischen dem im oberen Totpunkt über dem Kolben verbleibenden Verdichtungsraums und des gesamten Volumens über dem Kolben im unteren Totpunkt wird als Verdichtungsverhältnis bezeichnet. Es liegt somit bei heutigen Dieselmotoren zwischen 15:1 und 24:1. Konventionelle Ottomotoren begnügen sich dagegen mit Verdichtungsverhältnissen von 7:1 bis 10:1.
Die mechanische Energie des Kolbens wird während des Verdichtungshubs in Wärme umgewandelt, so daß bis zum Ende des Verdichtungsvorgangs die Temperatur im Zylinder auf 500°C bis 600°C ansteigt. Je höher das Verdichtungsverhältnis, desto höher ist die Endtemperatur und desto höher ist auch der bei Verdichtungsende erreichte Druck. Darüber hinaus kommt es natürlich auf die Anfangstemperatur der angesaugten Luft an. Beim winterlichen Kaltstart besteht deshalb die Gefahr, daß die Temperatur der komprimierten Luft nicht ausreicht, um den eingespritzten Kraftstoff zu entzünden. Eine weitere Erhöhung der Verdichtung würde jedoch bei warmer Maschine eine unwillkommene Druckerhöhung bedeuten. Besonders die im Automobil eingesetzten sogenannten Kammermotoren (siehe Seite 62) benötigen deshalb besondere Anlaßhilfen.
Übliche Anlaßhilfen sind batteriegespeiste elektrische Glühkerzen, deren hochohmiger Widerstandsdraht in den Verbrennungsraum hineinragt und bis zur Rotglut erhitzt wird. Eingespritzte Kraftstofftröpfchen, die in unmittelbare Nähe der Glühkerze geraten, entzünden sich dort und ermöglichen so den Start des Motors. Den gleichen Zweck erfüllt bei-

Die elektrisch beheizte Glühkerze ragt in den Brennraum (hier eine Wirbelkammer) und unterstützt beim Kaltstart die Selbstzündung des eingespritzen Kraftstoffs.

spielsweise eine Glühspirale, die im Ansaugrohr untergebracht die vorbeistreichende Luft erwärmt. Ganz ohne Anlaßhilfe kommen nur jene Dieselmotoren aus, die auf unterteilte Brennkammern verzichten und ihren Kraftstoff direkt in die Zylinder einbringen (Direkteinspritzer).

Die eigentliche Energieumsetzung erfolgt nun in einer Viertakt-Maschine im *dritten Takt* des Arbeitsspiels, nach dem Beginn der Verbrennung. Die im Kraftstoff enthaltene Energie wird in Form von Wärme freigesetzt. Es kommt zu dem bereits oben erwähnten steilen Druckanstieg, der den Kolben abwärts treibt, wobei mechanische Arbeit geleistet wird. Über die Effektivität der Arbeitsumsetzung entscheidet dabei natürlich zunächst einmal die Güte der Verbrennung. Wichtig ist eine innige Vermischung des Kraftstoffs mit dem Sauerstoff der hochverdichteten Luft, und das erfordert Zeit. Der Kraftstoff wird deshalb bereits 15 bis 40 Grad Kurbelwinkel vor dem oberen Totpunkt des Kolbens eingespritzt. Es kommt zu einer teilweisen Verdampfung des fein zerstäubten Kraftstoffs, wobei sich dessen Moleküle zunächst in Kohlenstoff (C)-Atome und Wasserstoff (H_2)-Moleküle aufspalten. Nach der Entzündung verbrennen sie dann im wesentlichen zu Kohlendioxid (CO_2) und Wasser (H_2O).

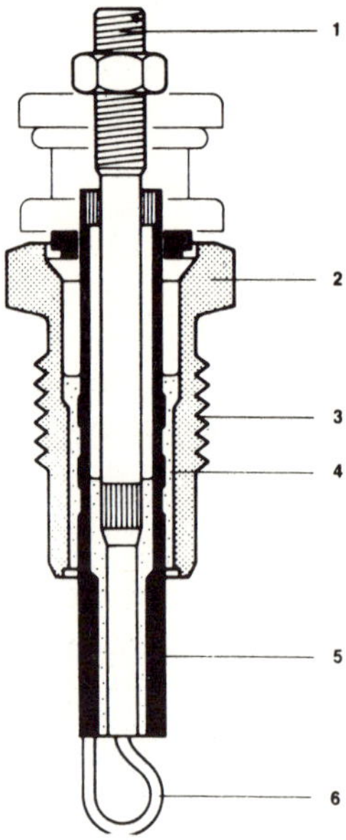

Konventionelle Glühdrahtkerze (links) mit beheizter Glühschleife, Heizleistung 60 bis 70 W. Moderne Glühstiftkerze (rechts) wie sie heute in die meisten Personenwagen-Dieselmotoren eingebaut wird, Heizleistung 100 bis 120 W.

1 Glühdrahtkerze;
2 Kerzengehäuse;
3 Einschraubgewinde M 18 x 1,5;
4 geschmolzenes Glaspulver;
5 Anschlußgehäuse;
6 Glühdraht

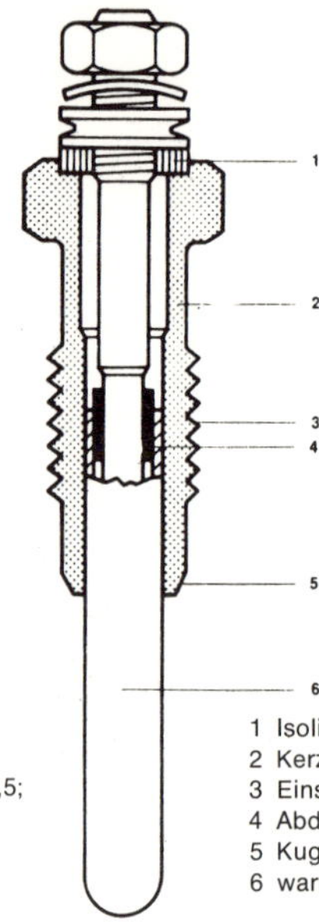

1 Isolierscheibe;
2 Kerzengehäuse;
3 Einschraubgewinde M 12 x 1,25;
4 Abdichtung;
5 Kugeldichtsitz;
6 warmfestes Glührohr

Da die Verbrennung im Dieselmotor bei hohem Luftüberschuß abläuft, entstehen dabei im Gegensatz zum Ottomotor das giftige Kohlenmonoxid (CO) und schädliche unverbrannte Kohlenwasserstoff-Verbindungen (CH) nur in ganz geringen Mengen, während der Stickoxid-Anteil im Abgas etwas ansteigt (siehe Seite 58). Als Luftüberschuß wird das Verhältnis zwischen wirklich vorhandener und theoretisch zur vollständigen Verbrennung der Kraftstoffmenge benötigten Luftmenge bezeichnet. Er liegt je nach Gemischbildungsverfahren beim Dieselmotor zwischen 1,3 und 2,0. Damit besteht eine ausreichende Sicherheit, daß jedes Kraftstoffteilchen den zur vollständigen Verbrennung notwendigen Sauerstoff findet.
Die Verbrennung dauert bis zum Ende des Einspritzvorgangs an, der lastabhängig bei Normallast etwa 20 bis 30 Grad Kurbelwinkel nach dem oberen Totpunkt abgeschlossen ist. Die Temperatur im Zylinder steigt dabei weiter bis auf 1800° C an und es werden Spitzendrücke bis zu 140 bar erreicht. Während der folgenden Expansion der Verbrennungsgase sinkt der Überdruck dann wieder auf etwa zwei bis drei bar ab und die Temperatur fällt auf weniger als 800° C.
Wie wirkungsvoll nun die Wärme in mechanische Arbeit umgesetzt wird, hängt in hohem Maße auch vom Ablauf der Verbrennung ab, der wiederum maßgeblich vom zeitlichen und mengenmäßigen Verlauf der Einspritzung, dem sogenannten Einspritzgesetz (siehe Seite 52), bestimmt wird.

Der dem Arbeitstakt folgende *vierte Takt* im Arbeitsspiel des Viertakt-Motors dient dem Ausstoßen der Verbrennungsgase im Zylinder. Dabei sinkt die Temperatur der Abgase nun weiter auf 300 bis 450°C ab. Um ein gründliches Hinausspülen der Abgasreste aus dem Zylinder zu gewährleisten und damit die Ladung mit Frischluft zu verbessern, öffnet das Auslaßventil bereits 20 bis 50 Grad Kurbelwinkel vor dem unteren Totpunkt des Kolbens und bleibt nach dem Abschluß des Ausschubhubs im oberen Totpunkt noch eine gewisse Zeit geöffnet.

Der Zweitaktmotor

Dieselmotoren, die nach dem Zweitakt-Verfahren arbeiten, zählen zweifellos zu den anspruchslosesten und robustesten Verbrennungsmotoren. Denn neben den dieseltypischen Vorteilen verspricht ihr einfacher Aufbau ohne aufwendigen Ventiltrieb einen besonders störungsfreien Betrieb. Im Automobil beschränkt sich ihr Einsatz jedoch bislang ausschließlich auf Nutzfahrzeuge, da sich ihr Arbeitsverfahren vor allem für langsamer laufende Maschinen eignet. Zweitakt-Diesel finden deshalb vor allem als stationäre Aggregate oder große Schiffsmaschinen Verwendung.

Das Zweitakt-Verfahren ist dadurch gekennzeichnet, daß für ein volles Arbeitsspiel, also Ansaugen, Verdichten, Arbeiten und Ausschieben, nur zwei Kolbenhübe und somit nur eine Kurbelwellenumdrehung benötigt wird. Der Gaswechsel, das Ausschieben des Abgases und Ansaugen der Frischluft, erfolgt dabei nicht wie beim Viertakter über Ventile, sondern über Ein- und Auslaßschlitze, die im unteren Bereich des Zylinders angeordnet sind. Ausnahmen machen hier einige langsamlaufende Großdiesel, bei denen die Auslaßschlitze durch Auslaßventile im Zylinderkopf ersetzt werden.

Aus dem Umstand, daß beim Zweitakt-Motor für den Ablauf eines Arbeitsspiels nur die Hälfte der Zeit zur Verfügung steht, ergeben sich auch die typischen Nachteile dieses Verfahrens. Das fängt schon bei der Füllung des Zylinders mit frischer Verbrennungsluft an. Denn sobald der abwärtsgehende Kolben die im unteren Teil der Zylinderwand untergebrachten Ein- und Auslaßschlitze freigibt, muß gleichzeitig das verbrannte Gas aus dem Zylinder befördert und Frischluft angesaugt werden, wobei für diese Vorgänge weniger als eine halbe Kurbelwellen-Umdrehung zur Verfügung steht.

Da hier mehr unerwünschte Restgase zurückbleiben, als beim Vier-

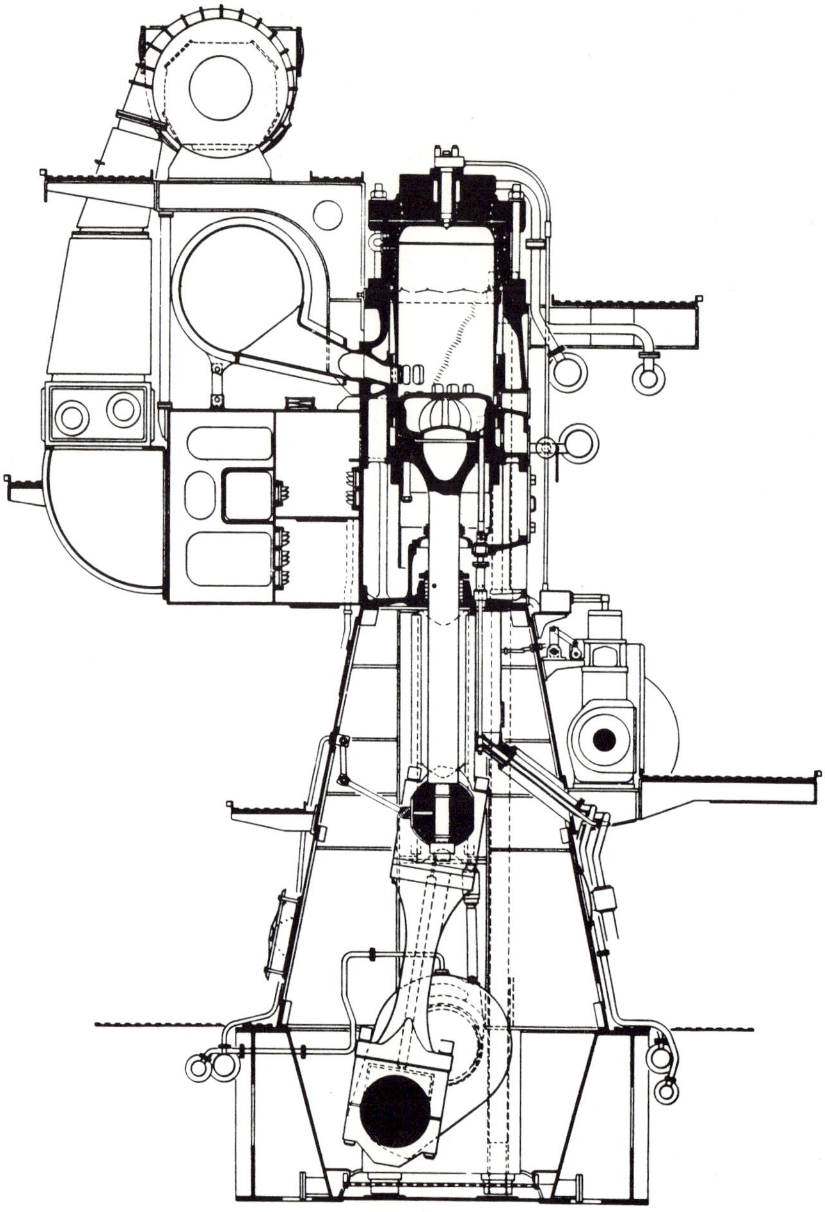

Zweitakt-Großdiesel, wie sie als Schiffsantrieb eingesetzt werden, sind so groß wie ein dreigeschossiges Haus. Der abgebildete Sulzer-Diesel ist über 10 Meter hoch.

takt-Motor, kommt es auch zu größeren Füllungsverlusten. Das erschwert nicht nur den Betrieb mit höheren Drehzahlen, sondern sorgt gleichzeitig dafür, daß ein prinzipieller Vorteil der Zweitakt-Maschine nicht voll zum Tragen kommt. Statt der doppelten Leistung, die theoretisch aus der doppelten Anzahl der Arbeitsspiele zu erwarten wäre, bieten Zweitakter gegenüber vergleichbaren Viertakt-Motoren nur ein Leistungsplus von höchstens 30 bis 50 Prozent.
Zur Erleichterung wird deshalb häufig auf die Hilfe von Pumpen zurückgegriffen. Am einfachsten geht dies mit einer sogenannten Kurbelkastenpumpe, wobei die Frischgase zunächst in das Kurbelgehäuse angesaugt und anschließend durch den abwärtsgehenden Kolben über einen Überströmkanal und die Einlaßschlitze in die Zylinder gedrückt wird. Besser können es zusätzliche Spülpumpen, die als von der Kurbelwelle angetriebene Kolbenpumpen oder Roots-Gebläse ausgebildet sein können. Eine weitere Möglichkeit bietet der Abgasturbolader, der seine Energie aus dem Abgasstrom im Auspuff bezieht.
Nachteile bringt das Zweitakt-Verfahren aber auch bezüglich der beim schnell laufenden Dieselmotor ohnehin schwierigen Gemischbildung mit sich. Für das Vermischen des eingespritzten Kraftstoffs mit der angesaugten Frischluft steht hier noch weniger Zeit zur Verfügung, als beim diesbezüglich ohnehin schon gehandikapten Viertakt-Dieselmotor.

Die Thermodynamik des Dieselmotors

Der Weg zu einer Maschine mit höchster Energieausnutzung, das besagt eine thermodynamische Grundregel, führt über eine möglichst hohe Verdichtung des Arbeitsmediums. Beim Ottomotor ist dies ein Kraftstoff-Luft-Gemisch, dessen niedrige Selbstzündungstemperatur freilich die erwünschte hohe Kompression verhindert. Auf seiner Suche nach einem besonders wirtschaftlichen Verbrennungsmotor ging Rudolf Diesel deshalb von folgender Erkenntis aus: »Die Selbstzündung durch Kompression muß in dieser Form vermieden werden. Es muß Luft allein durch mechanische Verdichtung so hoch komprimiert werden, daß die gewünschte günstige Wärmeverwertung entsteht.«
Diesels Theorie sah vor, daß die Verbrennung durch allmähliches Zuführen von Kraftstoff in die weit über die Entzündungstemperatur erhitzte

und hochkomprimierte Luft eingeleitet wird. Die Verbrennung sollte dadurch bei konstantem Druck, dem maximalen Verdichtungsdruck, ablaufen.
Die Idee, den Kraftstoff bei konstantem Druck zu verbrennen, blieb indes weitgehend Theorie. Denn bis heute gibt es keinen Fahrzeug-Dieselmotor, der sich diese ursprüngliche Forderung Diesels wirklich zu eigen macht. Dies gilt in besonderem Maße für die modernen schnell laufenden Dieselmotoren, deren Verbrennung mit steilem Druckanstieg sich immer mehr der Charakteristik eines Benzinmotors annähert.
Zum besseren Verständnis des grundlegenden Arbeitsprinzips eines Dieselmotors ist es zunächst einmal notwendig, einige theoretische Überlegungen anzustellen, die den Druck- und Temperatur-Verlauf und gewisse Vorgänge bei der Verbrennung näher erläutern.
Um die Arbeitsweise eines Benzin- oder Dieselmotors theoretisch zu erfassen, wird sie üblicherweise mit jener einer Wärmekraftmaschine verglichen – eine Maschine, die nach einem von drei möglichen theoretischen Kreisprozessen arbeitet und zwar unter Verwendung einer bestimmten Gasmenge. Die Kreisprozesse werden als Otto-Prozeß, Gleichdruck-Prozeß und Carnot-Prozeß bezeichnet. Da der letztere vor allem bei Dampf-Maschinen von Interesse ist, genügt es hier, sich auf die beiden anderen zu beschränken.
Was ist nun überhaupt ein Kreisprozeß? Die technische Thermodynamik versteht darunter eine bestimmte Reihenfolge von Zustandsänderungen einer gewissen in einem Zylinder mit Kolben eingeschlossenen Gasmenge. Dabei befindet sich das Gas zum Schluß dieser Vorgänge wieder im gleichen Zustand (Druck, Temperatur, Dichte) wie am Anfang. Bei einer Verbrennungs-Kraftmaschine sieht diese Reihenfolge so aus:

- Verdichtung durch den Kolben
- Wärmezufuhr durch Verbrennung
- Ausdehnung auf das Anfangsvolumen durch den Kolben
- Abkühlung

Dabei wird die Verdichtung und Ausdehnung des Gases im Zylinder grundsätzlich als adiabatisch angenommen, was bedeutet, daß während dieser Zustandsänderungen keine Wärme von außen aufgenommen oder nach außen abgegeben wird. Im Vergleich zum Diagramm des wirklichen Motors bedeutet dies freilich eine Vereinfachung, denn die Wärmeabgabe der Zylinderladung über die Zylinderwand nach außen wird vernachlässigt.
Was die verschiedenen Kreisprozesse voneinander unterscheidet, ist die Zustandsänderung während der Verbrennung. Sie kann entweder bei konstantem Volumen des Gases, also isochor, oder bei konstantem

Druck ablaufen, was dann als isobare Zustandsänderung bezeichnet wird. Darüber hinaus ist aber auch eine Mischung aus diesen beiden Extremen möglich, die sogenannte gemischte Verbrennung oder Verbrennung nach Seiliger.
Dargestellt wird ein Kreisprozeß am anschaulichsten in einem Druck-Volumen (p, V)-Diagramm, dessen eingeschlossene Fläche dann ein Maß für die während des Prozesses geleistete Arbeit darstellt.

Der Otto-Prozeß

Hier handelt es sich um den theoretischen Kreisprozeß eines Benzinmotors mit Fremdzündung. Er beginnt bei Punkt 1 im Druck-Volumen-Diagramm mit der Verdichtung der im Zylinder vorhandenen Luft, ohne daß dabei von außen Wärme zu- oder abgeführt wird – ein Prozeß, der als adiabate Verdichtung bezeichnet wird. Er endet in Punkt 2, entsprechend dem oberen Totpunkt des Kolbens, bei höherem Druck und kleinerem Volumen. Es folgt die Verbrennung im oberen Totpunkt, im p, V-Diagramm als Wärmezufuhr (Q) gekennzeichnet, wobei der Druck plötzlich bei unverändertem Volumen auf Punkt 3 ansteigt. Der Verbrennung folgt im Ottomotor der Arbeitshub, im Diagramm dargestellt durch eine adiabate Entspannung entlang der Linie 3–4 und einem Druckabfall im unteren Totpunkt bei konstantem Volumen von Punkt 4 zum Ausgangspunkt 1. Dabei wird zunächst mit zunehmendem Volumen und abfallendem Druck mechanische Arbeit geleistet und anschließend Wärme an die Umgebung abgeführt.

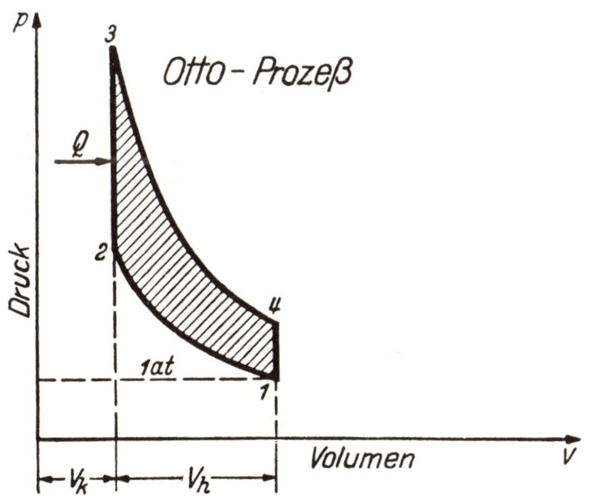

Beim Otto-Prozeß erfolgt die Verbrennung (Q) bei konstantem Volumen, was im p, V-Diagramm als Isochore (2–3) dargestellt ist. Die schraffierte Fläche ist ein Maß für die geleistete Arbeit.

Die vom Kreisprozeß eingeschlossene Fläche 1–2–3–4 ist ein Maß für die geleistete Arbeit – je größer die Fläche, desto wirkungsvoller verläuft der Prozeß. Der Wirkungsgrad hängt dabei von dem Verhältnis der zugeführten Wärme (2–3) zur ungenutzt wieder nach außen abgegebenen Wärme ab. Sein Wert steigt mit zunehmendem Verdichtungsverhältnis, ist jedoch definitionsgemäß stets kleiner als 1.

Der Gleichdruck-Prozeß (Diesel-Prozeß)

Rudolf Diesel dachte bei seiner Erfindung an einen Motor, der nach dem Gleichdruck-Prozeß arbeitet. Auch hier wird der Zylinderinhalt zunächst adiabat entlang der Linie 1–2 verdichtet. Die folgende Verbrennung erfolgt dann aber bei konstantem Druck und zunehmendem Volumen zwischen Punkt 2 und 3. Schließlich expandiert die erhitzte Luft adiabat bis zum Ausgangsdruck im Punkt 4, wonach die ungenutzte Wärme abgeführt wird. Der Wert des thermischen Wirkungsgrads entspricht bei gleichem Verdichtungsverhältnis jenem des Otto-Prozesses.

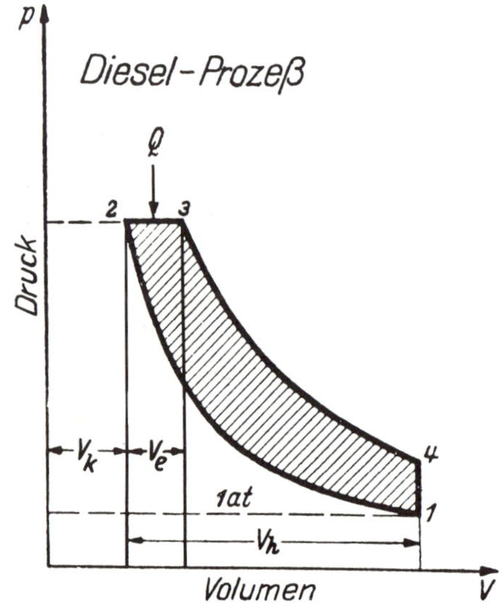

Im p, V-Diagramm des Diesel-Prozesses ist die Verbrennungsphase (2–3) eine Isobare, denn die Wärme (Q) wird hier bei konstantem Druck zugeführt.

Der Grenzdruck-Prozeß

Der die tatsächlichen Verhältnisse im Dieselmotor wiederspiegelnde Vergleichsprozeß stellt sich als eine Kombination der beiden zuvor beschriebenen Kreisprozesse dar. Eine Verbrennung bei konstantem

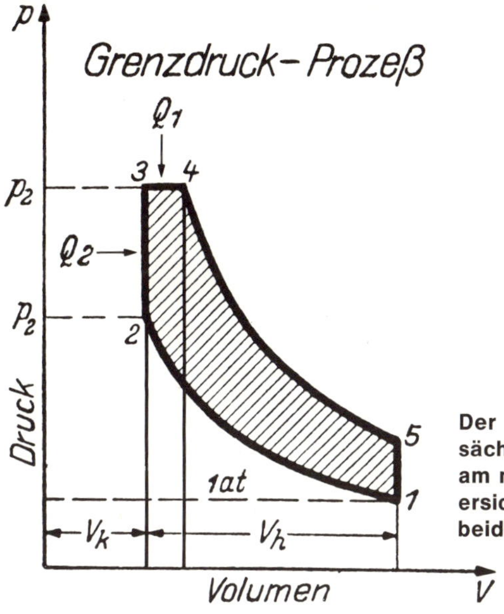

Der Grenzdruck-Prozeß kommt den tatsächlichen Verhältnissen im Dieselmotor am nächsten. Wie aus den p, V-Diagramm ersichtlich wird, ist er eine Kombination der beiden zuvor gezeigten Prozesse.

Druck, wie sie den Gleichdruckprozeß auszeichnet, läßt sich auf Grund der Besonderheiten des Verbrennungsablaufs insbesondere bei schnell laufenden Dieselmaschinen kaum erreichen. So führt der Zündverzug und das daraus folgende, verzögert nach der Kraftstoffeinspritzung einsetzende Entzünden des Kraftstoffs zunächst zu einem steilen Druckanstieg. Er ist um so steiler, je früher die Einspritzung vor dem oberen Totpunkt des Kolbens beginnt und erreicht bei den im Fahrzeug eingesetzten Motoren einen Wert, der weit über dem Verdichtungsdruck liegt. Während weiter Kraftstoff eingespritzt wird, geht die Verbrennung jedoch nach dieser ersten Phase in einen Gleichdruck-Prozeß über.

Im Grenzdruck- oder Seiliger-Prozeß erfolgt deshalb die Verdichtung entlang der Linie 1–2, die Wärmezufuhr teils bei konstantem Volumen (2–3), teils bei konstantem Druck (3–4). Die Expansion entlang der Linie 4–5 reicht nicht wie beim Gleichdruck-Prozeß bis zum Umgebungsdruck, denn dies würde einen unrealistisch langen Kolbenhub voraussetzen.

Der Wert für den thermischen Wirkungsgrad ergibt unter vergleichbaren Randbedingungen einen niedrigeren Wert als jener der beiden vorhergehenden Kreisprozesse. Er ist jedoch wie bei allen theoretischen Kreisprozessen immer noch wesentlich günstiger als jener eines realistischen, mit Hilfe eines sogenannten Indikator-Diagramms aufgezeichneten Arbeitszyklusses.

Für diese Aufzeichnung des Druckverlaufs eines Motors über dem Zylindervolumen bedienen sich die Motoren-Entwickler heute meist Druckfühlern, welche den Druck im Zylinder über Quarzkristalle in elektrische

Signale umwandeln. Das so ermittelte Diagramm weicht erheblich vom Verlauf des theoretischen Vergleichsprozesses ab und nähert sich beim Dieselmotor mit zunehmender Voreinspritzung dem charakteristischen Bild eines Ottomotors (siehe Seite 56). Kennzeichnend für ein Diesel-Diagramm ist dabei der höher ansteigende und schlankere Verlauf. Die mittlere Höhe des Indikator-Diagramms, ein Maß für den mittleren indizierten Druck (p_{mi}), liegt im allgemeinen jedoch unter derjenigen eines Ottomotor-Diagramms. Sie steht in direktem Zusammenhang mit der sogenannten indizierten Leistung des Motors – der tatsächlich bei der Verbrennung gewonnenen Leistung ohne Berücksichtigung der mechanischen Verluste im Motor.

Der Verbrennungsvorgang im Dieselmotor

Der entscheidenste, aber zugleich auch am wenigsten erforschte Teil des Diesel-Prozesses ist der Verbrennungsvorgang. Der Grund für den relativ niedrigen Kenntnisstand auf diesem Gebiet liegt einmal in der Vielzahl der chemischen und physikalischen Einflußgrößen, zum anderen in der Verknüpfung der Vorgänge während der Verbrennung mit denen während der Gemischbildung. Fest steht, daß besonders die Verdampfung des flüssig in den Brennraum eingespritzten Kraftstoffs von wesentlicher Bedeutung für den Zündungs- und Verbrennungsprozeß ist. Die Voraussetzungen dafür sind jedoch im Dieselmotor bedeutend ungünstiger als bei einem Ottomotor. Während nämlich beim Dieselmotor Einspritzung, Verdampfung und Verbrennung des Kraftstoffes nur in wenigen Millisekunden (1/1000 s) von statten gehen müssen, steht beim Ottomotor allein für die Verdampfung des Kraftstoffs ein Vielfaches dieser Zeit zur Verfügung. Das Kraftstoff-Luft-Gemisch strömt hier während des Saughubs auf dem Weg in den Zylinder zunächst durch die warmen Ansaugkanäle, vorbei an den Einlaßventilen in den noch von der vorhergehenden Verbrennung erhitzten Zylinder, wobei die flüssigen Bestandteile nahezu vollständig verdampfen.

Im Dieselmotor sind die Verhältnisse dagegen bedeutend schwieriger. Angesaugt und verdichtet wird hier nur reine Luft und die Beimischung des flüssigen Kraftstoffs erfolgt erst unmittelbar vor der Verbrennung. Die Kraftstofftröpfchen haben also nicht wie im Benzinmotor die Möglichkeit vorgewärmt zu werden, sondern müssen die zur Verdampfung notwendige Wärme in weitaus kürzerer Zeit der komprimierten Verbrennungsluft entnehmen.

Die drei Verbrennungsphasen

Wie die Verbrennung in einem Dieselmotor abläuft, läßt sich mit Hilfe von Hochgeschwindigkeitsaufnahmen des Vorgangs in besonderen Versuchsmotoren und an Hand von Indikator-Diagrammen nachvollziehen. Die Diagramme zeigen den Druckverlauf im Zylinder in Abhängigkeit vom Kurbelwinkel und lassen drei verschiedene Verbrennungsphasen erkennen.
Die erste Phase im Verbrennungsprozeß, die Zündverzugphase, dauert vom Beginn der Einspritzung bis zum Anfang der Entflammung des Kraftstoffs. Da schon vor dem Ende des Verdichtungshubs im oberen Totpunkt des Kolbens mit der Einspritzung begonnen wird, hat die Verbrennungsluft im Zylinder zu diesem Zeitpunkt noch nicht ihre maximale Verdichtungstemperatur erreicht.
Der Brennstoff häuft sich nun zunächst bis zum Beginn der Zündung an. Die einzelnen Tröpfchen erwärmen sich und verdampfen, wobei die Vermischung mit der umgebenden Luft nicht gleichmäßig, sondern im ganzen Brennraum unterschiedlich erfolgt. Beim Erreichen der Selbstzündungstemperatur entstehen deshalb mehrere Zündkerne, in denen es zur Flammenbildung kommt. Die Temperatur steigt rasch an und es beginnt die zweite Verbrennungsphase.
Die Hauptverbrennungsphase reicht von der Entflammung bis zur maximalen Druckentfaltung. Dabei entscheidet der Grad des Druckanstiegs

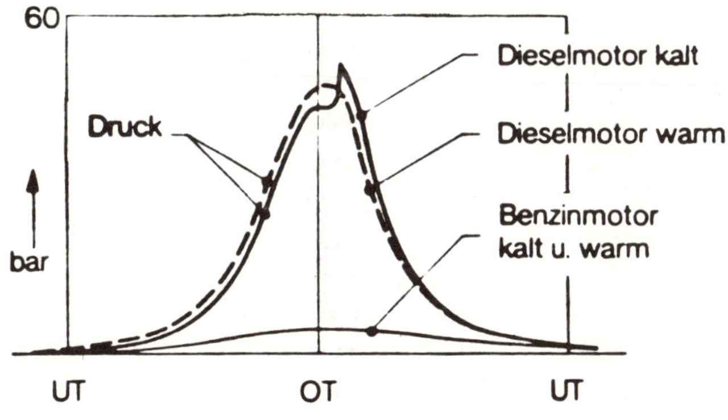

Der Druckverlauf im Zylinder während der Verbrennung bei kaltem und warmen Motor im Leerlauf. Der steile Druckanstieg beim kalten Dieselmotor macht sich in der Praxis durch lautes Nageln bemerkbar.

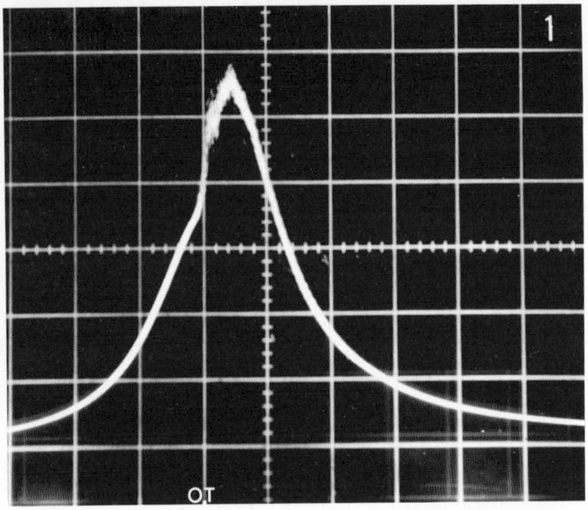

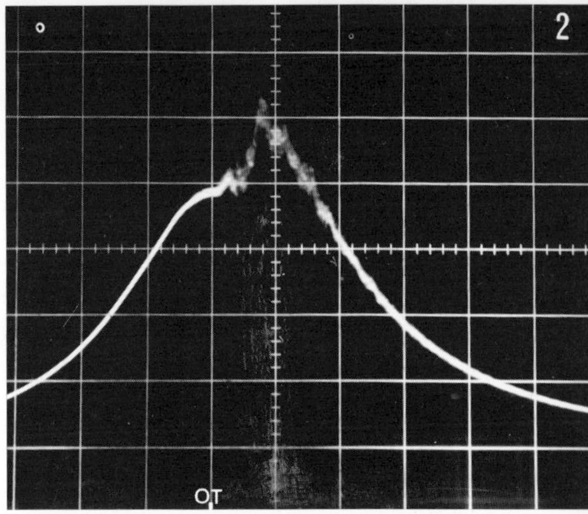

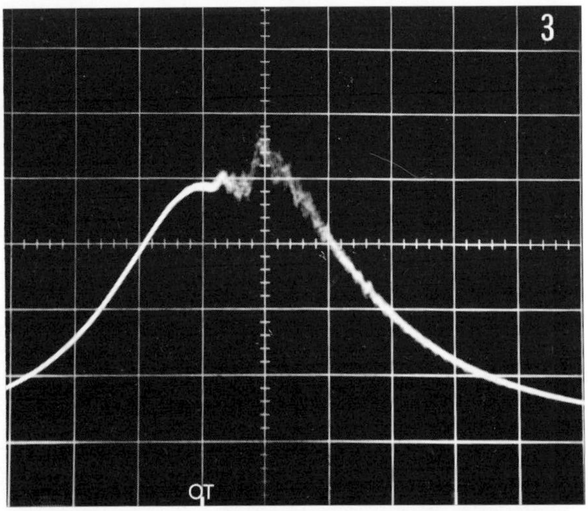

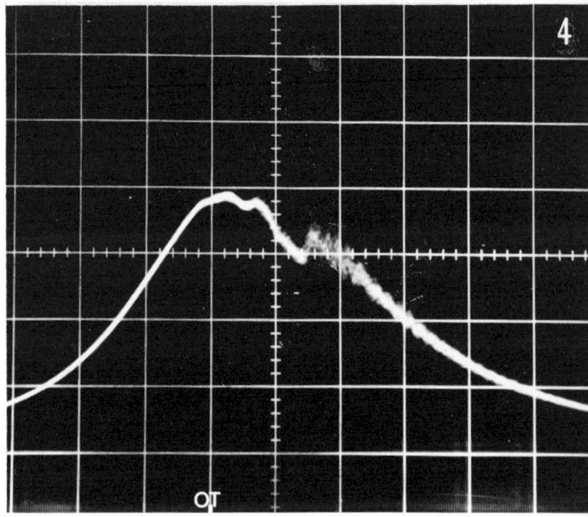

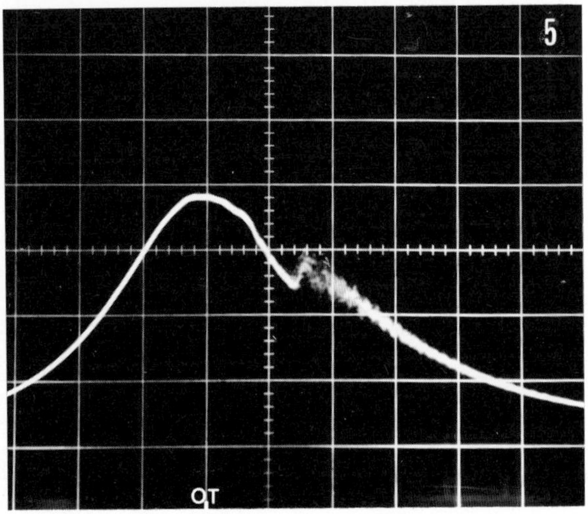

Der indizierte Druckverlauf, hier am Oszillographen-Bildschirm aufgezeichnet über dem Kurbelwinkel, zeigt den Einfluß des Spritzbeginns auf den Verbrennungsverlauf. Ausgehend vom optimalen Zeitpunkt (Bild 1) wurde der Spritzbeginn in den folgenden Bildern um je 12 Grad Kurbelwinkel verspätet.

bis zum maximalen Verbrennungsdruck über die Effizienz der Diesel-Verbrennung. Wie schnell sich die Flamme im Brennraum ausbreitet und wie hoch der Druck ansteigt bestimmen die Beschaffenheit des Brennraums und der Zündverzug. Durch die weiter andauernde Kraftstoffzufuhr wird die Verbrennung aufrecht erhalten.
Die dritte Phase, die Nachverbrennungsphase, reicht nun bis zum Ende der Verbrennung. Zunächst steigt die Temperatur auf ihren Maximalwert an und gleichzeitig verringert sich durch den abwärtsgehenden Kolben der Druck im Zylinder. Die Kraftstoffeinspritzung hört auf, wobei die Güte der Verbrennung des restlichen Frischgases in hohem Maße von der Turbulenz des Gemischs abhängt. Schließlich hört die Verbrennung langsam auf, was allerdings unter Umständen bis zum Beginn des Auspuffens andauern kann.

Der Zündverzug

Wie schon zuvor erläutert wurde, ist der Zündverzug die Zeitspanne zwischen dem Einspritzen des Kraftstoffs und dem Beginn der Entflammung. Es ist der einflußreichste Faktor für den Verbrennungsvorgang im Dieselmotor. Je größer der Zündverzug, desto früher muß der Kraftstoff während der Aufwärtsbewegung des Kolbens eingespritzt werden. Nur

Der Druckverlauf zeigt den Einfluß des Zündverzugs auf die Verbrennung.

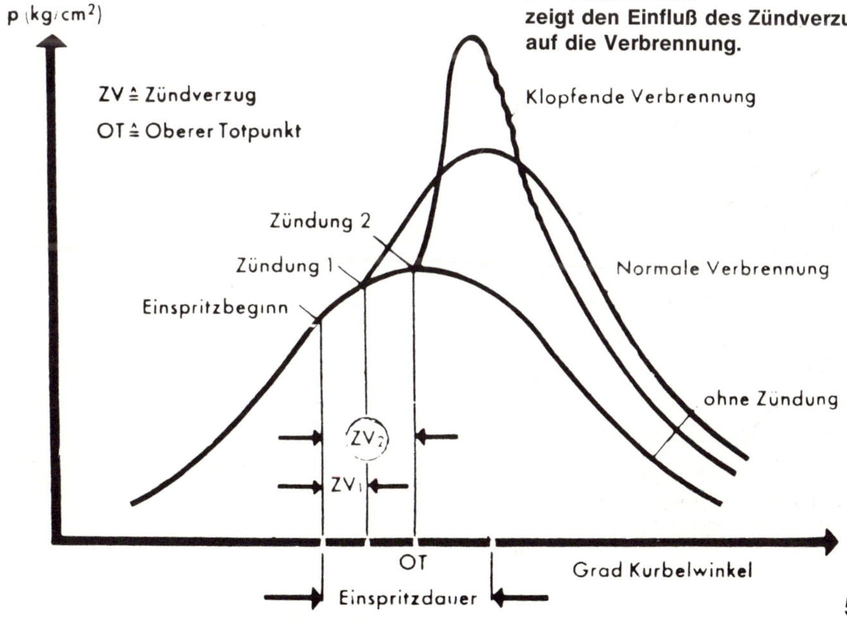

so kann eine Selbstzündung der Zylinderladung im oberen Totpunkt sichergestellt werden.
Eine Vorverlegung des Einspritz-Zeitpunktes bewirkt jedoch auch einen steileren Druckanstieg beim Beginn der Entflammung. Im Grenzfall führt dies zu einer detonationsartigen Verbrennung, wobei sich die Flamme mit Schallgeschwindigkeit ausbreitet. Ein ähnliches Phänomen, das Dieselfahrern nicht selten den Unmut der Nachbarn einbringt, macht sich vor allem beim Kaltstart durch lautstarkes Nageln bemerkbar. Denn neben dem bereits erwähnten Einspritzzeitpunkt und einer Reihe weiterer Faktoren zeigt der Zündzeitpunkt nämlich eine deutliche Abhängigkeit von der Temperatur der Verbrennungsluft. Mit sinkenden Temperaturen nimmt der Zündverzug zu. Wichtige Einflußgrößen sind im übrigen auch die Turbulenz der Zylinderladung und die Gestaltung des Brennraums. Durch besondere Wirbel- und Vorkammer-Brennräume, wie sie in Personenwagen-Dieselmotoren üblich sind, wird die Verwirbelung der komprimierten Luft und des eingespritzten Kraftstoffs verbessert und damit der Zündverzug verringert. Eine wesentliche Rolle spielt in diesem Zusammenhang auch die Ausführung der Einspritzdüse (siehe Seite 86).
Weitere maßgebliche Faktoren sind aber auch der Betriebszustand des Motors – mit zunehmender Last und Drehzahl nimmt der Zündverzug ab – und der Druck der einströmenden Frischluft. So kann durch Aufladung der Zylinder mit Hilfe eines Verdichters, der die Frischluft mit Überdruck durch die Einlaßöffnungen drückt, der Zündverzug verringert werden. Wichtig ist natürlich auch die Zusammensetzung des Kraftstoffs und dessen für den Zündverzug kennzeichnende Cetanzahl (s. Seite 130).

Das Einspritzgesetz

Entscheidend für den Verbrennungsablauf und die zeitliche Wärmeentwicklung ist auch der zeitliche und mengenmäßige Verlauf der Einspritzung, der im allgemeinen als Einspritzgesetz bezeichnet wird.
Man unterscheidet zwischen einem idealen Einspritzgesetz und einem praktisch realisierbaren Einspritzgesetz. Ideal wäre es, wenn das eingespritzte Quantum in jedem Zeitpunkt gerade der Höchstmenge entspricht, die verarbeitet werden kann. Da die Zündung wegen des besprochenen Zündverzugs erst einige Zeit nach dem Einspritzbeginn einsetzt, würde es zu einer detonationsartigen Verbrennung mit entsprechend steilem Druckanstieg und intensiver Wärmeentwicklung kommen.

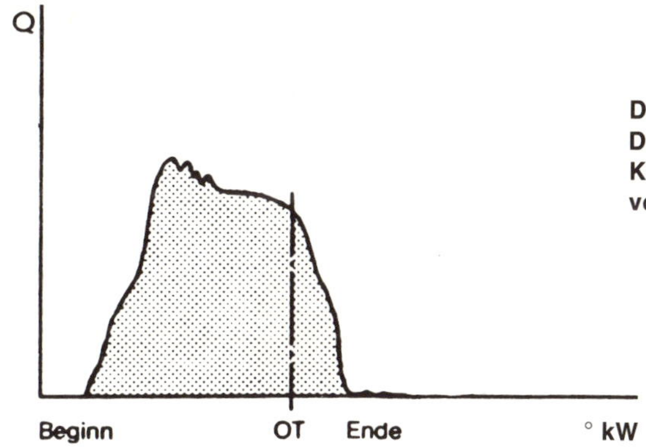

Das Einspritzgesetz eines Dieselmotors gibt die eingespritzte Kraftstoffmenge (Q) in Abhängigkeit vom Kurbelwinkel (° kW) wieder.

Das im Sinne des Wirkungsgrads günstige ideale Einspritzgesetz kann also in der Praxis nicht realisiert werden. Zu Gunsten der Laufruhe und Lebensdauer des Motors muß es sich nach den individuellen Eigentümlichkeiten des Motors richten. In jedem Fall ist dabei die Einspritzmenge vom Beginn der Einspritzung bis zum Zündzeitpunkt wegen des Zündverzugs geringer als jene, die eigentlich in kürzester Zeit verbrannt werden könnte. Entsprechend muß dann auch die Einspritzdauer verlängert werden.

Darüber hinaus gilt es bei der Verwirklichung des praktischen Einspritzgesetzes zahlreiche weitere Einflußgrößen zu berücksichtigen. Dazu gehören sowohl die Besonderheiten des Einspritzsystems, als auch die kennzeichnenden Größen für den Betriebszustand des Motors, wie Drehzahl und Fördermenge, im Zusammenhang mit unterschiedlichen Anforderungen – Geräusch und Wirkungsgrad etwa.

Welche Höchstmenge an Brennstoff tatsächlich in kürzester Zeit verarbeitet werden kann, hängt jedoch in erster Linie von der Qualität der Gemischbildung ab. Je günstiger hier die Bedingungen sind, desto schneller kann die Verbrennung ablaufen und desto kürzer ist das Einspritzgesetz.

Wirkungsgrad und Verbrauch des Dieselmotors

Wie wirkungsvoll ein Benzin- oder Dieselmotor die im Kraftstoff zugeführte Energie in nutzbare Arbeit umwandelt ist in erster Linie eine Frage des Verdichtungsverhältnisses. Wirkungsgradunterschiede, wie sie aus der Betrachtung der thermodynamischen Vergleichsprozesse beider

Motorvarianten hervorgehen, haben in der Praxis auf Grund der großen Abweichungen vom theoretischen Kreisprozeß keine ausschlaggebende Bedeutung.

Der indizierte Wirkungsgrad

Die Effizienz der Verbrennung in einem Motor kann mit Hilfe des sogenannten indizierten Wirkungsgrads ermittelt werden. Er ergibt sich aus dem Verhältnis zwischen der durch die Verbrennung gewonnenen Arbeit und der im Kraftstoff enthaltenen Energie, und zwar bezogen auf einen bestimmten Zeitraum. Schnellaufende Dieselmotoren, wie sie im Fahrzeug eingebaut werden, erreichen dabei Werte um 0,42. Dies bedeutet, daß 42 Prozent der zugeführten Energie hier während des Arbeitshubs des Kolbens als mechanische Arbeit genutzt werden. Beim Ottomotor sind es durchschnittlich nur 33 Prozent.
Die Höhe des Wirkungsgrads hängt dabei, wie bereits erwähnt, zunächst einmal von der Höhe des Verdichtungsverhältnisses ab. Üblich sind beim Fahrzeugdieselmotor heute Werte zwischen 16:1 und 24:1, während sich Ottomotoren mit höchstens 10:1 begnügen. Darüber hinaus kommt es jedoch entscheidend auf die Gestaltung des Brennraums und das Kraftstoffsystem an, aber auch der Betriebszustand des Motors spielt eine wesentliche Rolle. Weitere Faktoren sind das Luft-Kraftstoff-Verhältnis des Gemischs und die Einlaßtemperatur der Frischluft.

Die Leistungsverluste im Dieselmotor

In der Praxis kann der indizierte Wirkungsgrad freilich nie erreicht werden, denn nur ein Teil der im Zylinder in mechanische Arbeit umgesetzte Energie kann zum Vortrieb genutzt werden. So müssen etwa 10 Prozent davon zur Überwindung innerer Verluste aufgebracht werden. Sie lassen sich in zwei Gruppen einteilen: Reibungsverluste und Pumpverluste. Bei den *Reibungsverlusten* handelt es sich um jene Energie, welche durch die Reibung an den bewegten Teilen des Motors in Form von Wärme nach außen verloren geht. Verlustquellen sind neben Kolben, Kolbenringen, Ventiltrieb und allen Lagern auch die Antriebe für die Öl- und Wasserpumpen, für die Ventilbetätigung, für die Einspritzpumpe und für das Kühlgebläse.

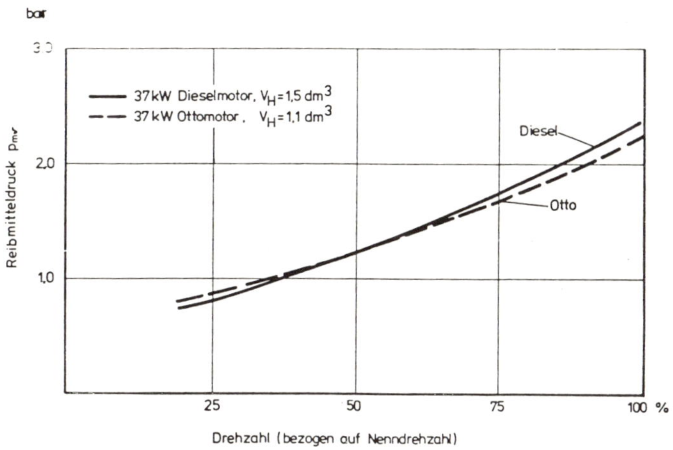

Beim Dieselmotor steigen die Reibungsverluste mit zunehmender Drehzahl stärker an als bei einem vergleichbaren Ottomotor.

Die Reibungsverluste steigen mit der Drehzahl stark an, wobei sie beim Dieselmotor höhere Werte erreichen als beim Ottomotor bei vergleichbarer Drehzahl. Ein Grund hierfür liegt in der höheren Verdichtung des Dieselmotors, denn die Reibleistung nimmt mit dem Verdichtungsverhältnis zu. Ab einem Verdichtungsverhältnis von mehr als etwa 18:1 sinkt die zunächst ansteigende Energieausnutzung deshalb in Folge der damit verbundenen höheren mechanischen Verluste wieder ab. Um einen sicheren Kaltstart zu gewährleisten muß jedoch beim Fahrzeug-Dieselmotor meist höher verdichtet werden.

Zur Kategorie der *Pumpverluste* zählt Energie, die zum Ladungswechsel aufgewendet werden muß – jene Pumparbeit also, die zum Ansaugen des Frischgases und Ausstoßen der verbrannten Restgase benötigt wird. Die Höhe der Verluste hängt von der Drosselwirkung des Ansaug- und Auspuff-Taktes ab und steigt wie die Reibungsverluste progressiv mit der Motordrehzahl an.

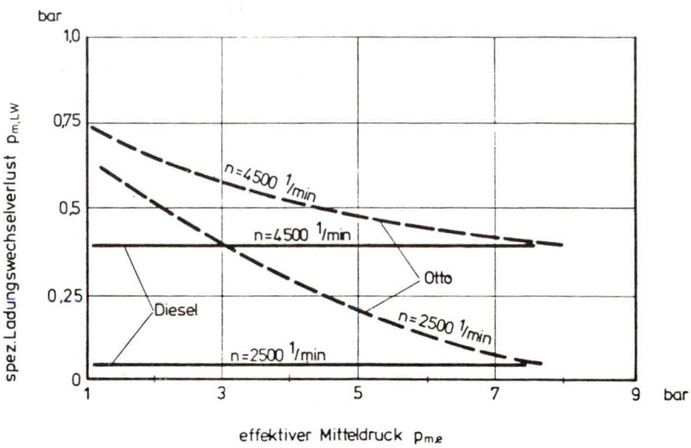

Beim Dieselmotor (durchgezogene Linie) bleiben die Pumpverluste mit zunehmender Last (Pme) konstant. Beim Ottomotor (gestrichelte Linie) sind sie zunächst höher und fallen dann auf das Diesel-Niveau ab.

Der absolute Wert der Pumpverluste ist freilich geringer als jener der Reibungsverluste, wobei der Dieselmotor insbesondere im Teillastbereich deutliche Vorteile gegenüber dem Ottomotor aufweisen kann. Die Ursache liegt in der unterschiedlichen Last-Regelung der beiden Motor-Konzepte. Der Ottomotor verfügt über eine sogenannte quantitative Regelung, wobei die verfügbare Leistung von der *Menge* des angesaugten Kraftstoff-Luft-Gemischs abhängt. Die Regelung erfolgt über eine mehr oder minder starke Drosselung des Gemischs.
Beim Dieselmotor wird die Last dagegen qualitativ geregelt, abhängig von der *Zusammensetzung* des Gemischs. Je mehr Kraftstoff in die angesaugte Verbrennungsluft eingespritzt wird, desto höher ist die verfügbare Leistung. Die Drosselung der in den Zylinder strömenden Frischluft ist so vergleichsweise gering und weitgehend unabhängig vom Lastzustand des Motors.
Veranschaulicht wird die zum Ladungswechsel notwendige Arbeit im Indikator-Diagramm (p, V-Diagramm) durch die sogenannte Gaswechselschleife. Die Aufzeichnung von Druck und Volumen während des Ausschub- und Ansaughubs umschließt eine Fläche, die ein Maß für die Pumpverluste darstellt. Sie nimmt beim Ottomotor mit sinkender Last zu, während sie beim Dieselmotor im gesamten Lastbereich nahezu unverändert bleibt. Gerade im Teillastbereich bietet deshalb der Dieselmotor gegenüber dem Ottomotor zusätzliche Verbrauchsvorteile.

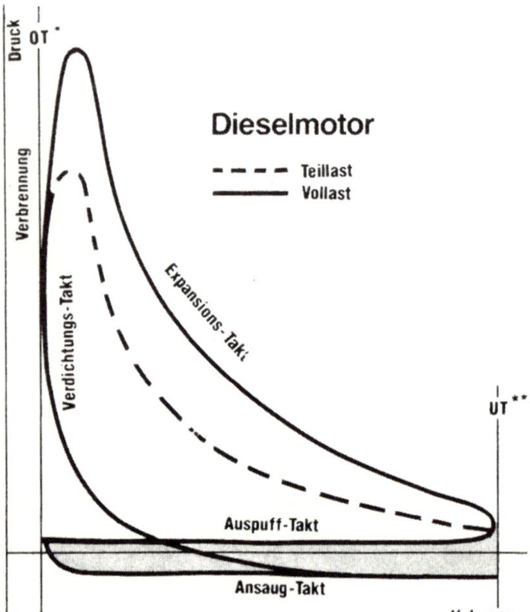

Realistische p, V-Diagramme des Otto- und Dieselmotors: die Fläche der Gaswechselschleife (dunkel), ein Maß für die Pumpverluste, wird beim Benzinmotor im Teillastbereich größer, beim Dieselmotor bleibt sie konstant.

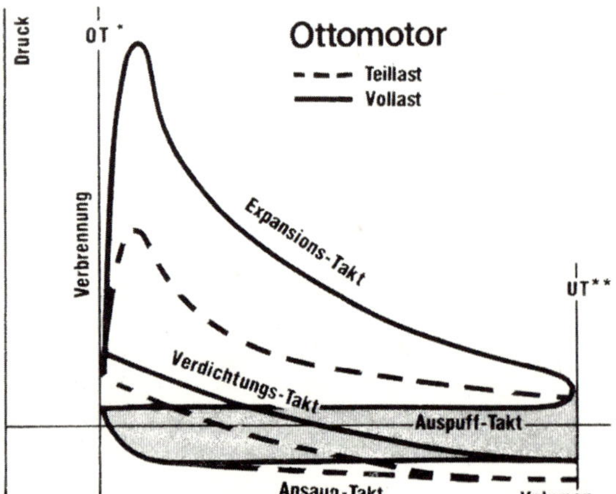

Die Energiebilanz

Nur ein relativ geringer Teil der im Kraftstoff zugeführten Energie wird in nutzbare Arbeiten umgewandelt. Der weitaus größere Teil, fast zwei Drittel, geht als Abwärme ungenutzt verloren. Die folgende Auflistung zeigt, wie die Kraftstoffenergie verbraucht wird.

- Während der Verbrennung und der Expansion der Verbrennungsgase wird Wärme an die Zylinderwände abgegeben, die dann das Kühlwasser abtransportiert.
- Auch während des Ausschubhubs nehmen die Zylinderwände Wärme von den immer noch erhitzten Restgasen auf und geben sie an das Kühlwasser ab.
- Weitere Energieverluste treten durch Wärmeabstrahlung des Motors an die Umwelt auf.
- Ein Teil der anfallenden Wärme wird vom Schmieröl aufgenommen und nach außen abgeführt.
- Ein großer Teil der Wärme wird durch die erhitzten Abgase in die Atmosphäre geleitet.
- Reibung führt zu Energieverlusten.
- Auch die Pumpverluste beim Ladungswechsel kosten Energie.
- Die Kraftstoffenergie, welche schließlich in nutzbare mechanische Energie umgewandelt wird.

Der Gesamtwirkungsgrad

Während der indizierte Wirkungsgrad die Reibungsverluste im Motor noch nicht berücksichtigt, ist der Gesamtwirkungsgrad ein Maß für die Effizienz des gesamten Antriebs, wobei alle zuvor genannten Verlustquellen miteingeschlossen sind. Er ergibt sich aus dem Verhältnis zwischen der am Schwungrad des Motors nutzbaren Energie und der im verbrauchten Kraftstoff enthaltenen Energie, wieder bezogen auf einen bestimmten Zeitraum. Der effektive Wirkungsgrad schnellaufender Dieselmotoren liegt damit zwischen 0,32 und 0,35, das heißt 32 bis 35 Prozent der verbrauchten Energie steht zum Antrieb des Fahrzeugs zur Verfügung (beim Ottomotor bleiben nur etwa 26 Prozent übrig).
Fast ebensoviel, etwa 30 Prozent der Energie, geht ungenutzt mit dem Abgas verloren und durchschnittlich etwa 20 Prozent werden über das Kühlwasser an die Umgebung abgegeben. Rund sieben Prozent der Energieverluste entfallen auf die Reibungs- und Pumparbeit.
Daraus ergeben sich für die Motorenbauer verschiedene Möglichkeiten

zur Verbesserung der Wirtschaftlichkeit eines Dieselmotors. Das größte Potential steckt zweifellos in der Nutzung der Abgasenergie mit Hilfe eines Abgasturboladers (siehe Seite 101), zumal dabei gleichzeitig die Pumpverluste verringert werden. Sparen läßt sich aber auch durch eine Optimierung der Verbrennung und Senkung der mechanischen Verluste, nicht jedoch durch eine weitere Erhöhung des Verdichtungsverhältnisses.

Die Abgase des Dieselmotors

Was viele Menschen am Dieselmotor stört, ist im Grunde einer seiner wichtigsten Vorzüge. Die Rede ist vom Diesel-Abgas, von der Öffentlichkeit wegen seines Gestanks und seines Ruß-Gehalts verdammt, in Wahrheit jedoch nach heutigen Erkenntnissen das am wenigsten schädliche Abgas, das eine Maschine mit innerer Verbrennung zu emittieren vermag.
Dem Diesel-Motor kommt dabei ein prinzipielles Merkmal seiner Verbrennung zu Gute. Da sie über einen großen Last-Bereich mit hohem Luft-Überschuß von statten geht, kommt es zu einer vergleichsweise gründlichen Oxidation des Kraftstoff-Bestandteils Kohlenstoff. Anders als beim Ottomotor enthält das Abgas des Dieselmotors deshalb nur sehr wenig giftiges Kohlenmonoxid (CO), dessen Entstehung einen Luftmangel während der Verbrennung voraussetzt.

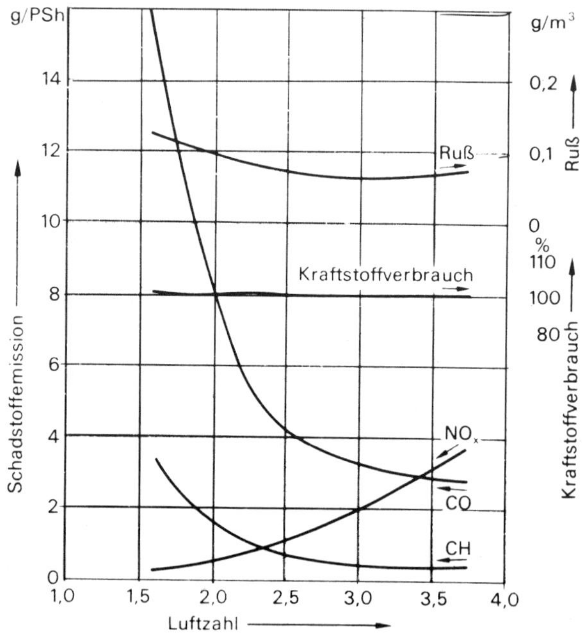

Stickoxid (NO_x) gilt als kritischster Schadstoff im Diesel-Abgas. Sein Anteil steigt mit zunehmender Luftzahl, also größerwerdendem Luftüberschuß bei der Verbrennung, an.

Ähnlich günstig schneidet der Dieselmotor bei der Emission der unverbrannten Kohlenwasserstoffe (HC) ab – wie die CO-Emission eine Folge des hohen Luftüberschusses, der einer vollständigen Verbrennung des Kraftstoffs entgegenkommt.
Die reichliche Versorgung mit Verbrennungsluft bringt freilich auch einen Nachteil mit sich. In Verbindung mit den hohen Temperaturen während der Dieselverbrennung unterstützt sie nämlich die Oxidation des in der Luft enthaltenen Stickstoffs zu Stickoxid (NO_x), ein Abgas-Bestandteil, der für die in Großstädten gefürchtete Smogbildung und für das sogenannte Waldsterben verantwortlich gemacht wird. Hauptsächlich dem NO_x ist denn auch die Bedrohung des Dieselmotors durch die amerikanischen Abgas-Bestimmungen zuzuschreiben. Denn obwohl er auch hier gegenüber einem Ottomotor ohne abgasreinigende Zusatzeinrichtungen grundsätzlich Vorteile bietet, bereitet eine weitere Reduktion dieses Abgas-Anteils beträchtliche Probleme.
Ein Vergleich der Abgas-Werte des Mercedes-Benz 300 D mit den gegenwärtigen und künftigen Grenzwerten im besonders abgasbewußten Kalifornien und den restlichen Staaten der USA veranschaulicht dieses Problem:

Abgasbestandteil	HC	CO	NO_x
Mercedes-Benz 300 D (1979)	0,29 gpm	1,0 gpm	1,7 gpm
Kalifornien 1980	0,41 gpm	9,0 gpm	1,0 gpm
USA (49 Staaten) 1980	0,41 gpm	7,0 gpm	2,0 gpm
USA (49 Staaten) 1981	0,41 gpm	3,4 gpm	1,0 gpm
Kalifornien 1982	0,41 gpm	3,4 gpm	0,4 gpm

gpm = Gramm pro Meile

Immerhin gelang es jedoch den Diesel-Herstellern, den amerikanischen Behörden eine gewisse Erleichterung abzutrotzen. So wird ihnen zunächst (Stand 1981) ein NO_x-Gehalt von 1,5 gpm zugebilligt, unter der Voraussetzung, diesen Wert nicht wie sonst üblich über eine Laufzeit von 50000 Meilen (80000 Kilometer) sondern über 100000 Meilen sicherzustellen.
Trotzdem könnte die drohende 0,4 gpm-Grenze die Zukunft des energiesparenden Dieselmotors in den USA gefährden. Denn die Diesel-Forscher mußten die Erfahrung machen, daß alles, was den Stickoxid-Anteil verringert, mit empfindlichen Einbußen in anderen Bereichen bezahlt werden muß. Da gibt es einmal die Möglichkeit den Kraftstoff später in die Brennkammer einzuspritzen, was dann freilich zu Leistungsverlusten und erhöhtem Verbrauch führt. Eine weitere Chance bietet die Einspritzung von Wasser, die jedoch erhebliche Kosten und zusätzliche Wartungs-Probleme mit sich bringt.

Einen Ausweg verspricht zunächst auch die Rückführung des Abgases in die Zylinder, was weder die Leistung noch den günstigen Verbrauch des Dieselmotors im Teillast-Bereich beeinträchtigt. Dafür verschlechtert diese Methode die HC- und CO-Emission und sorgt darüberhinaus noch für eine Verstärkung der Rußentwicklung, einem weiteren spezifischen Diesel-Problem.

Ohnehin bereitet die Ruß-Emission des Dieselmotors den Technikern der Diesel-Hersteller mittlerweile erhebliches Kopfzerbrechen. Denn obwohl die gesundheitsschädigende Wirkung dieser beim Kaltstart und bei Vollast vom Dieselmotor verstärkt ausgestoßenen festen Kohlenstoff-Partikel bislang keineswegs eindeutig bewiesen werden konnte – Diesel-Kritiker sprechen von krebserregenden Auswirkungen – bereitet der amerikanische Gesetzgeber eine Begrenzung des Feststoff-Anteils im Abgas auf 0,6 gpm vor. Zum Vergleich der Rußanteil einiger populärer Diesel-Personenwagen: VW Golf Diesel 0,2 gpm, Mercedes-Benz 300 D 0,8 gpm, Oldsmobile 88 Diesel 1,1 gpm.

Als Ausweg bietet sich hier die Filterung des Abgases an, was freilich neben erhöhten Kosten auch erhebliche praktische Probleme mit sich bringt. So müßten beispielsweise bei einem Oldsmobile während einer Laufzeit von 5000 Meilen (8000 Kilometer) immerhin 5,5 Kilogramm Ruß aufgefangen und gesammelt werden.

Die Brennräume der Dieselmotoren

Wie der Diesel-Kraftstoff verbrannt wird

Zu den grundlegenden Merkmalen eines Dieselmotors zählt die Forderung, daß der zur Zündung notwendige Kraftstoff und die Verbrennungsluft erst im Zylinder des Motors vermischt werden können. Man spricht hier deshalb von einer *inneren Gemischbildung* im Gegensatz zur sogenannten *äußeren Gemischbildung* beim Ottomotor, wo die beiden Komponenten Luft und Kraftstoff bereits beim Eintritt in den Zylinder zu einem zündfähigen Gemisch aufbereitet werden.
Diese Notwendigkeit, Voraussetzung für die beim Dieselmotor angestrebte hohe Verdichtung, bringt freilich auch erhebliche Probleme mit sich. Während nämlich beim Ottomotor für die Gemischbildung fast zwei volle Kolbenhübe zur Verfügung stehen, hat der Dieselmotor nur mit einem Bruchteil dieser Zeitspanne auszukommen. Der flüssig eingespritzte Kraftstoff muß hier schon unmittelbar nach der Einspritzung in den Zylinder zündfähig aufbereitet sein. Der unvermeidliche Zündverzug, die Zeitspanne also zwischen Einspritzung und Zündung, soll so gering wie möglich sein.
In der Praxis sind das weniger als eine tausendstel Sekunde. In dieser Zeit muß sich der eingespritzte Kraftstoff derart gründlich im Brennraum verteilen, daß die Verbrennung ihren gewünschten Verlauf nehmen kann. Dabei kommt es auf eine möglichst feine Zerstäubung der mit einem Druck von 250 bis 400 bar eingespritzten Kraftstofftropfen an – Forderungen, die zu den Anfangszeiten des Dieselmotors noch nicht zufriedenstellend realisiert werden konnten und zur wenig effektiven Lufteinblasung des Kraftstoffs (siehe auch Seite 72) zwangen.
Einen wesentlichen Einfluß auf die Güte der Gemischbildung hat im übrigen die Form des Brennraums. Seine optimale Gestaltung verlangt nicht nur eine Menge Erfahrung und Know How des Konstrukteurs, sondern auch einen beträchtlichen Versuchsaufwand. Die Entwicklung auf diesem Gebiet ist heute noch keineswegs abgeschlossen.

Die zur Lufteinblasung benötigten Teile: Einblasegefäß, Luftpumpe, Brennstoffpumpe, Einspritzventil (von links).

Was die Art der Gemischbildung betrifft, unterscheidet man grundsätzlich zwischen Dieselmotoren mit direkter Einspritzung in den Brennraum und solche mit unterteiltem Brennraum.

Dieselmotoren mit unterteiltem Brennraum

Der Umweg über die Lufteinblasung des Kraftstoffs verhalf dem Dieselmotor zu Beginn seiner Entwicklung zu wachsender Popularität. Gleichzeitig traten aber auch die Nachteile dieses umständlichen, wenig ökonomischen Verfahrens immer mehr in den Vordergrund. Statt den Kraftstoff mit Hilfe der eingeblasenen Luft zu vermischen, machten sich die zeitgenössischen Erfinder deshalb bald daran, die notwendige Verbrennungsluft auf andere Weise derart zu verwirbeln, daß ein zündfähiges Gemisch zustande kommt.

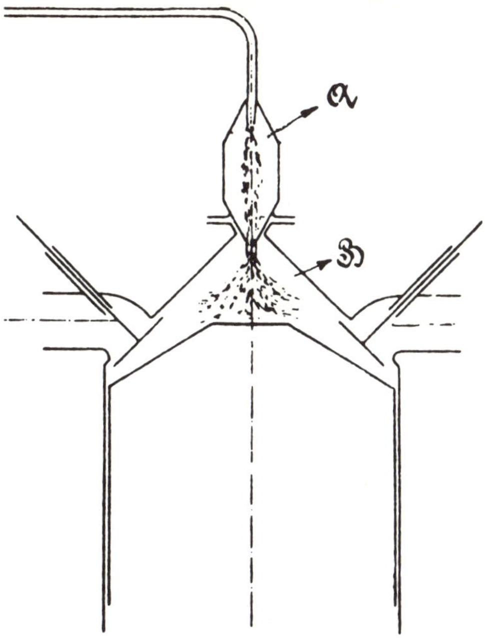

Erste Patentzeichnung einer Vorkammer für Dieselmotoren von Prosper L'Orange.

Erste erfolgversprechende Entwicklungen führten zu besonderen unterteilten Brennkammern. 1908 meldete der deutsche Ingenieur Prosper L'Orange eine mit dem Arbeitszylinder des Motors durch eine enge Bohrung verbundenen Brennraum zum Patent an, der schließlich 1923 in sogenannten Vorkammermotoren seine Serienreife erlangte.

Vorkammermotoren

Was beim sogenannten klassischen Dieselmotor mit Lufteinblasung die Druckluft besorgt, übernimmt beim Vorkammermotor die angesaugte Verbrennungsluft selbst. Durch eine Vorverbrennung in der Vorkammer wird ihr Druck derart gesteigert, daß sie mit hoher Geschwindigkeit in den Hauptbrennraum strömt, wo dann der mitgerissene, noch nicht verdampfte Kraftstoff vollständig verbrennt. Das teilweise verbrannte Gemisch erreicht dabei in den engen Bohrungen, welche die Vorkammer mit dem Hauptbrennraum verbinden, Geschwindigkeiten bis zu 600 m/s (2160 km/h) – das entspricht nahezu doppelter Schallgeschwindigkeit in Luft.

Die zur Vorverbrennung benötigte Luft – etwa ein drittel der gesamten Verbrennungsluft – wird während des Verdichtungshubs in die Vorkammer geschoben. Wegen des zu geringen Sauerstoffgehalts kommt

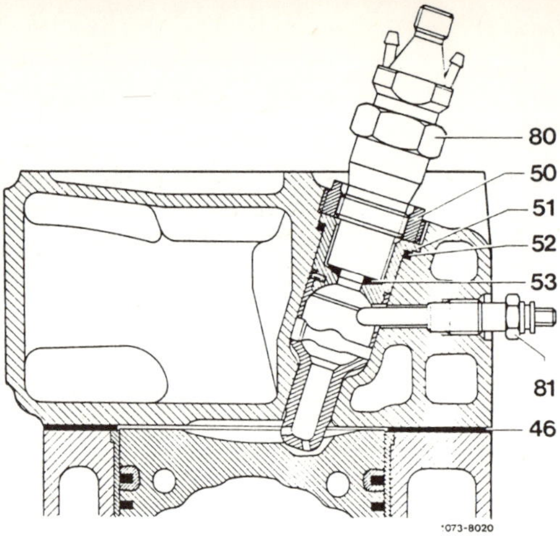

Daimler-Benz-Vorkammer mit quer eingebautem Kugelstift zur Verbesserung der Kraftstoff-Verteilung.

46 Zylinderkopfdichtung
50 Gewindering
51 Vorkammer
52 Dichtring
53 Düsenplättchen
80 Einspritzdüse
81 Stabglühkerze

es dort jedoch nur zu einer teilweisen Verbrennung des mit vergleichsweise geringem Druck eingespritzten Kraftstoffs. Um auch bei kaltem Motor einen sicheren Start zu gewährleisten, muß die Vorkammer zuvor mit einer Glühspirale, der sogenannten Glühkerze, vorgewärmt werden. Was das Vorkammerverfahren gerade für Personenwagendieselmotoren besonders interessant macht, ist der relativ sanfte Druckanstieg während der Verbrennung. Die überlegene Laufkultur der Vorkammermotoren vor allem nach dem Kaltstart war die Voraussetzung für den Erfolg des Dieselmotors im Personenwagen – zweifellos ein Verdienst des Diesel-Pioniers Daimler-Benz, der bis heute aus diesen Gründen am Vorkammerprinzip festhielt. Hinzu kommt die vergleichsweise geringe Rußemission und die weniger kritische thermische Belastung des Motors, was vor allem bei aufgeladenen Maschinen von Vorteil ist. Nicht zu übersehen sind indessen auch die Nachteile des Verfahrens, denn die hohen Gasgeschwindigkeiten zwischen Vorkammer und Hauptbrennraum kosten natürlich auch Energie. Gegenüber Dieselmotoren mit direkter Kraftstoffeinspritzung und nicht unterteiltem Brennraum bringen die Strömungsverluste einen Mehrverbrauch von etwa

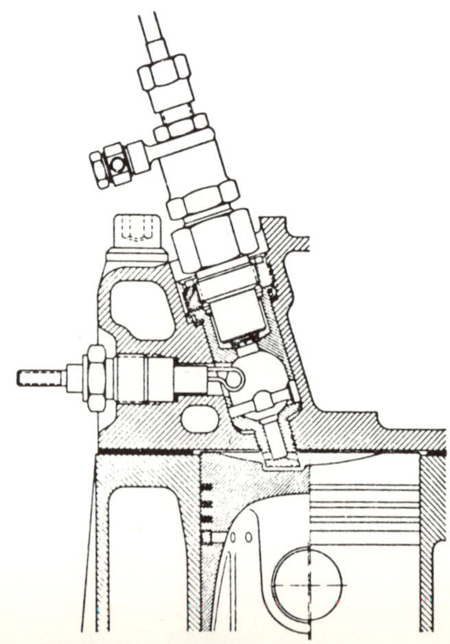

Eine andere Ausführung der Daimler-Benz-Vorkammer für den Einsatz in einem Lastwagen-Triebwerk.

zehn Prozent. Hinzu kommt der hohe Entwicklungsaufwand. Gute Ergebnisse kosten hier besonders viel Zeit und Know How.

Wirbelkammermotoren

Während sich die ersten Vorkammermaschinen der Produktionsreife näherten, arbeitete der britische Maschinenbauingenieur Sir Harry Ricardo daran, den eingespritzten Kraftstoff auf andere Weise mit der Verbrennungsluft zu vermischen. Das Ergebnis waren sogenannte Wirbelkammern, wie sie heute, abgesehen von den Daimler-Benz- und Oldsmobile-Motoren, in allen Personenwagen-Dieselmotoren zum Einsatz kommen.

Entwicklungsziel war eine möglichst intensive Verwirbelung der verdichteten Verbrennungsluft. Um dies zu erreichen, erfand Ricardo einen kugelförmigen Brennraum, der, wie die Vorkammern, im Zylinderkopf des Motors untergebracht ist. Im Gegensatz zur Vorkammer verbindet ihn jedoch ein relativ breiter Kanal mit dem Arbeitszylinder des Motors. Durch diese Öffnung wird dann während des Verdichtungshubs ein Großteil der Luft tangential in die Brennkammer geschoben, so daß dort starke Luftwirbel entstehen. Entsprechend gründlich ist dann die Vermischung des möglichst ebenfalls tangential, und zwar in Richtung des Wirbels, eingespritzten Kraftstoffs. Sobald die Zündung einsetzt, breitet sich die Flamme entlang des Einspritzwegs aus, wobei die ungekühlte Brennkammer bis zur Rotglut erhitzt wird. Die auf die Wand der Kammer treffenden Kraftstofftröpfchen verdampfen und das brennende Gemisch strömt zusammen mit den Verbrennungsgasen in den Zylinder.

Gleichzeitig wirkt die stark erhitzte Wirbelkammer – ebenso wie die Vorkammer – als Wärmespeicher, der beim Ausströmen der heißen Gase Wärme aufnimmt und dann wieder an die in die Wirbelkammer strömende Frischluft abgibt. Die Wärmeverluste können so vermindert werden.

Mit dem Wirkungsgrad eines Dieselmotors mit direkter Einspritzung in den Zylinder kann es freilich auch die Wirbelkammermaschine nicht aufnehmen. Und anders als die Direkteinspritzer ist auch sie wie die Vorkammermotoren beim Kaltstart auf die Hilfe von Glühkerzen angewiesen.

Daß sich das Wirbelkammerverfahren gerade für den Einsatz im Automotor besonders eignet, liegt an der guten Leistungsausbeute insbeson-

Wirbelkammern moderner Personenwagen-Dieselmotoren

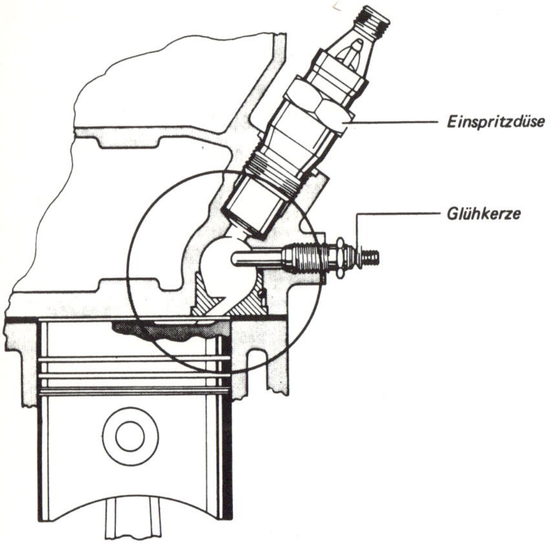

VW-Vierzylinder (1,6 L)

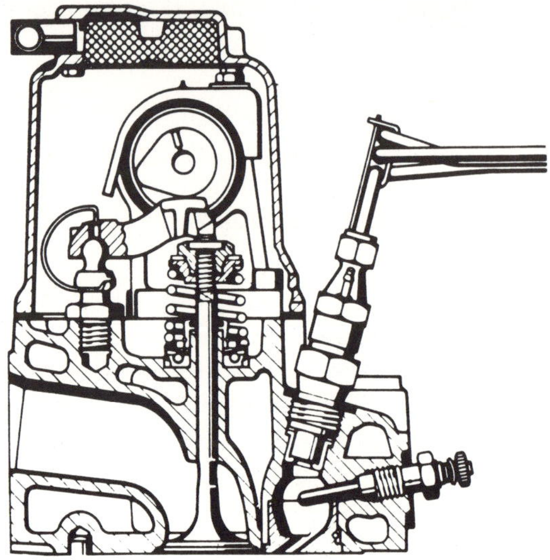

Opel-Vierzylinder (2,3 L)

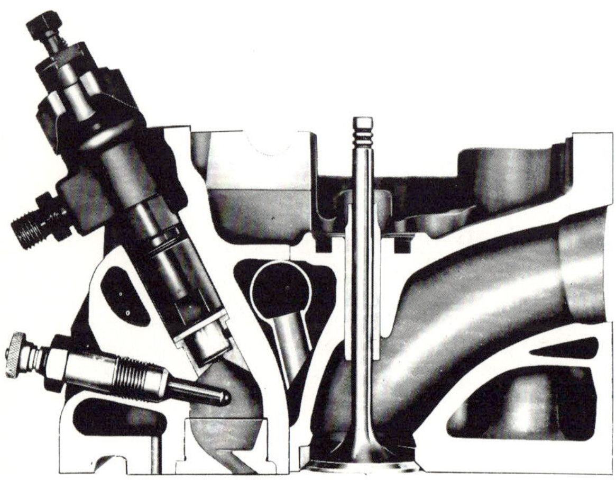

Citroen-Vierzylinder (2,5 L)

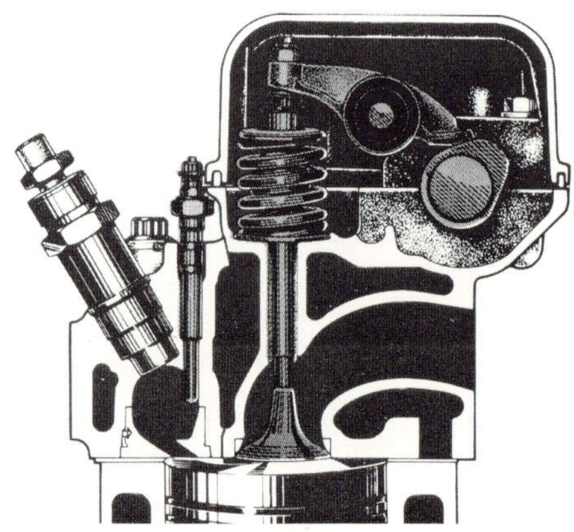

Isuzu-Vierzylinder (1,8 L)

dere bei höheren Drehzahlen in Verbindung mit einem relativ günstigen Abgas- und Verbrauchsverhalten.

Andererseits sorgen freilich die außerhalb der Zylinderachse untergebrachten heißen Wirbelkammern und die punktförmig auf den Kolbenboden auftreffenden Verbrennungsgase für eine außerordentlich hohe thermische Belastung des Kolbens sowie der Zylinderkopfdichtung, was insbesondere bei aufgeladenen Motoren beträchtliche konstruktive Probleme mit sich bringt.

Dieselmotoren mit direkter Einspritzung

Was Rudolf Diesel selbst nicht gelang, nämlich den Kraftstoff direkt in die verdichtete Luft im Zylinder zu spritzen, erreichten die ersten Diesel-Pioniere mit Hilfe von Preßluft. Die durch einen motorgetriebenen Kompressor bereitgestellte Luft trieb den Kraftstoff unter hohem Druck in den Brennraum, was sich freilich als wenig wirtschaftlicher Umweg erwies. Auf die Unterstützung der verdichteten Luft zu verzichten und den Kraftstoff pur in den Verdichtungsraum zu befördern, überstieg damals freilich noch die Grenzen des technisch Möglichen. Immerhin verlangt die direkte Einspritzung des Kraftstoffs in den Brennraum Drücke von bis zu 400 bar, wobei die Krafstoffstrahlen sehr fein zerstäubt werden müssen, um sich mit der Verbrennungsluft möglichst innig verbinden zu können.

Heute erfreuen sich Dieselmotoren mit direkter Einspritzung vor allem bei langsamlaufenden Großmaschinen und Nutzfahrzeugmotoren wegen ihrer Sparsamkeit großer Beliebtheit. Direkteinspritzer sind auf Grund ihrer geringen Wärmeverluste nicht nur die wirtschaftlichsten Dieselmotoren. Sie übertreffen in dieser Beziehung auch jede andere Kraftquelle und erreichen Gesamtwirkungsgrade von mehr als 40 Prozent. Was ihrem Einsatz im Automobil bislang noch im Wege steht, sind in erster Linie Geräusch- und Abgas-Probleme. Einmal sorgt hier der steile Druckverlauf während der Verbrennung für deutliche Einbußen an Laufkultur, interessanterweise jedoch ohne die für Vor- und Wirbelkammer-Maschinen typischen Nagelgeräusche. Beim Einsatz im Personenwagen wäre eine Kapselung des Motors unumgänglich, wie sie teilweise schon bei Vor- und Wirbelkammer-Motoren vorgenommen wird (Mercedes 190 D, siehe Foto Seite 68).

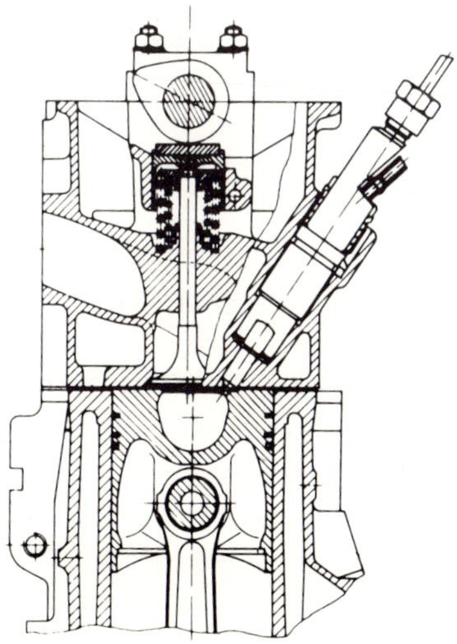

VW-Versuchsmotor mit direkter Einspritzung kommt ohne Glühkerze aus.

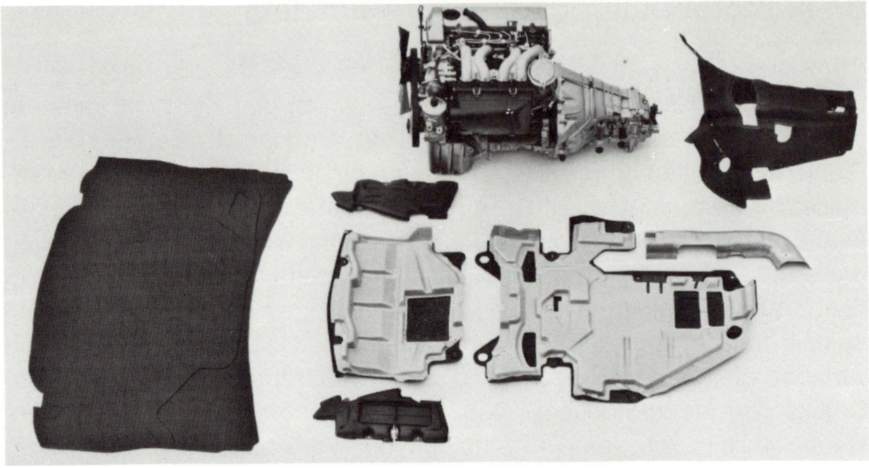

Als wirksames und kostspieliges Mittel zur Dämpfung des Außengeräuschs bietet sich eine motorferne Geräuschkapsel an – hier die Einzelteile einer solchen Kapsel, erstmals in Serie im Mercedes 190 D.

Zum anderen leidet der Direkteinspritzer noch unter dem Manko seiner stärkeren Ruß- und NO_x-Emissionen. Unter dem Einfluß steigender Kraftstoffpreise und gesetzlicher Verbrauchsvorschriften könnten jedoch kleine, schnellaufende Dieselmotoren mit direkter Einspritzung auch im Personenwagen durchaus interessant werden.
Ein Geheimnis für den Erfolg des direkten Verfahrens liegt dabei in der besonderen Gestaltung der Brennräume. Zu den charakteristischen Merkmalen eines Direkteinspritzers zählt der in den Kolbenboden verlegte Brennraum. Zylindrische, kalottenförmige oder kugelige Mulden sollen beim Aufwärtsgehen des Kolbens für eine starke Verwirbelung der Verbrennungsluft sorgen und damit die Gemischbildung begünstigen. Der Kraftstoff wird dann direkt in diese Kolbenkammern eingespritzt, wobei es darauf ankommt, seinen Weg von der Düse bis zum Kolbenboden möglichst lang zu machen. Hier sollen nämlich die durch mehrere enge Bohrungen einer Mehrlochdüse austretenden Kraftstoffstrahlen möglichst in kleinste Tröpfchen zerfallen, vor dem Auftreffen auf die Wand des Brennraums bereits teilweise verdampfen und sich mit der Verbrennungsluft zu einem zündfähigen Gemisch vereinigen.
Die Anforderungen an das Einspritzsystem sind deshalb beim Direkteinspritzer besonders hoch. Er verlangt Einspritzdrücke von mindestens 600 bar, für optimale Ergebnisse sogar bis zu 1000 bar, wobei sich

diese obere Grenze noch am einfachsten mit Hilfe von Pumpedüse-Einspritzelementen erreichen läßt.
Trotz dieser Hindernisse arbeitet eine Reihe von Automobil-Herstellern weiterhin intensiv an der Entwicklung kleiner, für den Personenwagen in Frage kommender Direkteinspritzer. Ein Schritt in diese Richtung ist der 1984 von Ford vorgestellte 2,5 Liter-Vierzylinder, der als erster Direkteinspritzer dieser Größenklasse in Großserie hergestellt wird, vorläufig allerdings nur für den Einsatz im Lieferwagen Ford Transit. Ein weiteres aufwendiges Projekt, das BMW zusammen mit Steyr Daimler Puch in Österreich entwickelte, erwies sich zunächst als Fehlschlag. Ein Direkteinspritzer mit sechs Zylindern, Turbolader, fest mit dem Block zusammengegossener Zylinderkopf, Pumpedüsen und motornaher Kapselung brachte vor allem offenbar in Sachen Abgas nicht die erhofften Ergebnisse – von den zweifellos sehr hohen Kosten dieser angeblich bis zu 135 kW (183 PS) starken 3,2-Maschine ganz zu schweigen.

Das M-Verfahren

Nach einem ganz anderen Prinzip arbeitet eine Sonderform der direkten Einspritzung, das vom Dieselmotoren-Hersteller M.A.N. in Augsburg entwickelte M-Verfahren. Ausgehend von der Erkenntnis, daß eine

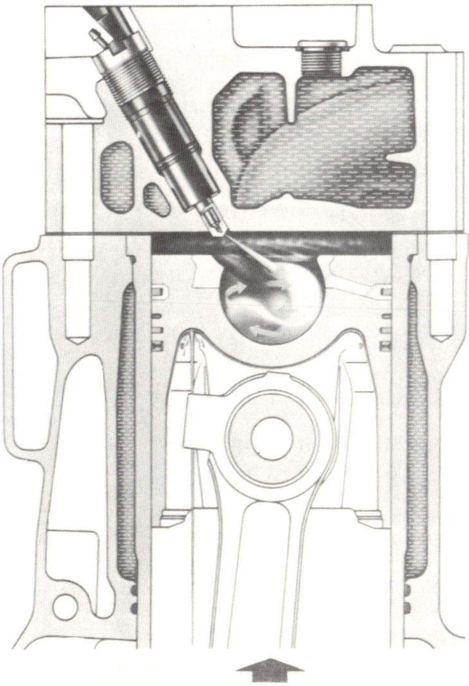

◀ **Beim M.A.N.-M-Verfahren wird der Kraftstoff auf die Wand des kugelförmigen Brennraums gespritzt.**

Neuer 2,5 Liter-Direkteinspritzer von Ford, der erste schnellaufende Diesel dieser Art in Großserien-Fertigung.

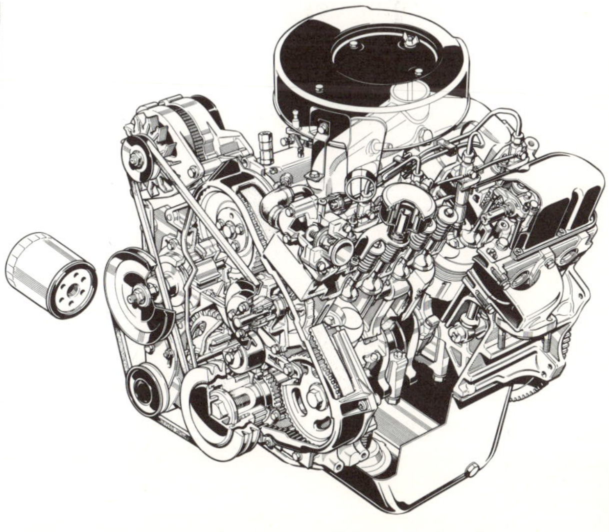

Selbstzündung des Kraftstoffs die Rußbildung im Abgas begünstigt und gleichzeitig zu hohen Spitzendrücken bei der Verbrennung und damit großer Geräuschentwicklung führt, soll sich hier nur ein möglichst kleiner Teil des eingespritzten Kraftstoffs von selbst entzünden. Die größere Menge, nämlich 95 Prozent, wird mit einer Ein- oder Zweilochdüse als Kraftstoffilm auf die Oberfläche des kugelförmigen Brennraums im Kolbenboden gespritzt.
Die Verbrennung wird nun mit der Selbstzündung des Rests eingeleitet, der dann mit der heißen, im Brennraum stark rotierenden Luft den Kraftstoff gleichmäßig in Schichten von der Brennraumwand ablöst und sozusagen fremd zündet.
Das soll nicht nur die für den Dieselmotor typische Rußemission verringern. Gleichzeitig erlaubt die weiche, relativ lange hinausgezögerte Verbrennung eine Minderung des gerade beim Direkteinspritzer kritischen Geräuschpegels. Darüber hinaus gestattet das Verfahren, die Verwendung leichtsiedender Kraftstoffe mit schlechteren Selbstzündungseigenschaften, so daß derartige Maschinen heute vielfach als Vielstoff-Motoren eingesetzt werden.
Andererseits bedingt die starke Verwirbelung in der Brennkammer aber relativ hohe Strömungsverluste, was gegenüber anderen Direkteinspritzern mit Verbrauchsnachteilen bezahlt werden muß. Außerdem wird der Kolben thermisch außerordentlich hoch belastet.

Das Elko-Verfahren

Ein weiteres besonderes Verfahren mit direkter Einspritzung entwickelte der früher bei M.A.N. tätige Ingenieur Ludwig Elsbett. Bei der Entwicklung seines sogenannten Elko-Motors ging es ihm vor allem darum, die Wärmeverluste, also die ungenutzt an das Kühlwasser abgegebene Wärme des Motors zu vermindern.
Ähnlich wie der M-Motor von M.A.N. verfügt der Elko-Motor über eine kugelige, im Kolbenboden untergebrachte Brennkammer, in welche der Kraftstoff eingespritzt wird. Anders als dort kommt es hier jedoch darauf an, daß der Kraftstoffstrahl nicht die Brennraumwand berührt. Ein Luftpolster zwischen Strahlachse und Brennraumwand soll bei der folgenden Verbrennung den Wärmeübergang zur Wand verringern und so Wärmeverluste vermeiden. Nach der Zündung werden die Verbrennungsgase ins Zentrum der Brennkammer gedrängt, während die unverbrannte Frischluft von außen her nachströmt.
Erreicht wird dies durch eine definierte Bewegung der einströmenden

Frischluft. Im Einlaßkanal erhält die Luft eine exakt abgestimmte Drehung, welche während des Verdichtungshubs nach dem Eintritt in den Brennraum beibehalten wird. Zur Einspritzung genügt wie beim Vor- und Wirbelkammer-Motor eine Zapfendüse, deren Strahl sich mit der rotierenden Verbrennungsluft vermischt.
Zu den konstruktiven Besonderheiten des Elko-Motors zählt im übrigen auch der Verzicht auf eine Kühlung des Zylinderkopfs. Um weitere Wärmeverluste zu vermeiden, beschränkt sich die Kühlung auf eine Wasser- oder Ölbohrung im Bereich der Einspritzdüse. Darüber hinaus wird der Kolben aus schlecht wärmeleitendem Grauguß gefertigt und in einer Gelenkbauweise ausgeführt, wobei das mit den Kolbenringen bestückte Oberteil gelenkig mit dem Unterteil verbunden ist. Dadurch sollen die Aufgaben des Kolbens, nämlich Dichten gegen das Durchblasen von Verbrennungsgasen und Führung im Zylinder, getrennt werden und der Kolben bei Zylinderverformungen anpassungsfähiger gemacht werden.
Der bislang noch nicht in Serie gebaute Elko-Motor verspricht damit vor allem bezüglich seines Verbrauchs Vorteile gegenüber den bislang im Personenwagen ausschließlich eingebauten Vor- und Wirbelkammermotoren. Vergleiche eines entsprechend umgerüsteten VW Golfs mit einem Serienmodell ergaben nach Auskunft des Konstrukteurs Einsparungen von durchschnittlich 20 Prozent, bei gleichzeitiger Leistungssteigerung.

Links: Ausgeführter Elko-Motor auf der Basis des VW Golf-Motors. – Rechts: Aufbau des Elko-Motors mit zweigeteiltem Kolben und ohne Kühlwasserkanäle im Zylinderkopf.

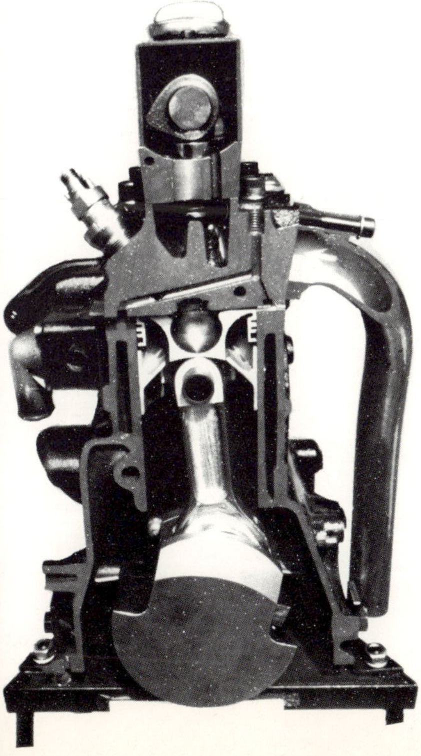

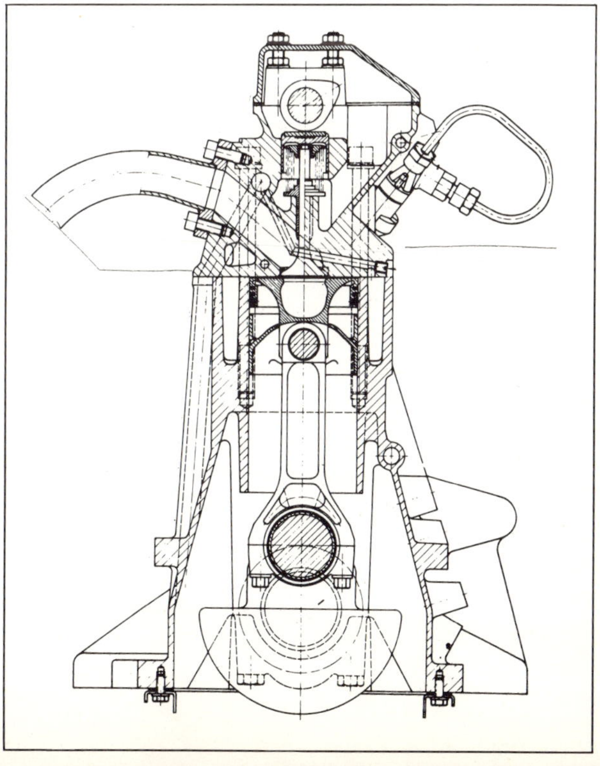

Das Kraftstoffsystem

Wie das Dieselöl in den Motor gelangt

»Hierauf wird in diese comprimierte Luftmasse von außen fein verteilter Brennstoff allmählig eingeführt; derselbe entzündet sich, da ja die Luftmasse durch Compression weit über die zur Zündung nöthige Temperatur erhitzt ist«, heißt es im Patent Nr. 67207 vom 28. Februar 1892 zur Grundidee eines neuartigen ökonomischen Verbrennungsmotor des Erfinders Rudolf Diesel.
Gerade darin lag freilich eine der Hauptschwierigkeiten, welche die weitere Entwicklung des Dieselmotors zunächst in Frage stellte. Es galt, eine bestimmte Kraftstoffmenge zu einem bestimmten Zeitpunkt unter hohem Druck und fein zerstäubt in den Brennraum zu fördern – eine Aufga-

Frühe Diesel-EInspritzanlagen mit Lufteinblasung, hier eine schematische Darstellung, waren umständlich und wenig effizient.

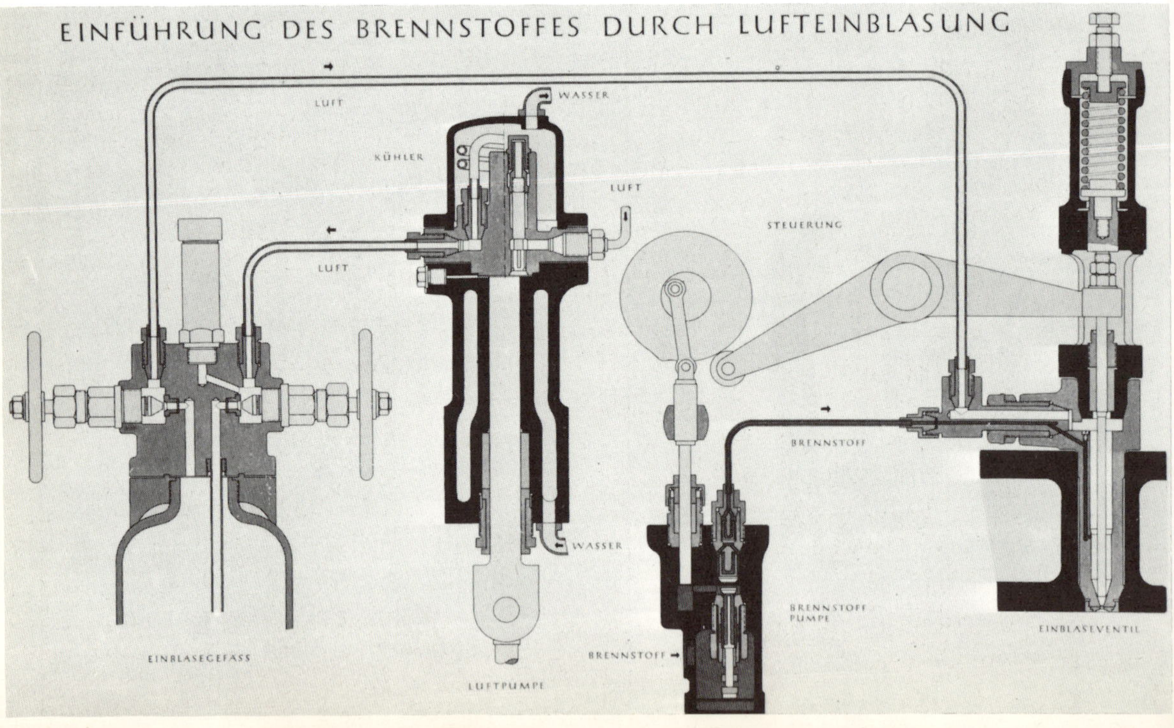

Erste Hochdruck-Einspritzanlage von Mc Ketchnie nach dem britischen Patent 27579 aus dem Jahre 1910.

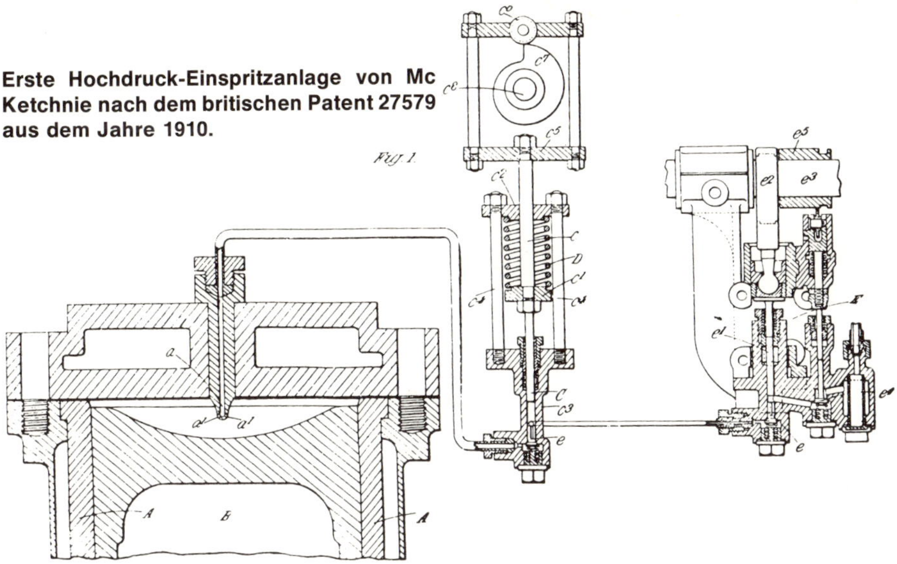

be, die, wie sich noch herausstellen sollte, mit der damaligen Technologie nicht zu lösen war.
Rudolf Diesel versuchte es zunächst auf dem mechanisch-hydraulischen Weg, aber mit wenig Erfolg. Am 30. Januar 1894 schrieb Rudolf Diesel resignierend in sein Tagebuch: »Die Konstruktion einer Pumpe für so geringe Fördermengen in solch kurzen Zeiten bei sehr hohen Drücken bietet fast unüberwindlich Schwierigkeiten, es scheint unmöglich, für diese geringen Quantitäten eine richtig saugende und drückende Pumpe herzustellen.«
Den Erfolg des Dieselmotors konnte dies allerdings nicht verhindern. Denn statt den Brennstoff direkt in die Zylinder einzuspritzen, versuchte ihn Diesel nun mit Hilfe von Luft einzublasen. Ein Kompressor erzeugte die notwendige Druckluft, die dann auf dem Weg in den Zylinder den von einer Niederdruckpumpe bereitgestellten Kraftstoff mitriß.
Wirklich befriedigen konnte diese Lösung freilich auch nicht, denn einmal stand die nun erforderliche teure Kompressoranlage im Gegensatz zu Diesels Idee vom einfachen, robusten Motor. Zum anderen mußte der Kompressor ja vom Motor angetrieben werden, was mit zusätzlichen Kosten, großem Raumbedarf, mehr Gewicht und obendrein mit Leistungsverlust und Verbrauchsanstieg bezahlt werden mußte.
Trotzdem fanden derartige später als »klassische Dieselmotoren« bezeichnete Maschinen vor allem als Schiffsantriebe oder stationäre Industriemotore großen Zuspruch und wurden bis in die zwanziger Jahre zu großer Reife entwickelt. Es waren aber meist schwere, niedrigdrehende Motoren, die nur mit geringen Lastschwankungen betrieben wurden. Als

Hydraulisch gesteuerte Einspritzdüse des englischen Ingenieurs James McKetchnie von 1914.

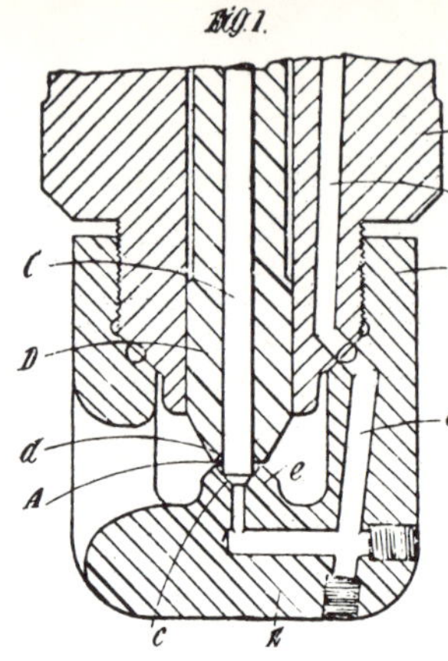

Kleinmotoren für Lokomotiven oder gar Automobile waren die als Kompressormaschinen bekannten Lufteinblaser ungeeignet.
Der Wunsch nach einem schnellaufenden kleinen Dieselmotor wurde indessen immer stärker, was zahlreiche Konstrukteure veranlaßte, sich erneut mit der mechanischen, luftlosen Einspritzung zu beschäftigen. Einen ersten erfolgreichen Schritt in diese Richtung machte der Engländer James McKetchnie, damals Direktor der Firma Vickers. In einem Patent vom November 1910 legte er eine Hochdruck-Einspritzung nieder, die allen Hauptanforderungen eines Dieselmotors gerecht werden konnte. Immerhin konnten damit, so die Patentschrift, schon Drücke zwischen 140 und 420 bar erzielt werden. 1914 ergänzte McKetchnie seine Erfindung mit einer hydraulisch gesteuerten Einspritzdüse und bot zu diesem Zeitpunkt bereits entsprechend ausgerüstete Motoren mit Leistungen zwischen 15 und 135 PS an.

Das Arbeitsprinzip der ersten Bosch-Reiheneinspritzpumpe von 1927 blieb im Prinzip bis heute erhalten.

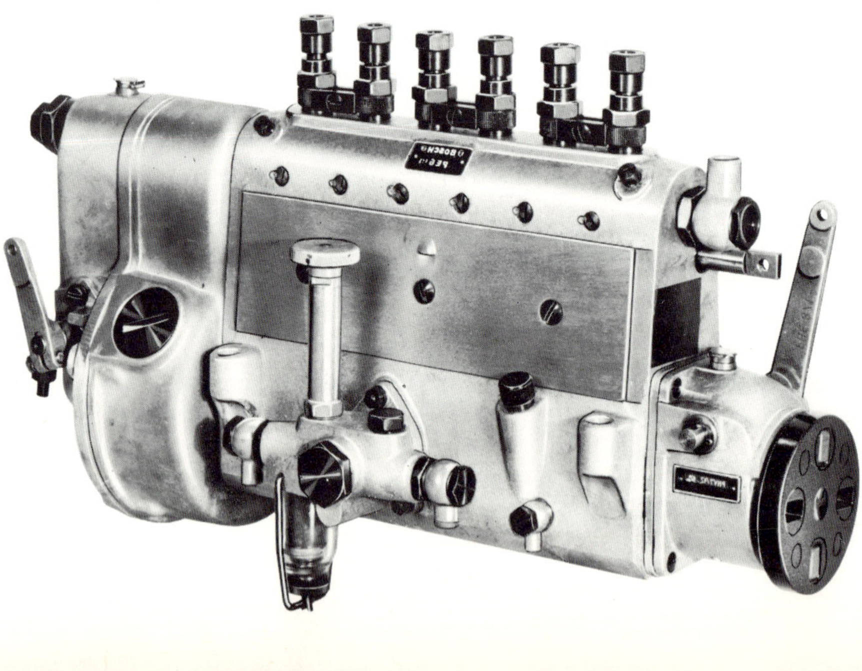

Zur gleichen Zeit beschäftigte sich neben vielen anderen auch die Stuttgarter Firma Robert Bosch mit Einspritzanlagen für Dieselmotoren – in diesem Falle mit solchen, die als Zubehör an die Motoren verschiedener Hersteller angepaßt werden konnten. Ein für die Serienfertigung geeignetes System lieferte schließlich der Münchner Motoreningenieur Franz Lang. Sein Entwurf einer Einspritzpumpe ging mit einigen Modifikationen 1927 in Serie. Die Konzeption dieser sogenannten Reiheneinspritzpumpe mit in Reihe angeordneter Pumpenelementen, wobei für jeden Zylinder ein Element zur Verfügung steht, blieb bis heute erhalten.
Einen anderen Weg ging der Belgier Francois Feyens. In einem Patent von 1913 legte er einen Entwurf für eine Einspritzpumpe nieder, welche die einzelnen Zylinder des Motors über einen rotierenden Verteiler versorgt. Ebenso wie die Reihenpumpe wurde auch die Verteilerpumpe weiterentwickelt und findet in jüngster Zeit in Personenwagen-Dieselmotoren zunehmend Verwendung.

Die Reiheneinspritzpumpe

Die Einspritzpumpe wird vielfach als das Herz eines Dieselmotors bezeichnet. Denn sie bestimmt nicht nur maßgeblich wieviel eine Dieselmaschine verbraucht, von ihr hängt es nicht zuletzt auch ab, wieviel er leistet oder wie stark er seine Umwelt mit Geräusch und Abgas belästigt. Ihre Aufgabe ist damit nicht nur äußerst vielschichtig, sondern auch technisch außerordentlich anspruchsvoll. Sie muß je nach Leistungsbedarf unterschiedliche, exakt bemessene Mengen Kraftstoff unter Hochdruck bis 400 bar zu einem ganz bestimmten Zeitpunkt gegen Ende des Verdichtungshubs in den Brennraum befördern.
Bei der bislang wohl erfolgreichsten Einspritzpumpe, der seit ihren Anfängen vor fast 55 Jahren immer weiter verfeinerten und perfektionierten Reihenpumpe, geschieht dies mit Hilfe einzelner Pumpenelemente, die in einem gemeinsamen Gehäuse untergebracht sind. Jedes Element besteht aus einem Zylinder und einem Kolben, der über einen Nocken auf einer im Gehäuse untergebrachten eigenen Nockenwelle gesteuert wird. Für jeden Zylinder des Motors steht ein Element zur Verfügung.
Die Wirkungsweise dieser bis zu sechszylindrigen Einspritzpumpen blieb während ihrer ganzen Entwicklungszeit bis heute im Prinzip unverändert:

Aufbau einer modernen Bosch-Reiheneinspritzpumpe mit einem Pumpenelement für jeden Zylinder des Motors.

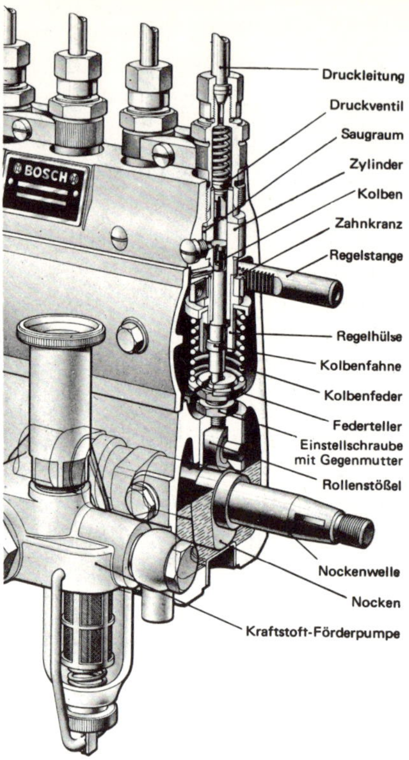

- Der von einer besonderen Förderpumpe aus dem Tank gesaugte Kraftstoff gelangt am unteren Totpunkt des Pumpenkolbens durch seitliche Bohrungen in den Zylinder des Elements.
- Der von der Nockenwelle angetriebene Kolben befördert dann den Kraftstoff durch ein Druckventil am oberen Ende des Zylinders in die Druckleitung zum Motor.
- Dort gelangt er durch die Einspritzdüse in Form eines fein zerstäubten Strahls in den Brennraum.

Danach wird der Pumpenkolben von einer Feder wieder in seine Ausgangsstellung zurückgeschoben und das ebenfalls federbelastete Druckventil verschließt die Einspritzleitung, so daß diese entlastet und ein Nachtropfen von Kraftstoff in den Zylinder verhindert wird.

Damit ist es freilich nicht getan, denn je nach Drehzahl und Lastzustand muß ja eine unterschiedliche Menge Kraftstoff in die Brennräume gepumpt werden. Eine Längsnut am Kolben und eine weitere, unten am Kolben schräg angeordnete Nut sorgen deshalb für eine Steuerung der Einspritzmenge. Kraftstoff wird nämlich nur so lange gefördert bis die schräge Steuernut die Bohrungen im Pumpenzylinder freigibt. Dann fließt der unter Druck stehende Kraftstoff über die Längsnut und die Bohrungen ab und der sogenannte Nutzhub des Kolbens ist beendet.

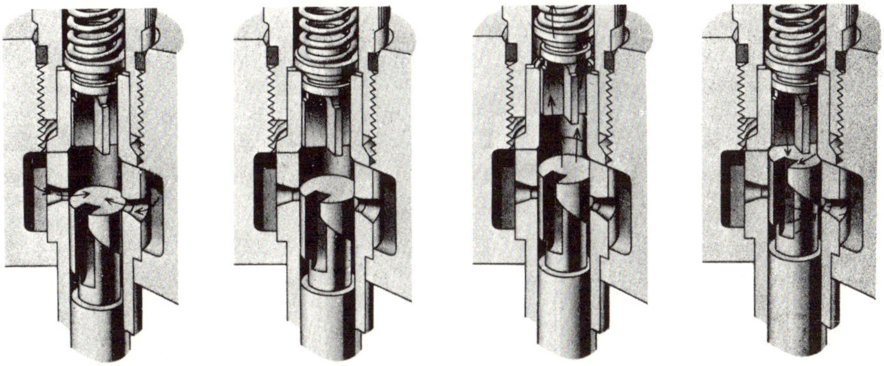

Arbeitsweise eines Pumpenelements. Der Kolben wird von einem Nocken angehoben und anschließend von einer Feder in seine Ausgangsstellung zurückgebracht.

Wieviel Treibstoff der Motor nun erhält kann durch Verdrehen des Pumpenkolbens bestimmt werden, wodurch sich sein Nutzhub verändert. Dafür sorgt eine verzahnte Regelstange, die in ein Zahnsegment am unteren Ende des Zylinders eingreift. Ihre Stellung bestimmt der Fahrer über das »Gaspedal«. Die Regelstange der Dieseleinspritzpumpe ist somit gewissermaßen das Pendant zur Drosselklappe beim Ottomotor.
Das mag alles ganz plausibel und einfach klingen, aber die Anpassung dieses Prinzips an die Erfordernisse moderner schnellaufender Dieselmotoren erwies sich als technisch außerordentlich anspruchsvolle Aufgabe. So stiegen das Drehzahlniveau der Dieselmotoren im Personenwagen von ursprünglich 3000 min^{-1} inzwischen auf bis zu 5000 min^{-1}

Durch Verdrehen des Kolbens kann über die Steuerkante die Fördermenge verstellt werden.

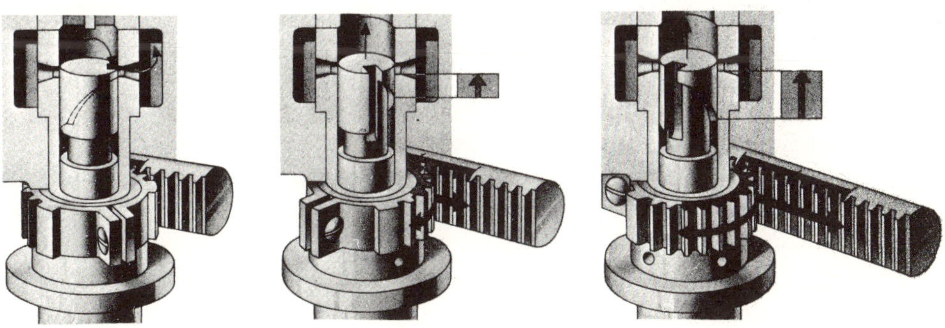

Bosch-Reiheneinspritzpumpe vom Typ PE 6 A

und auch die Einspritzdrücke mußten stark erhöht werden. Gleichzeitig galt es, immer kleinere Einspritzmengen immer exakter bereitzustellen. Hinzu kommen die höheren Anforderungen an die Fertigungsgenauigkeit. Um ohne besondere Dichtungselemente auch bei niedrigen Drehzahlen die sehr hohen Drücke aufbauen zu können, müssen die Kolben in die Zylinder eingeschliffen werden und zwar mit einem Spiel von nur wenigen tausendstel Millimeter.

Als bedeutendster Hersteller von Reiheneinspritzpumpen gilt bis heute, zumindest was den automobilen Bereich angeht, der Einspritzpionier Bosch, dessen sogenannte PE-Pumpe in den Diesel-Modellen von Daimler-Benz Verwendung findet. Funktionell gleich sind die Reiheneinspritzpumpen von CAV, einer Gesellschaft des britischen Lucas-Konzerns.

Die Verteilereinspritzpumpe

Bei der Verteilereinspritzpumpe handelt es sich um eine vergleichsweise neue Entwicklung – zumindest was ihre Verbreitung im Auto-Dieselmotor betrifft. In jüngerer Zeit erfreut sie sich jedoch gerade hier steigender Beliebtheit, so daß heute fast alle Personenwagen-Dieselmotoren außer denen des Diesel-Pioniers Daimler-Benz und einiger japanischer Diesel-Hersteller (z. B. Datsun, Mitsubishi) mit derartigen Pumpen ausgerüstet sind.

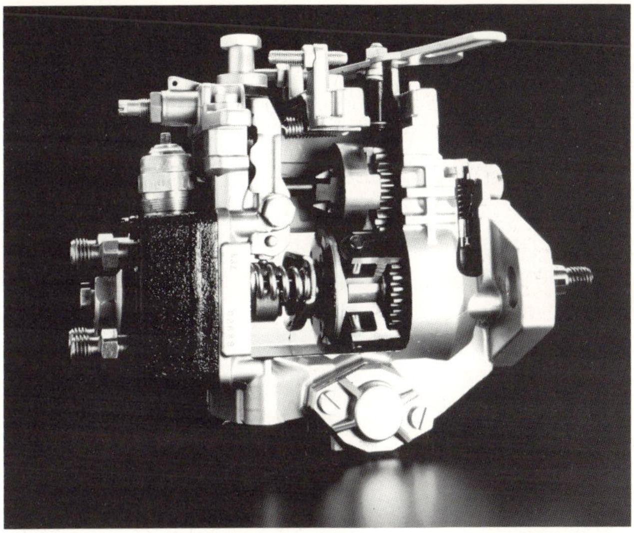

Das ausgeklügelte Innenleben einer Bosch-Verteiler-einspritzpumpe.

Für ihre große Beliebtheit gerade in diesem Bereich gibt es verschiedene Gründe. Verteilereinspritzpumpen sind nämlich nicht nur billiger als die traditionellen Reiheneinspritzpumpen, sie sind auch kompakter, was in den engen Motorräumen moderner Automobile von besonderem Vorteil ist. Hinzu kommt ihr geringeres Gewicht und, da sie vom Diesel-Kraftstoff selbst geschmiert wird, ihre Wartungsfreiheit.
Im Gegensatz zur Reiheneinspritzpumpe kommt die Verteilerpumpe mit einem einzigen Pumpenzylinder und Pumpenkolben aus, der die gesamte Einspritzmenge fördert. Er dient gleichzeitig auch als Verteiler,

Funktions-Schema einer Bosch-Verteilereinspritzpumpe.

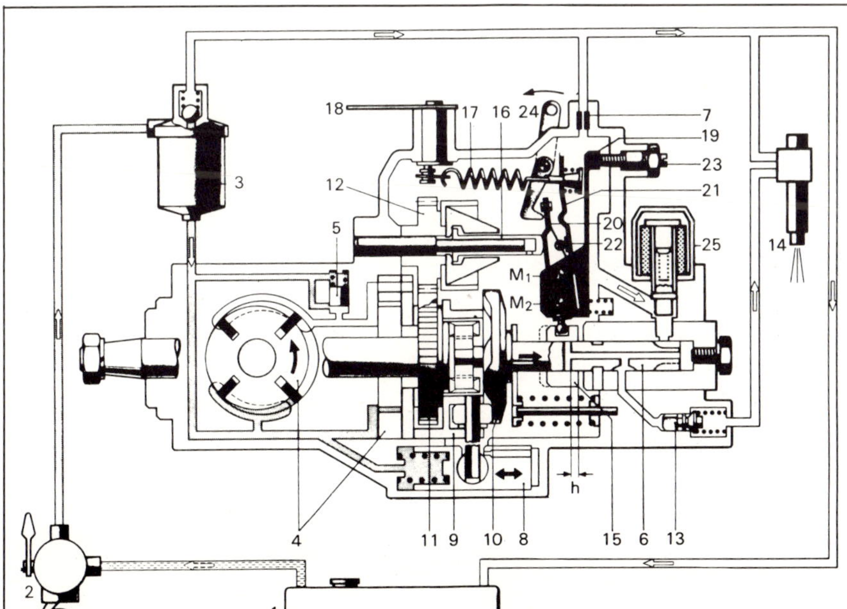

1 Kraftstoffbehälter
2 Vorförderpumpe
3 Feinfilter
4 Flügelzellenförderpumpe
5 Drucksteuerventil
6 Verteiler- und Hochdruckförderkolben
7 Überströmdrossel
8 Spritzverstellerkolben
9 Rollenring
10 Hubscheibe
11 Reglerantrieb
12 Reglergruppe mit vier Fliehgewichten
13 Druckventil
14 Einspritzdüse
15 Regelschieber
16 Reglermuffe
17 Reglerfeder
18 Drehzahlverstellhebel
19 Einstellhebel
20 Starthebel
21 Federspannhebel
22 Vollastanschlag
23 Einstellschraube für Vollastmenge
24 mechan. Abstellvorrichtung
25 elektr. Abstellvorrichtung

der dafür sorgt, daß der Kraftstoff den Zylindern des Motors in der richtigen Reihenfolge und zum richtigen Zeitpunkt zugeführt wird.
Im Falle der beispielsweise bei Audi, Opel und VW eingesetzten Bosch-Verteilerpumpen der VA- und VE-Baureihen befindet sich dabei die Hochdruckpumpe mit dem rotierenden Verteiler, die Förderpumpe (eine Flügelzellenpumpe, die den Kraftstoff ansaugt und die Hochdruckpumpe versorgt) und ein automatischer Spritzversteller in einem gemeinsamen Gehäuse. Auch der hydraulische (Opel) oder fliehkraftgesteuerte (VW, Audi) Drehzahlregler findet im Pumpengehäuse Platz.
Funktionell ähnlich mit der Bosch-Verteilerpumpe ist die Einspritzpumpe des britischen, zum Lucas-Konzern gehörenden, Herstellers CAV, einem der Wegbereiter für den Erfolg der Verteilerpumpe. Die CAV-Pumpen der DPA-Baureihe werden heute beispielsweise in Dieselmodelle von Peugeot, Citroen, Ford und in den VW-Transporter LT mit Perkins-Motor eingebaut.

Der Regler

Die Regelung eines Dieselmotors wird nicht allein dem Fahrer überlassen. Hinge nämlich die Stellung der Regelstange allein von der Position des Gaspedals ab, würde der Motor im Leerlauf entweder absterben oder die Drehzahl bis zur Selbstzerstörung des Motors ansteigen. Hinzu kommt, daß der Kraftstoffbedarf des Motors pro Arbeitsspiel mit steigen-

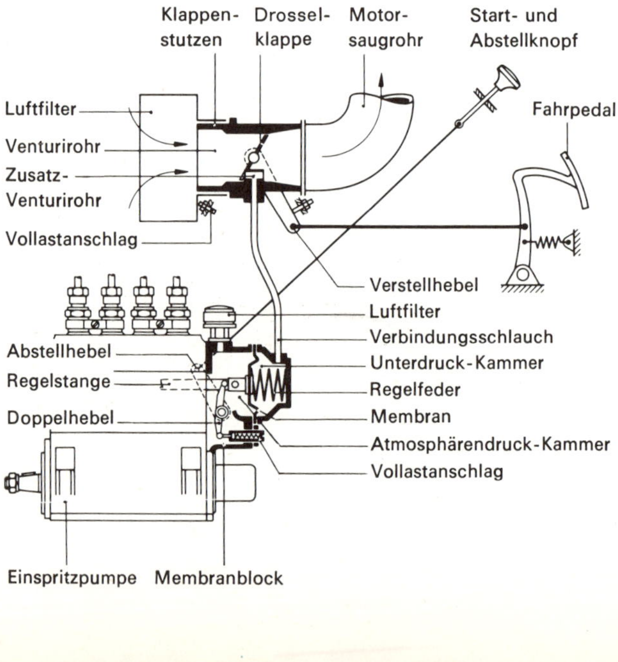

Schema eines pneumatischen Reglers. Wegen der Drosselverluste im Saugrohr werden derartige Regler heute nur noch selten eingesetzt.

der Drehzahl ab dem mittleren Bereich abnimmt (geringere Luftfüllung), während aber gleichzeitig die Fördermenge der Pumpe bei gleicher Stellung der Regelstange etwas ansteigt.
Um die eingespritzte Kraftstoffmenge dem wirklichen Bedarf des Motors anzupassen, ist deshalb ein Regler erforderlich. Er nimmt üblicherweise entweder abhängig von der Drehzahl (Fliehkraftregler) oder abhängig vom Druck im Saugrohr (pneumatischer Regler) auf die Stellung der Regelstange Einfluß und verändert die eingespritzte Kraftstoffmenge.
Der früher hauptsächlich bei Personenwagen mit Reiheneinspritzpumpe eingesetzte *pneumatische Regler* besteht dabei aus einer in einer venturiförmigen Bohrung im Saugrohr des Motors untergebrachten Drosselklappe und einem an die Einspritzpumpe angebauten Membranblock. Beide sind durch eine Rohrleitung verbunden und zwar derart, daß auf einer Seite der federbelasteten Membran Unterdruck herrscht, während die andere Seite vom Umgebungsdruck beaufschlagt wird. Die Drosselklappe wird dabei vom Fahrpedal aus gesteuert und die Bewegung der Membran wirken direkt auf die Regelstange der Einspritzpumpe.
Die Stellung der Membran und folglich auch der Regelstange hängt nun von dem Druckunterschied auf den beiden Membranseiten ab. Wird der Motor belastet, dann steigt der Unterdruck in der entsprechenden Kammer des Membranblocks. Überwiegt der Unterdruck gegenüber der Vorspannung der Membranfeder, wird die Regelstange in Richtung weniger Einspritzmenge verschoben. Der pneumatische Drehzahlregler wirkt so im gesamten Drehzahl- und Lastbereich des Motors. Er verhindert dabei ein Überdrehen des Motors und sorgt auch für einen stabilen Leerlauf.
Bei den heute immer mehr eingesetzten *fliehkraftgesteuerten* Regler

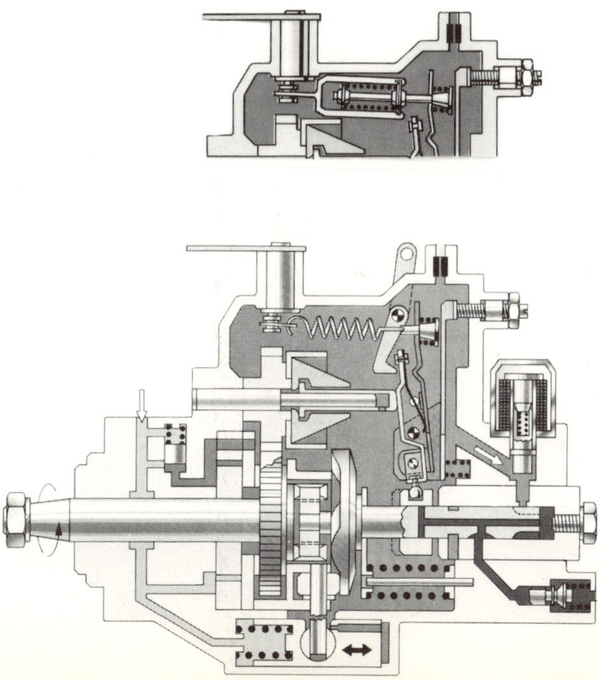

Bei der Verteilereinspritzpumpe ist der Fliehkraftregler mit den Fliehgewichten im oberen Teil des Pumpengehäuses untergebracht, unten eine Ausführung mit Alldrehzahlregler, oben der von einigen Herstellern bevorzugte Leerlauf-Enddrehzahlregler.

übernehmen die gleiche Aufgabe federbelastete Fliehgewichte, die von der Nockenwelle der Einspritzpumpe in Rotation versetzt werden. Über ein Hebelwerk beeinflussen sie die Stellung der Regelstange der Pumpe. Verschiedene Ausführungen erlauben eine Anpassung der Regel-Charakteristik an den Einsatzzweck des Motors.

Da gibt es die beispielsweise in den Peugeot- und Opel-Dieselmodellen eingesetzten Alldrehzahlregler oder Verstellregler, die neben der Leerlauf- und Enddrehzahl auch den dazwischenliegenden Drehzahl-Bereich unabhängig von der Motorbelastung regeln. Dieselmotoren mit Alldrehzahlregler zeichnen sich im Fahrbetrieb durch die angenehme Eigenschaft aus, bei konstanter Gaspedal-Stellung ihre Drehzahl nur wenig zu ändern, was beispielsweise auf bergigen Strecken den Gasfuß des Fahrers entlastet und sich als eine Art automatische Tempo-Regelung auswirkt.

Eine andere Charakteristik bieten die unter anderem von Daimler-Benz und Citroen bevorzugten Füllungsregler oder Leerlauf-Enddrehzahlreg-

Funktion und Wirkung des Alldrehzahlreglers und des Leerlauf-Enddrehzahlreglers mit a. Leerlauffeder, b. Zwischenfeder, c. Hauptregelfeder, d. Startfeder, e. Teillastfeder. In den Diagrammen ist s ein Maß für die Stellung des Regelschiebers und damit für die Fördermenge, n ist die Drehzahl. Die verschiedenen in den Diagrammen eingezeichneten Linien geben die Regelcharakteristik für unterschiedliche Stellungen des Fahrpedals wieder.

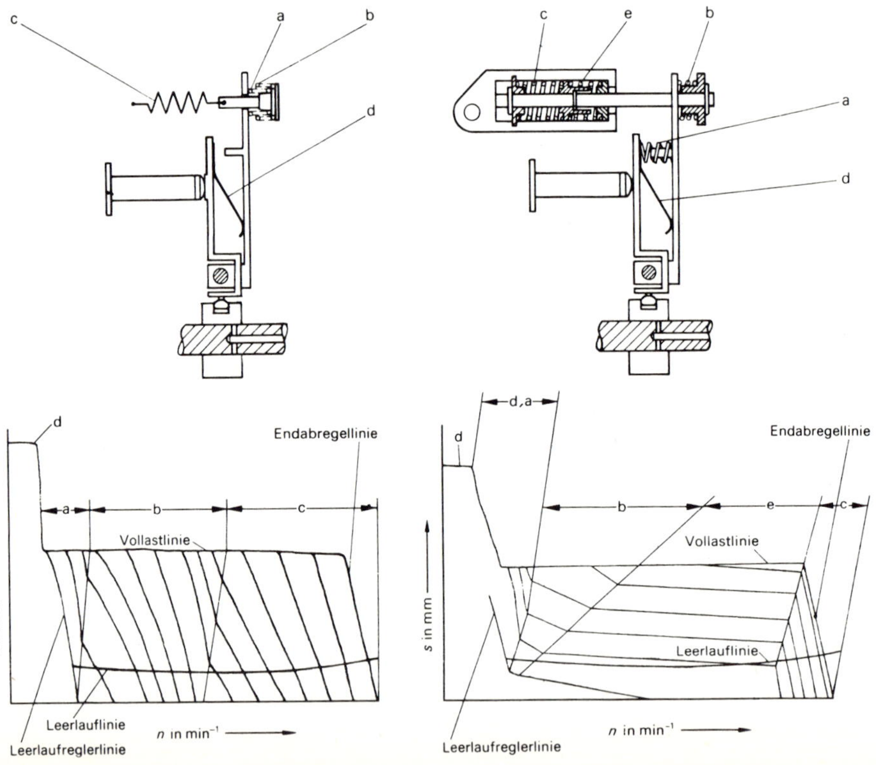

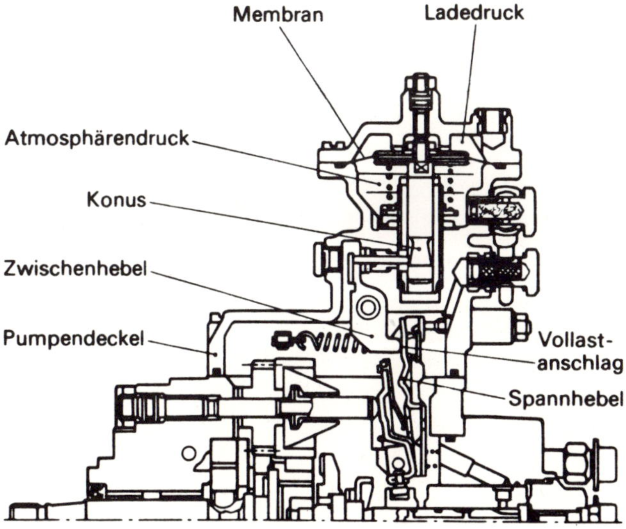

Ladedruckabhängiger Vollastanschlag (LDA) einer Verteilereinspritzpumpe: der sonst fest am Gehäuse angebrachte Vollastanschlag (ADA) ist im Aufbau gleich, Membran in Abhängigkeit vom Ladedruck verändert. Der athomsphärendruckabhängige Vollastanschlag ist im Aufbau gleich, besitzt jedoch statt der Membran eine vom Umgebungsdruck beaufschlagte Membrandose.

ler, die, wie ihr Name schon andeutet, auf eine Regelung des Drehzahlbands zwischen Leerlauf- und Enddrehzahl verzichten. In diesem Bereich übernimmt die Lastregelung ohne Beeinflussung durch den Regler ausschließlich der Gasfuß des Fahrers, der über das Gaspedal unmittelbar die Einspritzmenge beeinflußt. Für den Fahrer ergibt sich daraus ein eher dem Ottomotor entsprechendes Fahrgefühl.
Daneben gibt es aber auch noch einen Kompromiß aus den beiden erwähnten Regler-Typen, den sogenannten Stufenregler, der beispielsweise im VW Golf Verwendung findet.
Aufgeladene Motoren und Triebwerke, die in großen Höhen über dem Meeresspiegel eingesetzt werden, bedürfen darüberhinaus noch einer weiteren Regeleinrichtung. Hier müssen ladedruckabhängige (LDA) oder atmosphärische (ADA) Anpassung an der Vollastmenge die bei zunehmenden Ladedruck ansteigende bzw. bei zunehmender Höhe abfallende Luftmenge in den Zylindern ausgleichen.

Der Spritzversteller

Um bei jeder Drehzahl eine optimale Verbrennung zu ermöglichen bedarf die Einspritzpumpe noch einer weiteren Vorrichtung. So sorgt der Drehzahlregler zwar für die richtige Einspritzmenge, den Einspritzzeit-

Um den korrekten Einspritzzeitpunkt sicherzustellen, müssen alle Einspritzleitungen des Dieselmotors, hier das Fünfzylinder-Aggregat des Audi 100 D, die gleiche Länge aufweisen.

punkt kann er indessen nicht beeinflussen. Diese Aufgabe übernimmt der sogenannte Spritzversteller.
Benötigt wird er aus zwei verschiedenen Gründen. Da sind einmal die besonderen hydraulischen Verhältnisse im Einspritzsystem eines Dieselmotors, die bewirken, daß die Einspritzdüse bei hohen Drehzahlen später öffnet als bei niedrigen und zwar bezogen auf die Stellung des Motorkolbens. Da nämlich die Düse durch eine Druckwelle geöffnet wird, welche die Einspritzleitung mit Schallgeschwindigkeit durchläuft, ist die dafür benötigte Zeit bei allen Drehzahlen die gleiche. Aus diesem Grund müssen die Einspritzleitungen beim Dieselmotor alle die gleiche Länge haben.

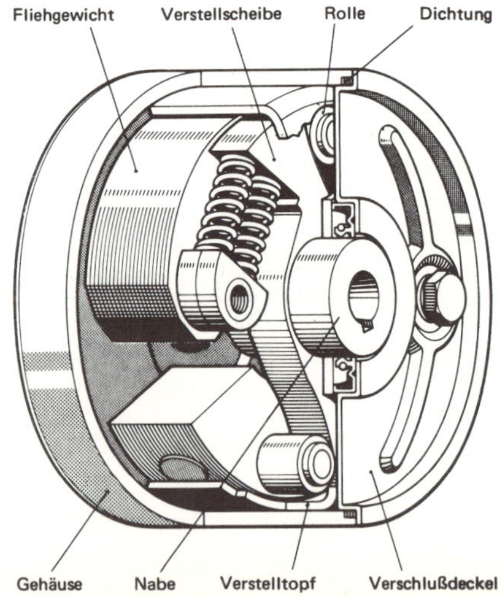

Der automatische Spritzversteller von Bosch sorgt für eine Korrektur des Einspritzzeitpunkts.

Eine weitere Ursache für die Notwendigkeit eines Spritzverstellers liegt im Zündverzug nach dem Einspritzvorgang. Denn die Zeitspanne zwischen dem Einspritzen des Kraftstoffs und dem Zündvorgang wird von der Drehzahl nur wenig beeinflußt, und so steigt der Verbrennungsdruck bei hoher Drehzahl später an als bei niedriger – wieder bezogen auf die Stellung des Motorkolbens.
Der Förderbeginn der Einspritzpumpe muß also mit steigender Drehzahl vorverlegt werden. Dazu dienen zum Beispiel Fliehgewichte, die, angetrieben vom Motor, in Rotation versetzt werden. Sie drücken gegen die Kurvenbahnen einer Verstellscheibe, die im Betrieb dann die Nockenwelle der Pumpe gegenüber der Welle des Motors verdreht. Der Spritzbeginn läßt sich so um mehrere Grad Kurbelwinkel vorverlegen.

Der elektronische Regler

Zu den Vorzügen klassischer Dieselmotoren zählt zweifellos die Tatsache, daß sie rein mechanisch, ohne elektrische Stromversorgung ihre Arbeit verrichten. Im Hinblick auf die Zuverlässigkeit sollte man diese typische Eigenschaft eines Diesels keinesfalls unterschätzen. Andererseits verspricht der Einsatz moderner Elektronik auch beim Diesel Entwicklungsmöglichkeiten, welche die Abstinenz in Sachen Elektrizität

Hardware einer elektronischen Regelung von Bosch mit Einspritzpumpe, Steuergerät und den wichtigsten Meßwertgebern.

bei künftigen Motorengenerationen bedroht. Dabei zielt die Entwicklung auf einen Ersatz des mechanischen Reglers durch ein elektrisches Stellwerk, das nach Befehlen eines elektronischen Steuergerätes die Regelung der Einspritzpumpe übernimmt. Als Eingangsgrößen für die Regelung können dabei die Stellung des Fahrpedals zusammen mit den Temperaturen von Kühlwasser, Kraftstoff und Ansaugluft sowie dem Druck im Ansaugrohr herangezogen werden. Da die verschiedensten Kennfelder in einem elektronischen Speicher untergebracht werden können, läßt sich in jedem Betriebspunkt des Motors die optimale Einspritzmenge zum korrekten Zeitpunkt sicherstellen. Die Darstellung eines günstigen Kompromisses zwischen Geräusch, Abgasemission und Verbrauch wird so erheblich erleichtert.
Eine elektronische Regelung ist natürlich nur so gut wie die Meßwertaufnahme der Eingangsdaten. Bei einer entsprechenden Anlage von Bosch wird beispielsweise der Spritzbeginn durch einen direkt am Düsenhalter untergebrachten Geber erfaßt. Fahrpedalstellung, die Regelwegposition der Einspritzpumpe und die Drehzahl werden hier durch induktive Aufnehmer ermittelt. Aus Drehzahl und Spritzbeginn berechnet der Mikroprozessor die obere Totpunktlage des ersten Zylinders, die für die Spritzbeginnregelung erforderlich ist. Aufnehmer für eine direkte Messung der Emissionen stehen indessen derzeit noch nicht zur Verfügung.

Blockschaltbild des elektronischen Reglers

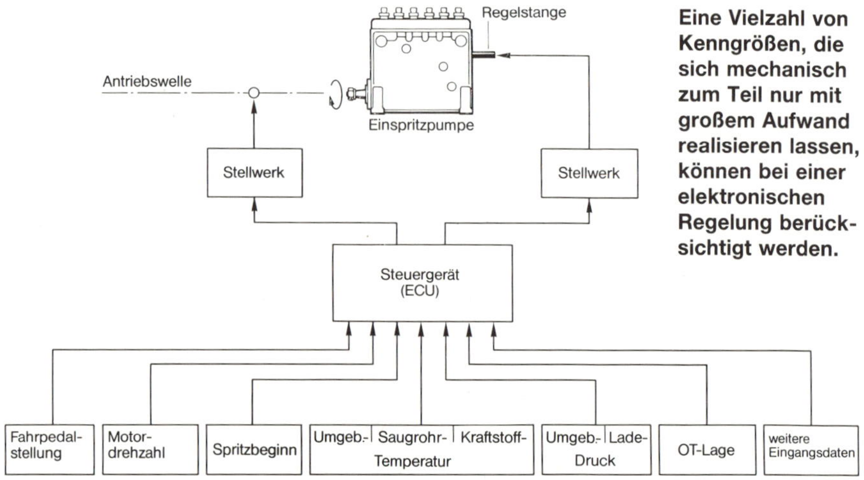

Eine Vielzahl von Kenngrößen, die sich mechanisch zum Teil nur mit großem Aufwand realisieren lassen, können bei einer elektronischen Regelung berücksichtigt werden.

Weitere Vorteile einer elektronischen Regelung:

- Ausgleich von laufzeitbedingten Abweichungen in der Einspritzanlage.
- Die mögliche Verknüpfung mit anderen Regelkreisen, wie z.B. elektronisch gesteuerte automatische Getriebe.

Voraussetzung für die Chancen der Elektronik am Diesel wird eine hohe Zuverlässigkeit und Unempfindlichkeit sein, die sich an den Maßstäben einer mechanischen Regelung messen muß.

Die Kraftstoff-Förderpumpe

Die Förderpumpe übernimmt die Aufgabe, den Kraftstoff aus dem Tank in die Einspritzpumpe zu drücken. Um den Zylinder in der Einspritzpumpe stets vollständig mit Diesel-Kraftstoff zu füllen, ist ein Überdruck von etwa ein bar (1 atü) erforderlich.

Der federbelastete Kolben der Förderpumpe wird dabei unmittelbar von der Nockenwelle der Einspritzpumpe angetrieben, wobei der Förderdruck mit Hilfe zweier Rückschlagventile geregelt wird. Mit einer in das Gehäuse eingeschraubten Handpumpe können die Kraftstoffleitungen nach einem Eingriff in die Einspritzanlage entlüftet und wiederaufgefüllt werden.

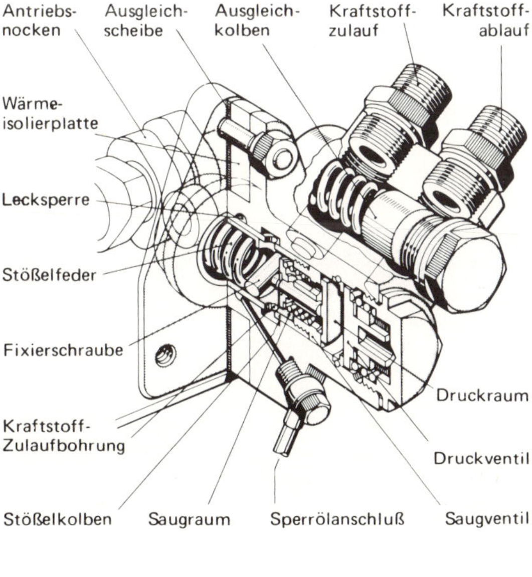

Aufbau einer Kraftstoffförderpumpe, die direkt von der Nockenwelle der Reiheneinspritzpumpe angetrieben wird.

Die Einspritzdüsen

Die Einspritzdüse nimmt beim Dieselmotor zweifellos eine Schlüsselstellung ein. Zusammen mit anderen Faktoren bestimmt sie, wie gründlich der von der Einspritzpumpe bereitgestellte Kraftstoff verbrennt und folglich auch wie wirkungsvoll die Energie im Kraftstoff ausgenutzt wird. Ihre Aufgabe ist also keineswegs einfach, vor allem wenn man bedenkt, daß sie pro Minute maximal bis zu 2500 mal in Aktion treten muß und dabei den Kraftstoff mit Drücken bis zu 400 bar, bei Direkteinspritzern sogar bis zu 1000 bar, in den Brennraum verteilen muß.

Grundsätzlich handelt es sich bei allen heute gebräuchlichen Diesel-Einspritzdüsen um flüssigkeitsgesteuerte Nadelventile. Sie bestehen aus einem Düsenhalter und einem Düsenkörper, in den eine federbelastete Düsennadel auf weniger als ein tausendstel Millimeter genau eingepaßt ist. Die Düsennadel verfügt in ihrem mittleren Teil über eine Druckschulter, auf die der Druck des durch den Düsenkörper zulaufenden Kraftstoffs wirkt. Übersteigt die Kraft die Vorspannung der Druckfeder, wird die Düsennadel angehoben und öffnet an ihrem unteren Ende die Düsenöffnung zum Brennraum. Der an der Düsennadel vorbei nach oben entweichende Kraftstoff wird über einen Leckölanschluß am Düsenhalter und eine gesonderte Kraftstoffleitung in den Tank zurückgeführt.

Entscheidend für die Qualitäten einer Einspritzdüse ist die Düsenöffnung. Man unterscheidet zwischen Zapfendüsen und Lochdüsen, wobei für die im Personenwagen eingesetzten Vor- und Wirbelkammerdieselmotoren vor allem die Zapfen-Varianten geeignet sind. An ihrem Ende befindet sich ein Zapfen, der in das Spritzloch hineinragt und für einen vergleichsweise gebündelten Einspritzstrahl sorgt. Über die Form des Zapfens kann dabei der Einspritzstrahl den Erfordernissen des Motors angepaßt werden.

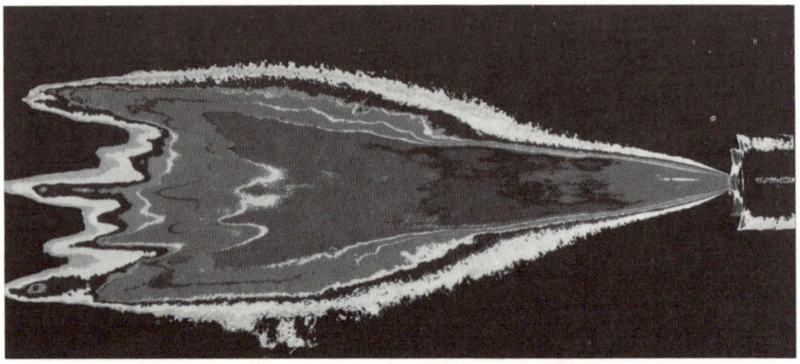

Strahlbild einer Diesel-Einspritzdüse.

Lochdüse für Motoren mit Direkteinspritzung

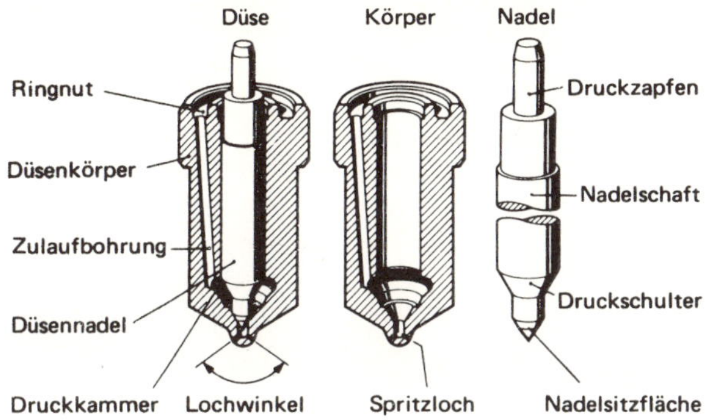

Lochdüsen eignen sich dagegen hauptsächlich für Dieselmotoren mit direkter Einspritzung. Der eingespritzte Kraftstoffstrahl ist hier breiter gefächert als bei einer Zapfendüse, was für eine feine Zerstäubung und eine gründliche Vermischung mit der Verbrennungsluft sorgt – eine Aufgabe, die beim Vor- und Wirbelkammermotor die stärkere Verwirbelung der Luft übernimmt.
Die Einspritzöffnungen sind bei der Lochdüse an einem Kegel untergebracht, der sich am unteren Ende der Düse befindet. Man unterscheidet zwischen Einloch- und Mehrlochdüsen, wobei die letzteren über bis zu zwölf Löcher verfügen können. Für extreme Einsatzbedingungen, etwa in thermisch hoch belasteten Großmotoren, gibt es darüber hinaus Ausführungen mit gekühltem Düsenkörper, wobei als Kühlmittel meist Öl eingesetzt wird.

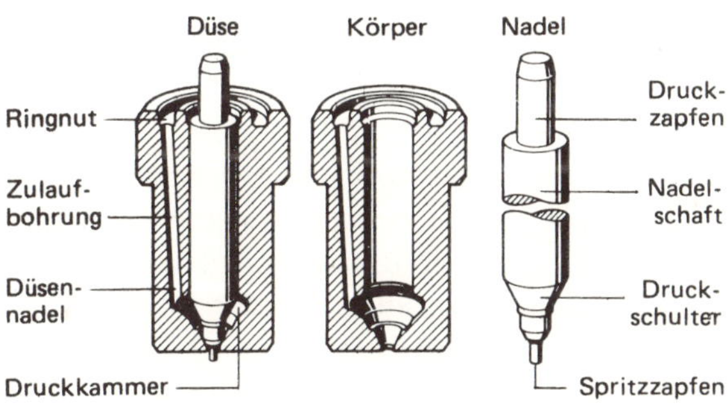

Zapfendüse für Vor- und Wirbelkammermotoren

Die Pumpen-Düse

Die richtige Kraftstoffmenge über einen bestimmten Zeitraum in der richtigen Dosierung in die Zylinder eines Dieselmotors zu befördern, zählt zu den besonders schwierigen Problemen bei der Auslegung eines Dieselmotors. Schuld sind die komplizierten hydraulischen Vorgänge im Ein-

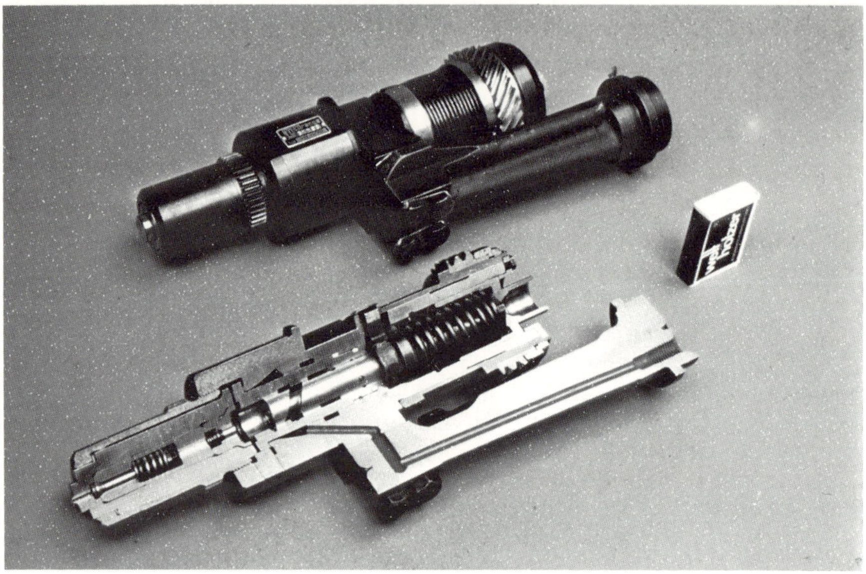

Moderne Pumpendüse des Großdiesel-Spezialisten L'Orange.

spritzsystem. So schiebt der Kolben der Einspritzpumpe den Kraftstoff nicht als Flüssigkeitssäule zu den Einspritzdüsen, sondern es bildet sich eine Druckwelle aus, die mit Schallgeschwindigkeit die Einspritzleitung durchläuft. Sie wird sowohl vom Einspritzventil als auch von der Einspritzpumpe reflektiert und kann unter Umständen mehrmals zwischen beiden hin und herlaufen, bevor das Einspritzventil öffnet.
Die daraus folgende Elastizität des Einspritzsystems erschwert eine exakte Auslegung des Einspritzgesetzes, des zeitlichen Verlaufs der Einspritzmenge also. Abhilfe können hier sogenannte Pumpen-Düsen schaffen, wie sie gegenwärtig vor allem bei Schiffsmotoren Verwendung finden, aber künftig auch für schnellaufende Dieselmotoren interessant werden.
Einspritzdüse und Einspritzpumpe sind hier in einem Gehäuse zusammengefaßt, das direkt im Zylinderkopf des Motors untergebracht wird. Der Kolben der Einspritzpumpe kann dabei von der Nockenwelle des Motors über einen Kipphebel bewegt werden. Die Verstellung der Einspritzmenge erfolgt bei den seit langem für große Dieselmotoren eingesetzten Pumpen-Düsen der Stuttgarter Firma L'Orange durch Verdrehen des Kolbens mit Hilfe eines Zahnkranzes und einer Zahnstange. Dadurch kann ähnlich wie bei der Reiheneinspritzpumpe der Nutzhub des Pumpenkolbens verändert werden.

Konstruktionsmerkmale des Dieselmotors

Wie Dieselmotoren gebaut sind und wie lange sie leben

Was Dieselmotoren heute zur Ehre gereicht, ihre sprichwörtliche Langlebigkeit nämlich, galt einst als besonders empfindliche Achillesferse dieser selbstzündenden Antriebsquellen. Denn als sich die Diesel-Verfechter daran machten das ökonomische Diesel-Konzept auch auf kleinere, schnellaufende Fahrzeugmotoren anzuwenden, stießen sie gerade was die Dauerhaftigkeit ihrer Motoren betraf auf beträchtliche Schwierigkeiten.
Schuld waren die weitaus höheren Spritzdrücke bei der Dieselverbrennung, die nicht nur für einen zunächst unerträglich lauten und harten Gang des Motors sorgten, sondern auch, wie Diesel-Gegner damals behaupteten, »zwangläufig zu Defekten führen« mußten. Immerhin lagen die auf den Kolben lastenden Zünddrücke beim Dieselmotor um etwa 70

Der erste serienmäßige Personenwagen-Dieselmotor wurde 1936 in den Mercedes 260 D eingebaut und wiegt 275 Kilogramm.

Prozent über jenen vergleichbarer Ottomotoren, und auch das Temperaturniveau war wesentlich höher. So wird beispielsweise die Kolbenmitte beim Diesel auf Temperaturen zwischen 330° C und 360° C erhitzt, während ein Kolben im Ottomotor nur etwa 240° C bis 280° C auszuhalten braucht.
Leichtmetall-Kolben, wie man sie zunächst einbaute, waren da nicht standfest genug, und auch die Lager des Kurbeltriebes waren den höheren Belastungen nicht gewachsen. Aber auch andere diesel-spezifischen Eigenheiten nagten am Lebensnerv der ersten Fahrzeug-Motoren. In der Annahme, daß die höheren Arbeitsdrücke das Schmieröl aus den Lagern herausquetschen könnte, verwendeten die Diesel-Pioniere anfangs besonders dickflüssige Ölsorten, was freilich häufig schon nach kurzer Laufzeit zu Kolben-Fressern führte.
Das Schmieröl verwandelte sich nämlich in eine zähe schwarze Masse, eine Folge der hohen Temperaturen und des bei der Diesel-Verbrennung verstärkt auftretenden Rußes, der durch den Spalt zwischen Kolben und Zylinderwand hindurch in das Kurbelgehäuse bläst.
Die Konstrukteure der Gründerzeit des Diesel-Automobils standen somit vor einer schwierigen Aufgabe. Sie mußten Brennverfahren mit möglichst weichem Druckverlauf entwickeln, um die Laufkultur des Dieselmotors den viel höheren Anforderungen im Personenwagen anzupassen – eine Aufgabe, welche erstmals von den Daimler-Benz-Technikern bei dem 2,6 Liter-Dieselmotor des 1936 vorgestellten Mercedes 260 D mit dem Vorkammerverfahren zufriedenstellend gelöst werden konnte. Darüber hinaus galt es aber auch einen günstigen Kompromiß zwischen der notwendigen robusteren Bauweise und dem für Personenwagen tauglichen geringen Gewicht zu finden. Welche Fortschritte gerade hier gemacht werden konnten, zeigt ein Vergleich zwischen dem legendären, 45 PS starken Mercedes Diesel und dem modernen 1,6 Liter Dieselmotor des VW Golf D: das kleinere Aggregat leistet nicht nur 9 PS mehr als der Oldtimer, sondern wiegt mit 148 Kilogramm zugleich 127 Kilogramm weniger.

Das Triebwerk

Mittel und Zweck sind zwar die gleichen – eine Umsetzung der bei der Verbrennung frei werdenden Kräfte in nutzbares Drehmoment mit Hilfe von Kolben, Pleuel und Kurbelwelle – die Voraussetzungen unterschei-

Die Zahl der Kolbenringe konnte von fünf, wie beim Kolben des Mercedes 260 D von 1936 (links), auf heute drei (Mercedes 240 D, rechts) reduziert werden.

den sich indessen gründlich. Denn während sich der Kurbeltrieb eines benzingetriebenen Automotors mit Drehzahlen bis zu 7000 min^{-1} plagen muß, darf er sich im Fahrzeug-Dieselmotor mit maximal 5000 min^{-1} begnügen. Dafür muß er hier allerdings beträchtlich höhere Zündkräfte verdauen und das obendrein bei höheren Temperaturen.
Mit einer kräftigeren Dimensionierung der Übertragungsteile Kolbenbolzen, Pleuel, Kurbelzapfen und der verschiedenen Lager ist es da nicht getan, denn gleichzeitig kommt es darauf an, den erhöhten Wärme-Anfall in die richtigen Bahnen zu leiten und darüber hinaus eine den härteren Druck- und Temperatur-Bedingungen standhaltende Schmierung des Kolbens im Zylinder zu gewährleisten. Das fängt schon bei der Auslegung des Kolbens an, der ja nicht nur den Temperaturen und Drücken standhalten muß, sondern auch noch den Brennraum nach unten zum Kurbelgehäuse abdichten soll. Während dies in einem Ottomotor mit Hilfe von zwei oder drei Kolbenringen zuverlässig zu schaffen ist, benötigten ältere Fahrzeug-Dieselmotoren dazu mindestens vier, manchmal auch fünf Ringe. Davon waren zwei Ölabstreifringe, die den Schmieröl-Verbrauch unter Kontrolle hielten.
Die enormen Fortschritte auf dem Gebiet der Kolben- und Kolbenring-Technologie erlauben es freilich heute die Zahl der Ringe jenen eines vergleichbaren Ottomotors anzugleichen. So kommt der Vierzylinder-Dieselmotor des VW Golf wie sein benzingetriebenes Pendant mit drei Ringen aus, verfügt aber zu ihrer Entlastung im Gegensatz zum Ottomotor-Kolben über einen sorgfältig ausgebildeten Feuersteg. So wird das Zwischenstück zwischen dem Kolbenboden und dem ersten Kolbenring

Der Kolben des VW Golf-Dieselmotors (links) unterscheidet sich von der entsprechenden Otto-Version vor allem durch einen größeren Feuersteg und einen wesentlich kleineren Brennraum.

Kolben des Fünfzylinder-Turbodieselmotors von Daimier-Benz mit Ölkanal (rechts) zur Kühlung.

bezeichnet, dessen Spielauslegung zur Zylinderwand einen verstärkten Koksaufbau in den Ringnuten verhindern soll.

Dieses Problem, nämlich eine Verkokung des Schmieröls und das daraus folgende Festbacken der Kolbenringe, weist auf eine weitere schwierige Aufgabe des Kolbens und seiner Ringe hin: die rasche Abfuhr der nach der Verbrennung angesammelten Wärme an das die Zylinder umspülende Kühlwasser. Der Wärmefluß führt durch den aus gut wärmeleitendem Aluminium gegossenen Kolben zu den Kolbenringen, welche ihrerseits die angesammelte Wärme an die Zylinderwand übertragen – ein hartes Los, wenn man bedenkt, daß die beiden obersten Ringe gerade etwa zwei Millimeter hoch sind. Am meisten wird dabei der erste Ring belastet, dessen Nut deshalb bei modernen Motoren mit einem eingegossenen Ringträger aus besonders verschleißfestem Werkstoff versehen wird.

Dieseltypisches muß der Triebwerks-Konstrukteur freilich schon bei der Festlegung der Zylinderabmessungen berücksichtigen. Kurze Hübe, die

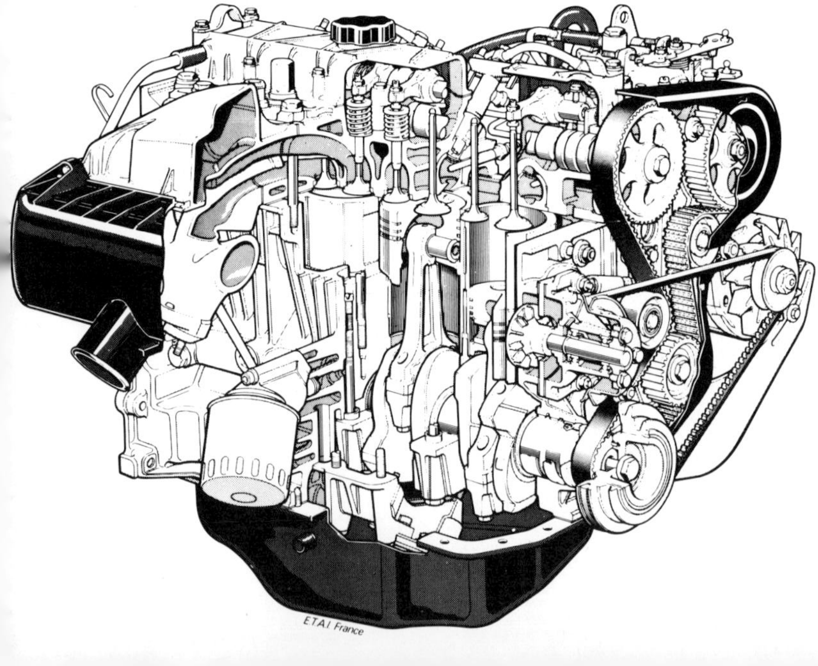

Der ganz aus Leichtmetall gefertigte Renault-Dieselmotor zählt zu den modernsten Vertretern seiner Gattung.

beim Ottomotor zugunsten der Drehwilligkeit und Drehzahl-Festigkeit gerne gesehen werden, sind beim Diesel nicht gefragt. Im Gegenteil: Bei dem viel geringeren Kompressionsvolumen über dem Kolben – das eines vergleichbaren Ottomotors ist etwa drei Mal so groß – würden die unvermeidlichen Schwankungen in den Abmessungen der Triebwerksbauteile das Verdichtungsverhältnis zu stark beeinflussen. Ohnehin verlangen Dieselmotoren schon deutlich engere Fertigungstoleranzen. Begnügten sich beispielsweise die Fertigungs-Techniker von VW beim Bau des 1,6 Liter Dieselmotors mit den beim vergleichbaren 1,6 Liter Ottomotor üblichen Toleranzen, würde das mit 23:1 festgelegte Verdichtungsverhältnis in der Serien-Produktion zwischen 19:1 und 27:1 schwanken. Es gibt noch andere gute Gründe, die beim Dieselmotor für mehr Hub sprechen. Langhubige Motoren mit kleinerer Bohrung verfügen zwangsläufig über einen Brennraum mit kleinerer Oberfläche – ein Umstand, der die unerwünschten Wärmeverluste durch die Brennraum-Wände verringert und den Wirkungsgrad des Motors begünstigt. Er tut dies auf zweifache Weise. Einmal durch die erwähnte Verringerung der Wärmeverluste. Zum anderen ermöglicht dies eine Annäherung des Verdichtungsverhältnisses an den optimalen Wert, der zwischen 16 und 18 zu eins liegt. Langhubige Motoren gewährleisten nämlich einen einwandfreien Kaltstart und Leerlauf schon bei niedrigerer Verdichtung als kurzhubigere Exemplare, deren Verdichtung zu diesem Zweck auf ein weniger ökonomisches Maß erhöht werden muß.

Der Zylinderkopf ist hoch belastet

Das Herz eines Dieselmotors, seine Brennkammern, liegt im Kopf. Dies gilt zumindest für die im Personenwagen bislang ausschließlich eingesetzten Vor- und Wirbelkammer-Maschinen (siehe Seite 62), deren charakteristische Merkmale besondere, im Zylinderkopf untergebrachte Brennräume sind, in welche der Kraftstoff eingespritzt und damit die für die Qualitäten des Motors entscheidende Verbrennung eingeleitet wird. Die Unterschiede zum Zylinderkopf eines Ottomotors beschränken sich freilich bei weitem nicht auf den Einbau zusätzlicher Brennkammern, Einspritzdüsen und Glühkerzen für den Kaltstart. Denn diese konzeptionsbedingen Unterschiede ziehen eine Reihe weiterer konstruktiver Besonderheiten nach sich. Erhebliches Kopfzerbrechen bereitet den

Diesel-Konstrukteuren dabei vor allem die von den Brennkammern ausgehenden außerordentlich hohen thermischen Belastungen. Immerhin herrschen in den heute vorwiegend eingesetzten Wirbelkammern Temperaturen von bis zu 900° C, die besonders hohe Anforderungen an die Konstruktion des gesamten Zylinderkopfs stellen. Da ist einmal das Problem, daß die Wirbelkammern seitlich im Kopf untergebracht werden müssen, was die Gefahr einer ungleichmäßigen Wärmedehnung und damit eines Verziehens dieses Bauteils in sich birgt – ein Mißgeschick, das umgehend den Exitus der beim Dieselmotor ohnehin besonders hochbelasteten Zylinderkopf-Dichtung bewirken würde.
Hinzu kommt, daß die untere Hälfte der kugelförmigen Brennkammer – ein Einsatz aus hochwärmefestem Stahl – zu einem Teil unmittelbar auf dieser Dichtung zu liegen kommt und so für zusätzliche thermische Belastungen sorgt. Da sie obendrein noch an einer schwer zugänglichen Stelle im Motor sitzen, ist auch das Heranführen des Kühlwassers ein konstruktiv vergleichsweise anspruchsvolles Unterfangen.
Spezifische Dieselmotorprobleme gibt es im übrigen auch bei der Auslegung der Ventilsteuerung. Dabei handelt es sich nicht um spezielle konstruktive Einzelheiten, sondern vielmehr um die Wahl der Ventilsteuerzeiten. Denn neben der auch beim Ottomotor erwünschten gründlichen Füllung der Zylinder, streben die Diesel-Konstrukteure durch geeignete Wahl der Einlaß-Steuerzeiten auch eine möglichst hohe Endtemperatur am Ende des Verdichtungshubs an. Je früher das Einlaßventil nach dem unteren Totpunkt schließt, desto höher ist die Endtemperatur der verdichteten Ladung und desto niedriger und im Sinne des Wirkungsgrads günstiger kann das geometrische Verdichtungsverhältnis des Motors ausgelegt werden. Andererseits beeinträchtigt dies wiederum die Frischladung des Zylinders und damit die Leistung des Motors – ein Problem also, das bei der Entwicklung eines leistungsfähigen Fahrzeug-Dieselmotors zusätzliche Optimierungskünste erfordert.

Diesel-Zylinderköpfe, hier vom VW-Vierzylindermotor, mit bis zu 900 °C heißen Brennkammern werden stark beansprucht. Der im Bild gut sichtbare untere Teil der Wirbelkammer besteht aus einem Einsatz aus hochwärmefesten Stahl.

Zwei Konstruktions-Philosophien konkurrieren

Während die ökonomischen Qualitäten des Dieselmotors unter den großen Automobil-Herstellern inzwischen einhellige Zustimmung finden, bestehen unter den Konstrukteuren noch grundsätzlich unterschiedliche Auffassungen. So bieten sich für die Aufgabe, die angesprochenen dieseltypischen Probleme unter einen für ein modernes Automobil passenden Hut zu bringen, heute zwei Möglichkeiten an. Da gibt es

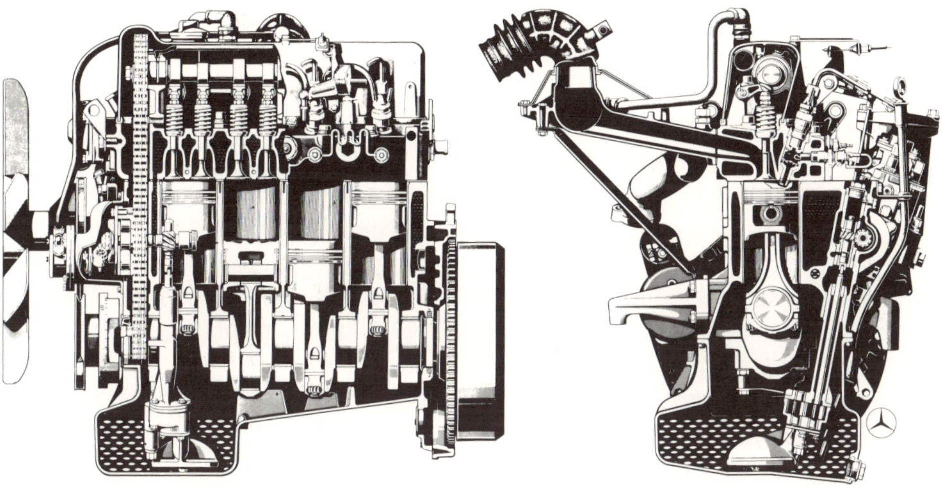

Die Daimler-Benz Vierzylinder-Dieselmotoren älterer Bauart (oben) sind eng mit den bis 1980 in die Modelle 200 und 230 eingebauten Benzinmotoren (unten) verwandt.

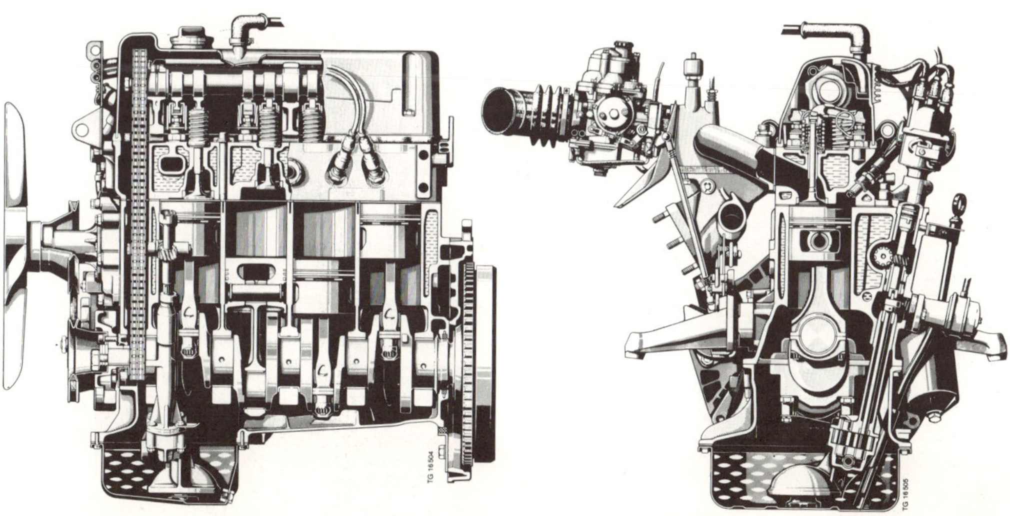

einmal die Möglichkeit, einen bereits vorhandenen Ottomotor den besonderen Anforderungen des Dieselverfahrens anzupassen und auf Dieselbetrieb umzurüsten. Andere beginnen stattdessen lieber ganz von vorne und entwickeln völlig neue Motoren, die in allen Details speziell auf den Dieselbetrieb ausgelegt sind.
Als typische Vertreter der ersten Gruppe können beispielsweise Motoren der Diesel-Modelle von Daimler-Benz (OM 615, 616, 617), VW/Audi oder General Motors gelten, die sich konstruktiv eng an entsprechenden Benzin-Versionen orientieren. Die Vorteile der Verdieselung bewährter Otto-Motoren liegt dabei zunächst einmal in den wesentlich günstigeren Entwicklungs- und Fertigungskosten, da beide Versionen nicht nur auf den gleichen Transferstraßen gefertigt werden können, sondern darüber hinaus auch den Rückgriff auf zahlreiche Gleichteile gestatten. Ein weiterer Vorzug dieser Konstruktions-Philosophie ist, das zeigen die Daten vergleichbarer moderner Diesel-Aggregate, das geringere Gewicht, worauf es gerade beim Einsatz in leichten Kompaktwagen besonders ankommt. Während beispielsweise der Fünfzylinder-Dieselmotor des Audi 100 nur 20 Kilogramm schwerer ist als die entsprechende Benzin-Version, bringt der Zweiliter-Diesel des Fiat 131, ein Vertreter der zweiten Gruppe, 90 Kilogramm mehr auf die Waage als der in diesem Modell lieferbare Zweiliter-Ottomotor. Mit insgesamt 245 Kilogramm wiegt er gleichzeitig 82 Kilogramm mehr als das 15 PS stärkere Audi-Aggregat.
Andererseits sprechen freilich auch gewichtige Argumente für den Einsatz reinrassiger Diesel-Aggregate. So weisen die Konstrukteure der Fiat-Maschine auf die größere Robustheit und die längere Lebensdauer

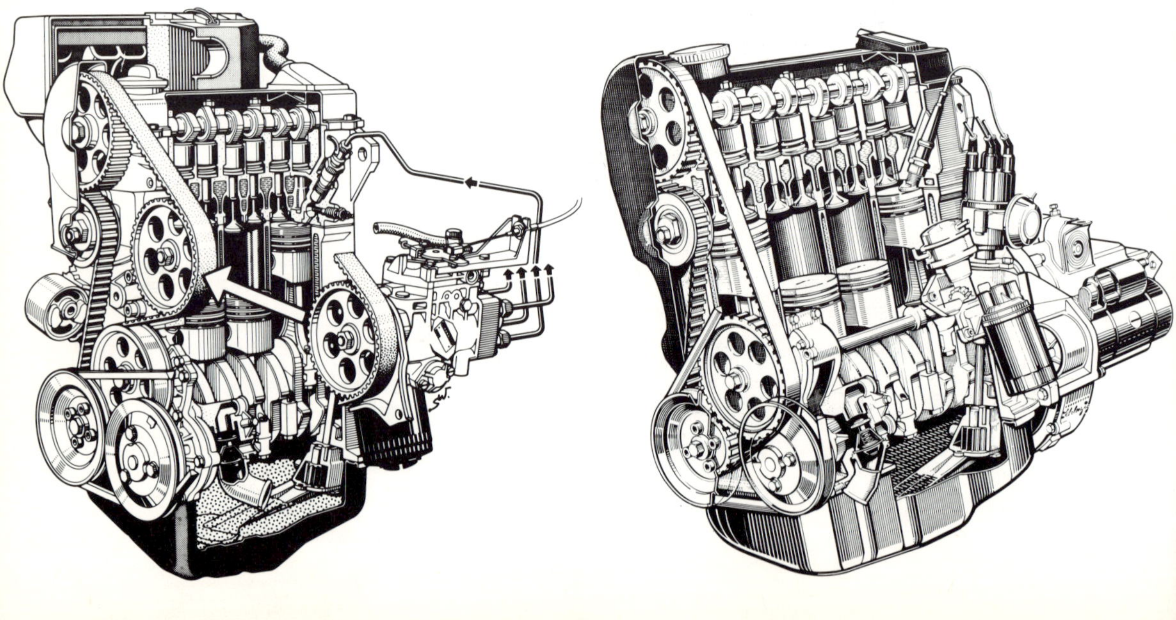

Die Diesel-Variante (links) des VW-Vierzylindermotors stimmt in vielen Konstruktionsdetails mit der Benzin-Version gleichen Hubraums (rechts) überein.

Beim neuen Zweiliter-Dieselmotor (OM 601) (oben) von Daimler-Benz handelt es sich um eine eigenständige Konstruktion, die nichts mit dem hubraumgleichen Benzinmotor (M 102) (unten) gemein hat.

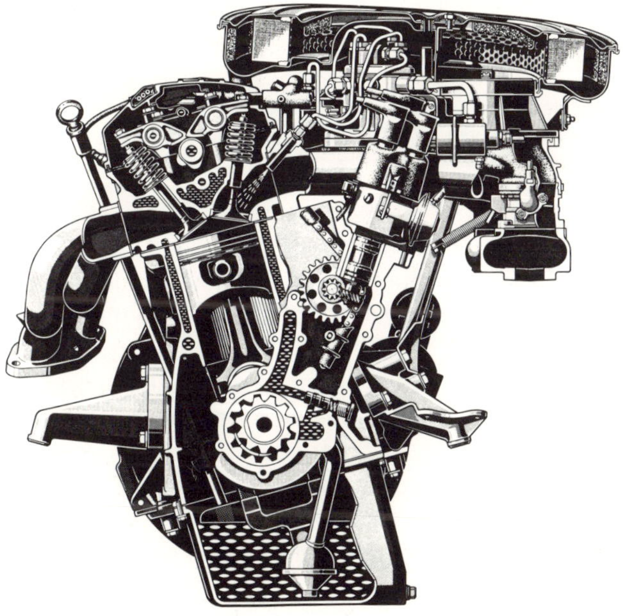

ihrer Entwicklung hin, die außerdem niedrigere Wartungskosten gewährleisten soll. Hinzu kommen nach ihrer Auffassung die größeren Entwicklungs-Möglichkeiten des im Sofim (Societa Franco Italiana Motori)-Werk, an dem neben Fiat auch Renault und Alfa Romeo beteiligt sind, gebauten Motors. Dazu gehören neben einer problemlosen Lei-

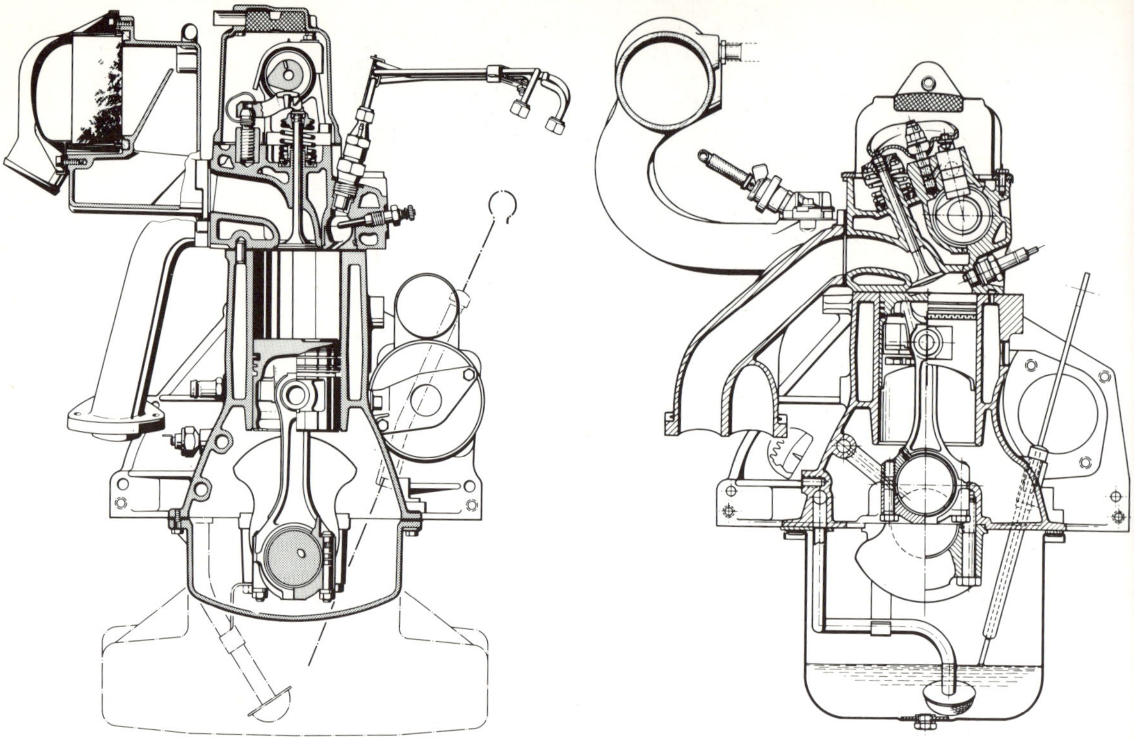

Die Entwicklung des Opel-Dieselmotors (links) ging zwar vom Vierzylinder-Ottomotor (rechts) der Hubraum-Klasse 1,7 Liter bis 2,0 Liter aus, führte aber dann zu tiefgreifenden Veränderungen. Auffallend ist die größere Bauhöhe, die bei den Opel-Dieselmodellen zur charakteristischen Mütze auf der Motorhaube zwang.

stungssteigerung durch Turbo-Aufladung die Umrüstung auf Direkt-Einspritzung, die künftig auch beim Personenwagen-Motor einmal an Bedeutung gewinnen könnte. So entschloß sich mittlerweile auch der Diesel-Pionier Daimler-Benz für getrennte Wege in der Otto- und Diesel-Entwicklung. Der im 190 D erstmals vorgestellte, brandneue Vierzylinder-Diesel (OM 601) präsentiert sich von der ersten bis zur letzten Schraube als eigenständige Konstruktion.

Einige Fahrzeug-Dieselmotoren nehmen da eine Zwischenstellung ein und lassen sich eigentlich keiner der beiden erwähnten Gruppen klar zuordnen. Typische Beispiele sind hier die in den Opel-Rekord und bis 1982 auch in den Ascona eingebauten Maschinen. Zwar stand auch hier am Anfang der Entwicklung ein Vierzylinder-Ottomotor. Der weitere Verlauf führte jedoch zu derart tiefgreifenden konstruktiven Änderungen, daß am Schluß nur noch die Wasserpumpe mit dem Ursprung übereinstimmte. Immerhin ermöglichen jedoch die Abmessungen des Zylinderblocks seine Bearbeitung auf der Transferstraße zusammen mit den Blöcken der Benzinmotoren.

Warum ein Dieselmotor länger lebt

Dieselmotoren sind schwerer und stabiler, darum bieten sie auch eine höhere Lebenserwartung als ein Benzinmotor – eine unter Autofahrern weit verbreitete Ansicht, die freilich nur der halben Wahrheit entspricht. Denn schließlich gibt es für die robustere Diesel-Konstruktion beim Fahrzeugmotor durchaus zwingende Gründe. Immerhin muß das Triebwerk hier, wie bereits zuvor dargelegt wurde, auch beträchtlich höhere und schneller ansteigende Drücke verkraften, was eine entsprechend kräftige Dimensionierung der einzelnen Komponenten voraussetzt.

Die Bauteile dieses Sechszylinder-Dieselmotors von VW zeigen nach 200 000 Kilometer nur geringen Verschleiß.

Daß eine Dieselmaschine im allgemeinen trotzdem bessere Überlebenschancen besitzt, als benzingetriebene Fahrzeugmotoren, ergibt sich grundsätzlich zunächst einmal aus dem deutlich niedrigeren Drehzahlniveau. Während selbst Großserien-Ottomotoren heute Drehzahlen bis zu 6500 min^{-1} über längere Zeiten verkraften müssen, begnügen sich Diesel-Aggregate mit höchstens 5000 min^{-1}. Und gerade die Drehzahl übt auf den Verschleiß der bewegten Teile des Motors einen nachhaltigen Effekt aus. So zeigt zum Beispiel die Abnutzung des Ventiltriebs eine unmittelbare Abhängigkeit von der Drehzahl.
Aber es gibt noch andere Gründe, die auf die Lebensdauer eines Dieselmotors positiven Einfluß haben. So zeigt die Erfahrung, daß die verbrauchsbewußten Dieselfahrer ihren Motor seltener, als die eher leistungsorientierten Benzintanker unter Vollast betreiben. Entsprechend größer sind dann auch die Sicherheitsreserven dieser auf die bei Vollgas stark ansteigende Belastung ausgelegten Motoren.
Einen wesentlichen Einfluß haben freilich auch die bescheidenen Wartungsansprüche des Dieselmotors. Dazu muß man wissen, daß den Exitus eines Ottomotors häufig mehr oder weniger lange mitgeschleppte Krankheiten verursachen, meist die Folge vernachlässigter oder unsachgemäß durchgeführter Wartungsarbeiten. Wunde Punkte sind hier vor allem falsch eingestellte Zündanlagen und mangelhaft justierte Vergaser, die besonders kräftig am Lebensnerv eines Motors nagen – beides Gefahren, die dem Dieselmotor erspart bleiben.
Verschont bleiben Dieselmotoren aber auch von jenen Folgen von Fehlbedienungen, die Ottomotoren nicht selten den Garaus machen. So lassen sich Dieselmotoren weder überdrehen, noch haben sie unter einer falschen Handhabung der Starthilfe zu leiden. Regelmäßiger Ölwechsel und eine korrekte Einstellung der im übrigen wartungsarmen Einspritzanlage vorausgesetzt, können Diesel-Fahrer so durchschnittlich mit einer 50 Prozent höheren Lebensdauer rechnen, wobei sich dieser Prozentsatz durch einen schonenden Betrieb noch beträchtlich steigern läßt. Während sich ein Ottomotor heute im Durchschnitt nach etwa 100000 Kilometer einer tiefgreifenden Auffrischung unterziehen muß, erreichen robuste Diesel-Exemplare nicht selten Laufleistungen bis zu 300000 Kilometer. Damit sind sie manchmal langlebiger als die Autos selbst.

Die Aufladung des Dieselmotors

Wie der Turbolader zum Dieselmotor kam

Wenn hier zunächst ganz allgemein von der Aufladung des Dieselmotors die Rede ist, so hat dies seinen guten Grund. Denn von den anfänglichen, im Nachhinein recht hilflos anmutenden Versuchen, den Dieselmotor mit vorverdichteter Luft zu füttern, bis zu den heutigen hochentwickelten Motoren mit Abgasturbolader, war es ein langer Weg. Er soll hier dennoch relativ kurz beschrieben werden, da die Aufladung für den kleinen Fahrzeug-Dieselmotor erst mit der Entwicklung und dem Einsatz der kompakten Abgasturbolader für Fahrzeugmotoren an wesentlicher Bedeutung gewann. Dennoch verdient festgehalten zu werden, daß die Idee der Aufladung bei Dieselmaschinen bis an den Ursprung ihrer Entwicklung zurückreicht.

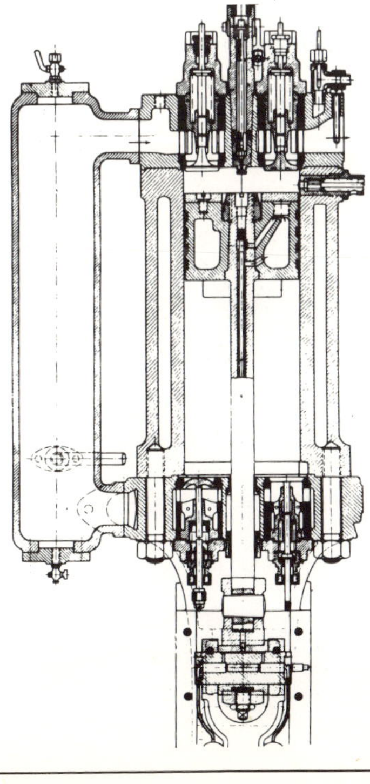

Schon beim zweiten Versuchsmotor Rudolf Diesels (Schnitt links) wurde die Vorverdichtung der Verbrennungsluft erprobt. Das dabei aufgenommene Indikator-Diagramm (unten) zeigt einen mittleren indizierten Druck von 9,6 kg/cm², was verglichen mit der unaufgeladenen Maschine einen Leistungszuwachs von ca. 40 Prozent bedeutete.

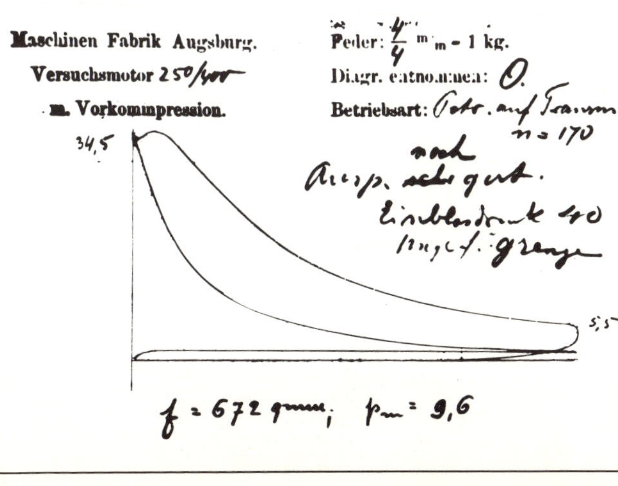

Es war nämlich Rudolf Diesel selbst, der schon seinen zweiten Versuchsmotor, der Ende des Jahres 1896 in Betrieb genommen wurde, so ausgelegt hatte, daß die Unterseite des Kolbens als Ladepumpe ausgebildet war. Mit dieser Konstruktion beabsichtigte Diesel, dem Arbeitszylinder durch Vorverdichtung mehr Luft zuzuführen und somit die Leistung und den Wirkungsgrad zu verbessern. Im Dezember 1896 wurden die ersten Versuchsreihen mit diesem Pionier der Dieselaufladung gefahren. Sie ergaben zwar eine deutliche Erhöhung der effektiven Leistung, doch wurde der Motor durch die Aufladung im Wirkungsgrad wesentlich schlechter.
Rudolf Diesel, dem es in erster Linie auf die Wirtschaftlichkeit seines neuen Motors ankam, wertete die Ergebnisse seiner Versuche negativ, zumal es ihm offensichtlich an einer plausiblen Erklärung für den schlechten Wirkungsgrad mangelte. Er schrieb nach Abschluß der Versuche folgendes nieder: »Dieser Versuch vom 28. 1. 1897 verglichen mit dem vorhergehenden vom 12. 1. entscheidet sogleich die Frage der Wirkung der Vorkompression; sie ist ungemein schädlich und wird daher von jetzt ab verlassen werden. Damit entsteht der normale Viertaktmotor mit direkter Ansaugung aus der Atmosphäre, wie er heute noch allgemein gebräuchlich ist.«
Wie inzwischen bekannt, irrte Diesel in seiner allgemeinen Beurteilung der Aufladung, denn nicht das Prinzip als solches war schlecht, sondern seine konstruktive und praktische Bewältigung. Nach diesen ersten fehlgeschlagenen Versuchen und deren negativen Beurteilung durch Rudolf Diesel selbst gab es zunächst eine zwanzigjährige Pause, bis bei M.A.N. in Augsburg das Aufladeprinzip wieder aufgegriffen wurde. Und es dauerte bis zur Mitte der zwanziger Jahre, bis aufgeladene Dieselma-

Das Bild zeigt ein fremd (elektrisch) angetriebenes Ladegebläse für eine Schiffsmaschine aus dem Jahr 1924. Hersteller war BBC.

Einer der ersten Abgasturbolader wurde 1925 für das Motorschiff »Preußen« eingesetzt. Die Ladereinheit stand getrennt vom Motor in einem gesonderten Gebläseraum.

schinen erstmals in der Praxis eingesetzt wurden. So wurden im Jahr 1924 verschiedene Schiffe mit aufgeladenen Dieselmotoren in Betrieb genommen, wie zum Beispiel der Bergungsschlepper »Seefalke«, dem zwei M.A.N. Sechszylinder-Dieselmotoren die notwendige Zugkraft besorgten. Ihre Leistung konnte durch Zuschaltung eines elektrisch betriebenen Ladegebläses von 900 auf 1200 PS gesteigert werden.
Daß es mit der Aufladung des Dieselmotors damals nur zögernd voranging hing unter anderem damit zusammen, daß sich die Ingenieure jener Zeit noch nicht ganz klar darüber waren, welche Auflademethode denn die richtige sei. Es wurde mit fremd (meist elektrisch) angetriebenen Ladegebläsen experimentiert, und auch die vor allem bei Ottomotoren üblichen Kapselgebläse (Roots-Kompressoren) wurden erprobt. Beide Methoden ließen sich zwar relativ einfach realisieren, hatten jedoch den entscheidenden Nachteil, daß zu ihrem Antrieb entweder Fremdleistung notwendig war, oder Nutzleistung von der eigenen Maschine abgezogen wurde. Beide Verfahren führten insgesamt zu keiner Verbesserung der Wirtschaftlichkeit, eher das Gegenteil war der Fall.
Da sich mit dieser Art der Aufladung aber ein anderes Ziel, nämlich eine erhebliche Leistungssteigerung erreichen ließ, wurden zahlreiche mechanisch und fremd aufgeladene Motoren für spezielle Einsatzgebiete gebaut. Und so wundert es auch nicht weiter, daß der erste aufgeladene Fahrzeug-Dieselmotor erst 1935 lief. Er hatte allerdings für die Weiterentwicklung der Diesel-Aufladung keine praktische Bedeutung. Es war ein Rennwagen mit Perkins-Dieselmotor, der dank Aufladung mit einem mechanischen Zoller-Gebläse bei 3000 Umdrehungen eine Leistung von 60 PS abgab und eine Höchstgeschwindigkeit von 153,4 km/h erzielte.

Wie sich der Turbolader durchgesetzt hat

Daß sich die Abgas-Turboaufladung beim Dieselmotor erst spät durchgesetzt hat, ist eigentlich verwunderlich. Denn das Prinzip des Turboladers ist fast so alt wie der Dieselmotor selbst. Schon im Jahr 1905 hatte nämlich der Schweizer Ingenieur Alfred Büchi die Turboaufladung patentieren lassen. Büchi, der sich im Gegensatz zu den klassischen Kolbenmaschinenbauern sehr intensiv mit Strömungsmaschinen befaßt hatte, kam auf die grundlegende Idee, Strömungs- und Kolbenmaschinen miteinander zu kombinieren. Sein damaliger Grundgedanke war jedoch nicht allein die Vorverdichtung des Arbeitsmediums der Kolbenmaschine, sondern auch die teilweise Nutzung jener Energie, die normalerweise im Abgas mit hoher Temperatur und hohem Druck nutzlos in der Atmosphäre verpufft. Mehrere Patente folgten in den zwanziger Jahren und präzisierten die heute noch gültigen Vorstellungen des genialen Schweizer Erfinders, wobei unter anderem die Koppelung von Abgasturbine und Ladepumpe, in diesem Fall ein Turboverdichter, vorgeschlagen wurde.
Die Koppelung dieser beiden Strömungsmaschinen auf einer gemeinsamen Welle brachte nicht nur eine besonders für Kleinmotoren ideale Lösung und den Durchbruch dieses Aufladeprinzips, sondern sorgte zusätzlich noch für eine neue Maschinen-Gattung. Ihr Name: Abgasturbolader. Heute werden Abgasturbolader der Einfachheit halber oft nur kurz als Turbolader bezeichnet.
Trotz eindeutiger thermodynamischer Ergebnisse, die den Vorteil von Büchis Turboaufladung sowohl hinsichtlich der Leistung, wie auch der

Bei diesem M.A.N.-Dieselmotor aus dem Jahr 1934 war der Turbolader schon als intergriertes Aggregat an der Stirnseite des Motors angeflanscht.

Zu den ersten serienmäßig gefertigten Turboladern zählte 1941 die M.A.N.-Aufladegruppe A 30/20/4.3, die für Viertakt-Dieselmotoren bis knapp 800 PS geeignet war.

Wirtschaftlichkeit bei Versuchen darlegten, hatte auch diese Maschine eine lange Entwicklungszeit zurückzulegen. Vom Zeitpunkt ihrer Erfindung bis zum ersten Serien-Einsatz in einem Diesel-Personenwagen verging eine sehr lange Zeit, nämlich über 70 Jahre. Interessant ist in diesem Zusammenhang, daß Alfred Büchi, der auch in der theoretischen Thermodynamik sehr beschlagen war, schon zu Beginn seiner Arbeiten einen Ladeluftkühler zur Verbesserung des Wirkungsgrades vorsah, der heute im aufgeladenen Personenwagen-Diesel zwar noch keinen Einzug gehalten hat, bei Hochleistungsmotoren, für Rekorde zum Beispiel, jedoch unumgänglich ist.

Ähnlich wie beim Dieselmotor selbst, verlief auch die Entwicklung des Abgasturboladers. Er wurde nämlich zunächst primär für große Antriebseinheiten, also für Schiffsmaschinen und stationäre Motoren entwickelt. Auch war die Technologie noch nicht so weit, kompakte Abgasturbolader für den Fahrzeugeinsatz bereitzustellen. Den ersten mobilen Einsatz erlebten turbogeladene Dieselmaschinen bei den deutschen Motorschiffen »Preußen« und »Hansastadt« im Jahr 1925. Turbogeladene Schiffsmaschinen, vor allem für den Einsatz auf U-Booten, folgten, und die deutsche Reichsbahn stellte Anfang der dreißiger Jahre ihre erste Lokomotive mit einem 1400 PS starken Turbo-Diesel in Dienst. Die Schweizer Maschinenfabrik Saurer schließlich war die erste Firma, die den Abgasturbolader für Lastwagenmotoren erprobte, bis er endlich im Jahr 1938 im ersten Serienlastwagen eingeführt wurde.

Inzwischen ist die Turboaufladung bei den ganz großen Maschinen nicht mehr wegzudenken (sämtliche Diesel-Lokomotiven der Deutschen Bundesbahn laufen beispielsweise mit Turbolader.) Bei schweren Lastwagenmotoren hat sich der Turbolader in USA völlig durchgesetzt und in Europa ist der Anteil der turbogeladenen Lkw-Diesel ständig im Steigen begriffen.

Warum der Turbo für den Diesel besonders geeignet ist

Bei den Personenwagen fand der Turbolader zunächst nur bei ausgesprochen sportlichen Ottomotoren Eingang. Seinen Einzug beim Personenwagen-Diesel hielt der Turbo erst sehr spät, von Sonderkonstruktionen in den Renn- und Rekordwagen (siehe Seite 148) einmal abgesehen. Dabei bietet sich auch der kleine Fahrzeug-Dieselmotor für eine Abgasturboaufladung geradezu an. Denn die Leistung von Dieselmotoren ist bekanntlich dadurch begrenzt, daß ihre Drehzahl infolge des Verbrennungsverfahrens nicht beliebig gesteigert werden kann. Bei knapp über 5000 Umdrehungen pro Minute ist auch für modernste Dieselmaschinen das Drehvermögen zu Ende, so daß eine Erhöhung der Leistung nur durch größeres Hubvolumen oder durch höheren Mitteldruck (also höheres Drehmoment) möglich ist. Der Vergrößerung des Hubvolumens sind jedoch gerade beim Personenwagen aus Gewichts- und Abmes-

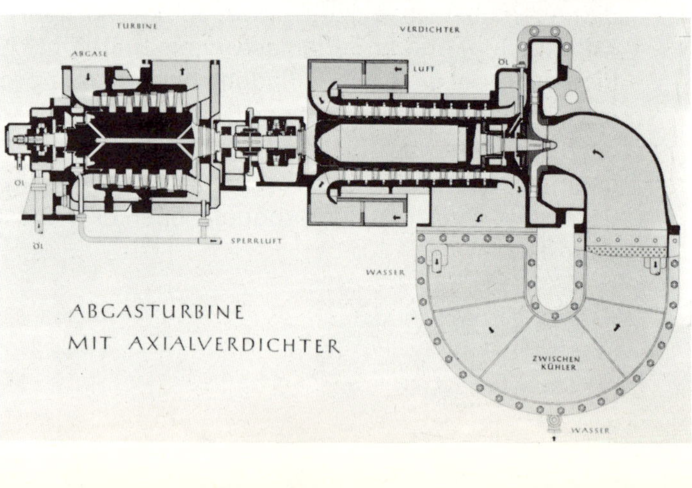

Nicht immer waren die Ladereinheiten mit Radialturbinen und Radialverdichtern ausgerüstet. Versuche mit mehrstufigen Axialturbinen und Axialverdichtern zur Hochaufladung fanden Ende der vierziger Jahre bei M.A.N. statt.

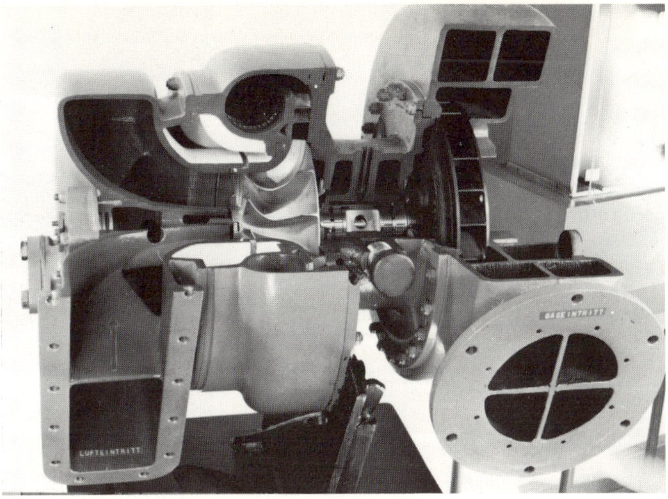

Das Bild zeigt ein moderneres Radialgebläse für größere Maschinen (M.A.N. NR 20).

sungsgründen enge Grenzen gesetzt. Die Aufladung durch Abgasturbolader bietet sich hier in erster Linie an, mehr Leistung bei gegebener Motorgröße realisieren zu können.
Doch führt die Turboaufladung nicht nur zu einer Verbesserung der Leistung und des Leistungsgewichts beim Dieselmotor, sie erhöht auch noch seine sprichwörtliche Wirtschaftlichkeit. Denn der Abgasturbolader nutzt bekanntlich das auf der Auslaßseite gegenüber der Atmosphäre herrschende Druck- und Temperaturgefälle zur Vorverdichtung der Verbrennungsluft. Ein Kolbenmotor, der mit einem Abgasturbolader betrieben wird, ist demnach eine Verbundmaschine, bei der der Gesamtarbeitsprozeß auf zwei Aggregate verteilt wird. Beim normalen Saugmotor besteht der Arbeitsprozeß im wesentlichen aus Verdichtungshub, Zündung, Arbeitshub sowie Ausstoß und Abkühlung des Arbeitsmediums. Der Arbeitsprozeß des aufgeladenen Motors wird noch durch die Vorverdichtung der Luft im Turboverdichter und die Entspannung des Arbeitsmediums in der Abgasturbine, die beide im Abgasturbolader zusammengefaßt sind, erweitert.

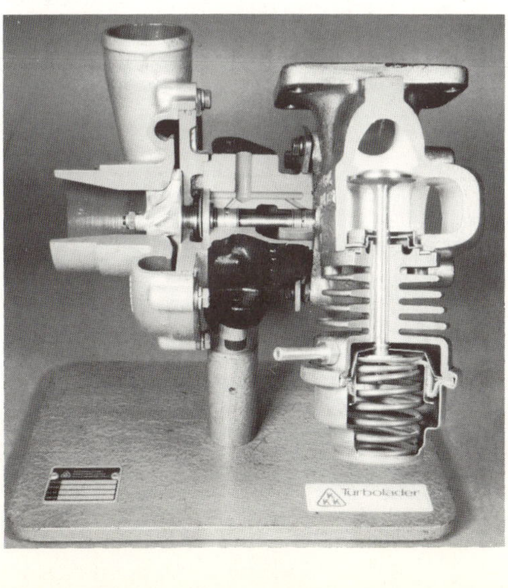

Abgasturbolader modernster Bauart der Firma KKK. Das für PKW-Motoren entwickelte Aggregat hat ein integriertes Bypassventil (Wastegate) und ein Verdichterrad mit rückwärts gekrümmten Schaufeln.

Das Diagramm zeigt das Leistungsverhalten eines Dieselmotors in Abhängigkeit von der Höhe. Während der aufgeladene Diesel in 3000 Meter Höhe noch keinen Leistungsverlust zu beklagen hat, büßt die unaufgeladene Maschine bereits 33 Prozent ein. Auch der spezifische Kraftstoffverbrauch (be) steigt stark an.

– – – Saugmotor
——— aufgeladener Motor

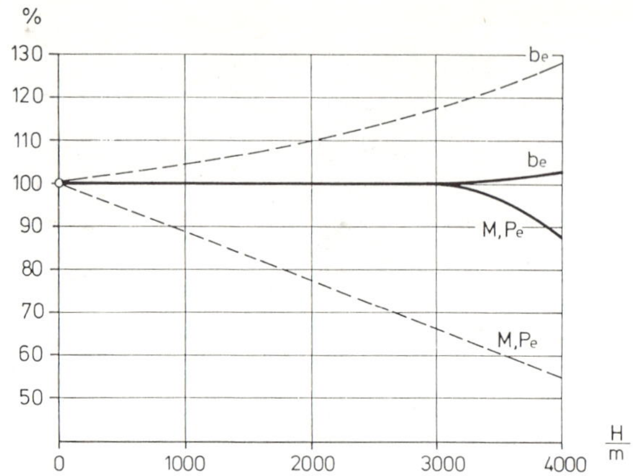

Beispiel: Fahrzeug-Dieselmotor; Höhenverhalten
Vollastvergleich: (gleiche Nennleistung bei Höhe 0 m, gleiches Hubvolumen)

Diese Erweiterung des Arbeitsprozesses hat mehrere Vorteile. Der Kolbenmotor arbeitet mit einem höheren Druckniveau, wodurch auch das spezifische Gewicht des Arbeitsmittels zunimmt. Dadurch kann pro Arbeitsspiel eine größere Luftmenge durchgesetzt werden, so daß in Verbindung mit einer größeren Kraftstoffmenge auch mehr Energie umgesetzt werden kann.
Der Abgasturbolader offeriert aber noch einen weiteren thermodynamischen Bonus. Da er einen Teil der in Form von hohem Druck und hoher Temperatur im Abgas steckenden Energie ausnutzt, vergrößert sich beim theoretischen Kreisprozeß die Diagrammfläche. Dies bedeutet jedoch nichts anderes als eine bessere Ausnutzung der zugeführten Kraftstoffenergie.
Die Vorverdichtung des Arbeitsmediums Luft durch den Turbolader hat neben dem höheren Druckniveau und dem daraus resultierenden höheren spezifischen Gewicht noch einen zusätzlichen thermodynamischen Effekt. Die sogenannte negative Gaswechselarbeit (das ist jener Vorgang, bei dem der Motor seine Arbeitsluft gegen die vor dem Zylinder lie-

Die Zeichnung zeigt einen Garrett-Turbolader, wie er von Daimler-Benz benutzt wird. Die ladedruckabhängige Regelung über ein Abblaseventil ist gut zu erkennen.

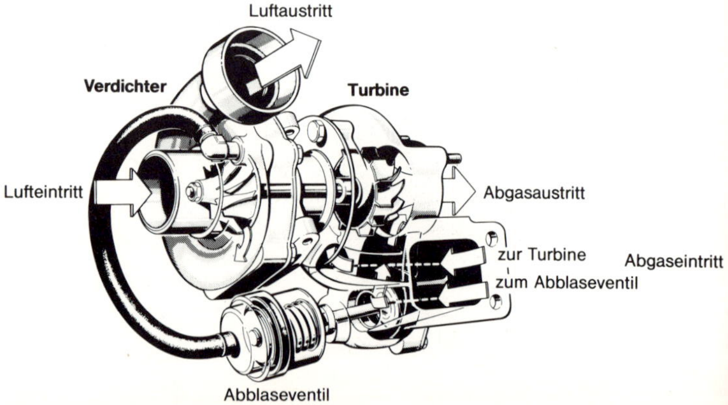

genden Strömungswiderstände ansaugen muß) entfällt, da der Motor ja mit komprimierter Luft sozusagen zwangsweise gefüttert wird.
Der Wirkungsgrad einer solchen Verbundmaschine, die aus Abgasturbolader und Kolbenmotor besteht, ist demnach aus verschiedenen Gründen besser. Einmal steigt durch die höheren Arbeitsdrücke die Ausnutzung der Abgasenergie und durch den Wegfall der negativen Pumpleistung der sogenannte innere Wirkungsgrad, der Aufschluß über die wärmetechnische Ausnutzung der zugeführten Energie gibt. Zum anderen wird das Verhältnis von mechanischer Verlustleistung, die in erster Linie aus Reibungsverlusten besteht, im Verhältnis zur Gesamtleistung günstiger, was zu einer Verbesserung des mechanischen Wirkungsgrades führt.
All diese Vorteile lassen sich nahezu ungeschmälert bei der Turboaufladung des Dieselmotors realisieren, während beim aufgeladenen Ottomotor einige Abstriche gemacht werden müssen. So gestattet die reine Qualitätsregelung des Diesels das Fahren mit annähernd konstanter Luftmenge bei lastabhängiger Kraftstoffzugabe. Dadurch kann der Motor im thermodynamisch günstigsten Lambda-Bereich, das heißt mit Luftüberschuß, betrieben werden. Auch reduziert der hohe Luftüberschuß bei Vollast den spezifischen Verbrauch und hat als angenehme Zugabe – gegenüber dem Diesel-Saugmotor – eine Verringerung des Rußanteils im Abgas zur Folge. Dies gilt besonders für den Betrieb in größeren Höhen, wo der nur mit reduziertem atmosphärischem Druck gespeiste unaufgeladene Dieselmotor nicht nur erheblich an Leistung einbüßt, sondern ohne entsprechende Reduzierung der Einspritzmenge auch unzumutbar zu rußen beginnt.
Auch kennt der Dieselmotor keine Klopfprobleme. Während beim aufgeladenen Ottomotor das Verdichtungsverhältnis bei höheren Ladedrükken drastisch gesenkt werden muß, was eine deutliche Verschlechterung des spezifischen Kraftstoffverbrauchs nach sich zieht, kann beim

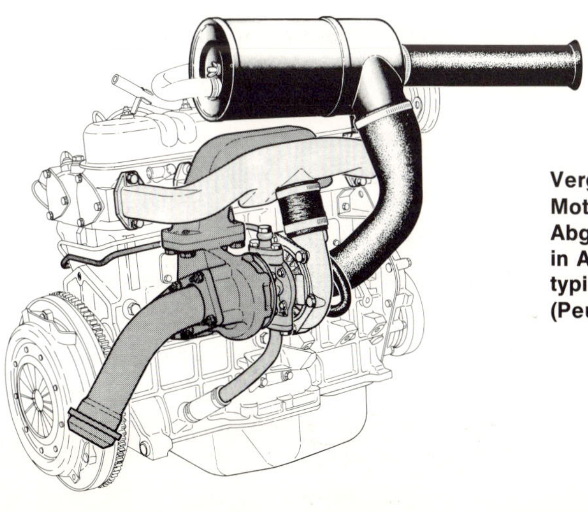

Verglichen mit dem gesamten Motor-Bauvolumen nimmt ein Abgasturbolader nur wenig Platz in Anspruch. Das Bild, zeigt eine typische Anordnung (Peugeot Turbo-Diesel).

Diesel die hohe Verdichtung beibehalten werden. Ungeschmälerte Leistung im Teillastbereich und ein noch günstigerer Verbrauch sind die Folgen.
Noch zwei spezifische Eigenschaften erleichtern die Aufladung des Dieselmotors im Vergleich zum Ottomotor. Die Abgase des Dieselmotors sind etwa 250° C kühler als die eines Benzinmotors und liegen bei einem Wert von etwa 750° C, was auf der Turbinenseite die Verwendung preiswerterer Materialien gestattet.
Der zweite Vorzug liegt in der Regelung. Für beide aufgeladenen Motorvarianten ist meist eine Regelung des Ladedrucks notwendig, um ein akzeptables Betriebsverhalten zu erreichen. Dabei wird im allgemeinen – auch aus thermodynamischen Gründen – die abgasseitige Regelung mit Bypass auf der Turbinenseite bevorzugt. Diese gestattet zudem die Verwendung einer relativ kleinen Turbine, die ein wesentlich günstigeres Ansprechverhalten aufweist (siehe auch Seite 114). Da der Dieselmotor keine Drosselklappe besitzt, ergeben sich auch auf der Laderseite keine Schwierigkeiten, wie sie beim plötzlichen Schließen der Drosselklappe infolge Stauwirkung auftreten können. Zusätzliche Kurzschlußventile sind daher nicht nötig.
Von diesen Vorzügen abgesehen, erfährt natürlich auch der Dieselmotor durch die Aufladung eine wesentliche Verbesserung seiner spezifischen Leistung und seines Leistungsgewichts. Da der Abgasturbolader wie alle hochdrehenden Turbomaschinen nur ein kleines Bauvolumen und geringes Gewicht beansprucht, liegen Leistungssteigerung und Gewichtszunahme des aufgeladenen Motors in einem äußerst günstigen Verhältnis zueinander. Generell läßt sich sagen, daß sich bei einem Mehrgewicht von nur etwa fünf Prozent eine Mehrleistung von – je nach Auslegung – 30 bis 50 Prozent erzielen läßt.

Vom Weltrekordmotor zum serienmäßigen Turbo-Diesel

Welche Möglichkeiten die Turboaufladung von Pkw-Dieselmotoren bietet, haben diverse Versuche mit Renn- und Rekordmotoren (siehe Seite 148) deutlich gezeigt. Doch blieb es wiederum Daimler-Benz überlassen, jene Pionierarbeit zu leisten, die vom Versuchsstadium in die Serie führt. Bis es allerdings dazu kam, erlebte der aufgeladene Dieselmotor eine Entwicklung, die ihm bislang niemand zugetraut hätte.

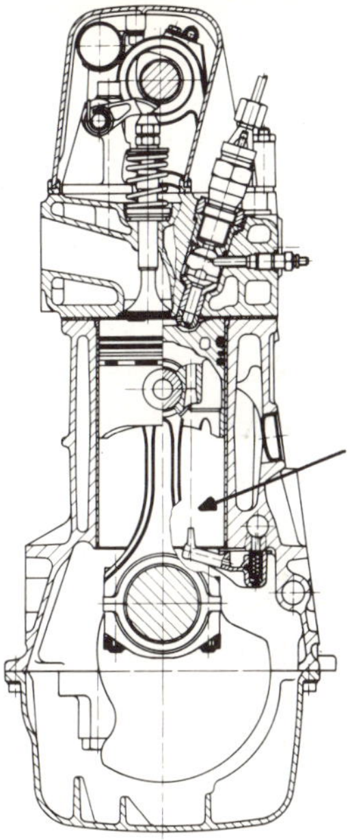

Der Querschnitt durch den aufgeladenen Mercedes-Motor (OM 617 A) zeigt deutlich die Lage der Spritzdüsen für die Ölkühlung der Kolben.

Vorläufiger Höhepunkt dieser Entwicklung der aufgeladenen Fahrzeug-Dieselmotoren ist zweifellos der Weltrekordmotor von Daimler-Benz. Aufbauend auf dem Fünfzylinder-Saugmotor mit rund drei Litern Hubraum und damals 59 kW (80 PS) erzielte Daimler-Benz in der ersten Version dieses Triebwerks (1976) durch Turboaufladung mit einem Ladedruck von rund 3 bar eine Höchstleistung von 140 kW (190 PS) bei an-

Das Bild zeigt den Motorraum des Mercedes C 111/II. Die Anordnung des Ladeluftkühlers (rechts vor dem Radkasten) ist gut zu erkennen.

nähernd gleicher Nenndrehzahl (4300 min^{-1}) wie beim unaufgeladenen Basismotor. Das maximale Drehmoment stieg von 170 Nm bei 2200 min^{-1} auf 350 Nm bei 3500 min^{-1}. Nur etwa zwei Jahre später wurden diese Werte nochmals erheblich verbessert. Im Weltrekord-Auto C 111/III (siehe auch Seite 161) leistete der Motor 170 kW (230 PS) bei leicht erhöhter Nenndrehzahl und einem Ladedruck von 3,4 bar. Das maximale Drehmoment lag bei 402 Nm und wurde erst mit 3600 Umdrehungen erreicht.

Um solche Spitzenwerte zu ermöglichen, war zwischen Verdichter und Motor ein Ladeluftkühler eingebaut. Denn durch die hohe Vorverdichtung der Luft mit mehr als 2 bar Überdruck steigt deren Temperatur auf rund 200° C an, was nicht nur Füllungsverluste, sondern auch erhöhte thermische Beanspruchung für das Triebwerk mit sich gebracht hätte. Mit dem Ladeluftkühler konnte beim Daimler-Benz Rekordmotor die vorverdichtete Luft um über 100° C abgekühlt werden. Dadurch ergibt sich nicht nur eine Steigerung des Luftgewichts bei niedrigeren Druckverhältnissen, auch die Triebwerksbelastung wurde durch die Absenkung des Druck- und Temperaturniveaus insgesamt geringer. Die Vorteile der Ladeluftkühlung können freilich für alle turbogeladenen Kolbenmotoren genutzt werden, es ist lediglich eine Frage des Aufwandes.

Der Weltrekordmotor von Daimler-Benz, der zuletzt die beachtliche spezifische Leistung von 56 kW (76 PS)/Liter erreichte, zeigte natürlich auch die Grenzen der Aufladung von Dieselmotoren. Aber auch wenn turbogeladene Dieselmotoren für den harten Alltagsbetrieb mit seinen ständig wechselnden Beanspruchungen ausgelegt werden sollen, ist es nicht allein damit getan, an einen vorhandenen Diesel-Saugmotor einen Abgasturbolader zu hängen. Kurbelgehäuse, Kurbelwelle und Lager müssen der erhöhten Belastung gewachsen sein. Spezielle Kolben mit größeren Kolbenbolzen und eine Kolbenkühlung mit Spritzöl sind meist unumgänglich, wenn der Motor hohen Anforderungen an Betriebssicherheit und Dauerfestigkeit genügen soll. Auch muß häufig der gesamte Ölkreislauf vergrößert werden, wobei wegen der höheren thermischen Belastung sowohl ein Ölkühler als auch ein größerer Wasserkühler oft nicht zu umgehen sind.

Alle diese Maßnahmen führen – vom Turbolader abgesehen – zu einer zusätzlichen Verteuerung des Gesamttriebwerks. So wird die Zukunft des turbogeladenen Pkw-Dieselmotors auch im wesentlichen eine Kostenfrage sein. Wenn noch schärfere Abgasgesetze und Verbrauchsvorschriften die Ottomotoren in der Leistung weiter reduzieren und im Preis erhöhen, hat aber der Turbo-Diesel, besonders für größere Fahrzeuge, gute Zukunftschancen.

Mercedes-Benz 300 SD – der erste Personenwagen mit Turbo-Diesel

Für viele Automobilhersteller scheinen schon derzeit genügend gute Gründe vorzuliegen, aufgeladene Dieselmotoren in ihr Programm aufzunehmen oder wenigstens vorsorglich zu entwickeln. Nach Daimler-Benz, wo man 1978 mit dem Mercedes 300 SD erstmals einen Turbo-Diesel in Serie produzierte, kam ein Jahr später Peugeot ebenfalls mit einem aufgeladenen Dieselaggregat im Peugeot 604 auf den Markt. Bei Audi, VW, BMW, Citroen, Volvo und Alfa Romeo sind weitere Turbo-Diesel serienreif entwickelt und inzwischen teilweise schon in Serie gegangen. An den Beispielen der ausgeführten und bekannten Motoren sollen die spezifischen Eigenschaften der turbogeladenen Dieselmotoren erläutert werden.
Die ersten Serien-Personenwagen mit aufgeladenem Dieselmotor wurden wie erwähnt Anfang 1978 bei Daimler-Benz produziert. Die Präsentation wurde 1977 auf der IAA (Internationale Automobil Ausstellung) in Frankfurt vorgenommen. Es handelte sich um den Mercedes-Benz 300 SD, also einen S-Klasse-Mercedes, wobei diese Ausführung zunächst nur für den US-Markt mit seinen scharfen Verbrauchbestimmungen vorgesehen war. Das Entwicklungsziel des Motors für den 300 SD definierten die Daimler-Benz-Techniker wie folgt: »Ziel der Entwicklung des aufgeladenen Fünfzylinders war eine Steigerung der Leistung bei Erhaltung beziehungsweise Ausbau der Vorteile des Saugmotors hin-

Harmonisch und raumsparend ist der Abgasturbolader auf der Auslaßseite des Mercedes Dreiliter-Motors angeordnet.

Im Diagramm ist der Leistungs- und Drehmomentzuwachs durch Aufladung gut zu erkennen. Der Merdedes Dreiliter-Saugmotor (OM 617) leistet 88 PS (65 kW), der gleich große Turbodiesel 125 PS (92 kW).

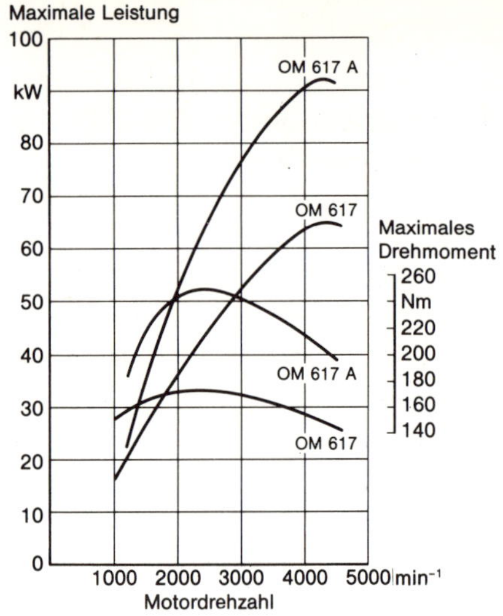

sichtlich spezifischem Kraftstoffverbrauch, Abgasemission und Lebensdauer mit nur geringem Anwachsen von Bauvolumen (vor allem Baulänge) und Gewicht.«
Das gesteckte Ziel konnte in allen Punkten erreicht werden. Insbesondere bei Betrachtung der Werte von Leistung, Drehmoment und Gewicht wird deutlich, welche entscheidende Fortschritte der Turbomotor gegenüber der unaufgeladenen Ausführung darstellt. So konnte bei einem Mehrgewicht von nur 15 kg (229 gegenüber 244 kg) die Leistung von 80 auf 115 PS, also um 43 Prozent gesteigert werden. Das maximale Drehmoment der intern OM 617 A bezeichneten Maschine wuchs gar um 46 Prozent, das heißt von 172 Nm auf 235 Nm.

Die Ladedruckregelung – Verschiedene Methoden zur Begrenzung des Ladedrucks

Daß auch ein elastischer Drehmomentverlauf und ein befriedigendes Ansprechverhalten des Turbomotors beim instationären Betrieb erreicht wurde, ist zum großen Teil das Verdienst der in den letzten Jahren erzielten Fortschritte in der Turbolader-Technik. Hierzu zählt in erster Linie die turbinenseitige Bypassregelung durch ein sogenanntes Waste-gate, das im Falle des von Daimler-Benz benutzten Garrett-Turboladers im Turbinengehäuse integriert ist.
Da das Problem des Ansprechverhaltens grundsätzlich bei allen Turbo-

motoren besteht, soll hier etwas näher darauf eingegangen werden. Ein wesentliches Handicap der turbogeladenen Motoren besteht nämlich darin, daß sie nur verzögert auf Bewegungen des Gaspedals reagieren. Dies gilt besonders für Lastwechsel (z.B. Vollgas nach dem Schiebebetrieb) bei niederen Drehzahlen. Da die Turbine im Schiebebetrieb nicht ausreichend mit Abgas durchströmt wird, fällt sie auf eine sehr geringe Drehzahl ab. Beim Gasgeben dauert es je nach Auslegung und Regelung des Turboladers eine entsprechende Zeit, bis die Turbine wieder auf Touren kommt und der Lader genügend Druck liefert. Dabei ist das Ansprechverhalten umso günstiger, je kleiner der Turbolader im Verhältnis zur Motorgröße ist.
Eine besondere Bedeutung hat in diesem Zusammenhang die Ladedruckregelung. Im Gegensatz zu Renn- oder Rekordmotoren, die vorwiegend im Vollastbereich betrieben werden, muß der Ladedruck bei Gebrauchsmotoren aus verschiedenen Gründen begrenzt und geregelt werden. Dabei unterscheidet man zwischen turbinenseitiger (abgasseitiger) und laderseitiger (luftseitiger) Regelung. Bei der Regelung auf der Laderseite wird der Ladedruck im aufgeladenen Einlaßtrakt begrenzt. Dabei öffnet sich beim Erreichen eines bestimmten Ladedrucks ein federbelastetes Ventil und läßt vorverdichtete Luft entweder in die Atmosphäre ab oder führt sie vor dem Lader wieder ins Ansaugsystem.
Die laderseitige Regelung hat freilich wesentliche Nachteile. Abgesehen davon, daß nur eine Regelung auf konstanten Ladedruck möglich ist,

Die Darstellung zeigt die abgasseitige Regelung des Ladedrucks durch ein Bypassventil. Im linken Bild ist der maximale Ladedruck noch nicht erreicht; das Ventil ist geschlossen, die gesamte Abgasmenge strömt durch die Turbine. Im rechten Bild hat der Ladedruck das Ventil über eine Membran geöffnet; es strömt nur so viel Abgas durch die Turbine, um den gewünschten Ladedruck aufrecht zu erhalten. Ein Teil der Abgasmenge strömt unter Umgehung der Turbine durch den Bypass ab.

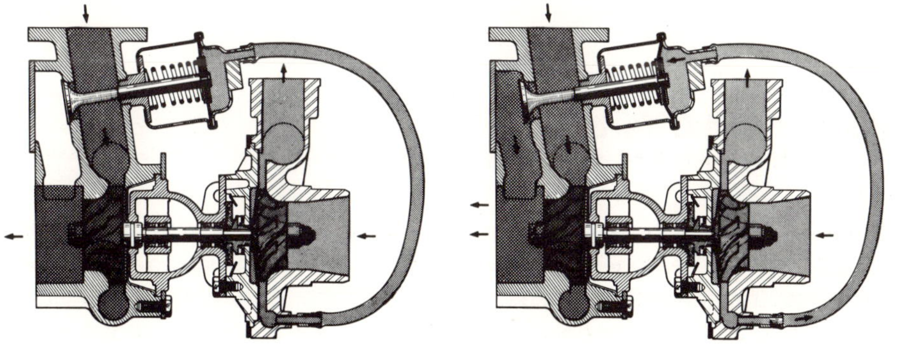

bedeutet das Abblasen von vorverdichteter Luft einen Energieverlust, der die thermodynamisch gewonnenen Vorteile der Turboaufladung teilweise wieder zunichte macht. Der für das Ansprechverhalten wesentliche Nachteil ist jedoch, daß die Turbine groß genug sein muß, um die gesamte Abgasmenge aufzunehmen. Dies bedeutet relativ große Turbolader-Einheiten, die auf Grund ihrer größeren Trägheit schlechter ansprechen und auch erst bei größerem Durchsatz und entsprechend höherer Drehzahl wirksam in Funktion treten.
Die turbinenseitige Regelung vermeidet diese Nachteile weitgehend. Dabei wird ein vor der Turbine sitzendes Abblaseventil (Bypassventil) meist durch den Ladedruck gesteuert. Ist der gewünschte Ladedruck erreicht, so öffnet sich das Bypassventil und läßt einen Teil der Abgasmenge unter Umgehung der Turbine direkt ins Auspuffsystem. Diese Anordnung hat den Vorzug, daß die Turbine nur auf einen Teil der Abgasmenge ausgelegt werden muß. Der gesamte Turbolader wird kleiner, spricht bei niederen Drehzahlen an und ist daher im dynamischen Verhalten wesentlich besser. So steht beispielsweise beim aufgeladenen Mercedes-Motor des 300 SD schon bei 2000 min^{-1} der volle Ladedruck von 1,75 bar zur Verfügung. Beim ungeregelt laufenden Rekordmotor wird der volle Ladedruck von 3,4 bar erst bei 4600 Umdrehungen erreicht.
Ein Kunststück besonderer Art brachte Mitsubishi fertig. Der 1980 vorgestellte Mitsubishi Galant Sigma mit Turbo-Dieselmotor hat einen speziellen Turbolader eigener Fertigung, der ohne zusätzliche Ladedruckregelung auskommt. Durch besondere Gestaltung des Verdichterrades mit stark rückwärts gekrümmten Schaufeln konnte sowohl ein gutes Ansprechverhalten als auch ein befriedigender Verlauf des Ladedrucks erreicht werden. Schon bei 2500 min^{-1} steht ein Ladedruck von 1,8 bar zur Verfügung, der über einen weiten Drehzahlbereich konstant gehalten wird. Mit steigender Motordrehzahl steigt er nur noch leicht an und erreicht bei 3500 min^{-1} sein Maximum von 2,0 bar.

Peugeot 604 D Turbo: Zurückhaltung bei der Leistungsausbeute

Nach Daimler-Benz stellte Peugeot 1979 als zweite Firma einen turbogeladenen Diesel-Personenwagen vor, den Peugeot 604 D Turbo. Auch hier wurde als Basismaschine ein bereits vorhandener Serienmotor, nämlich der unaufgeladene Vierzylinder-Dieselmotor XD 2 des Peugeot 504 D

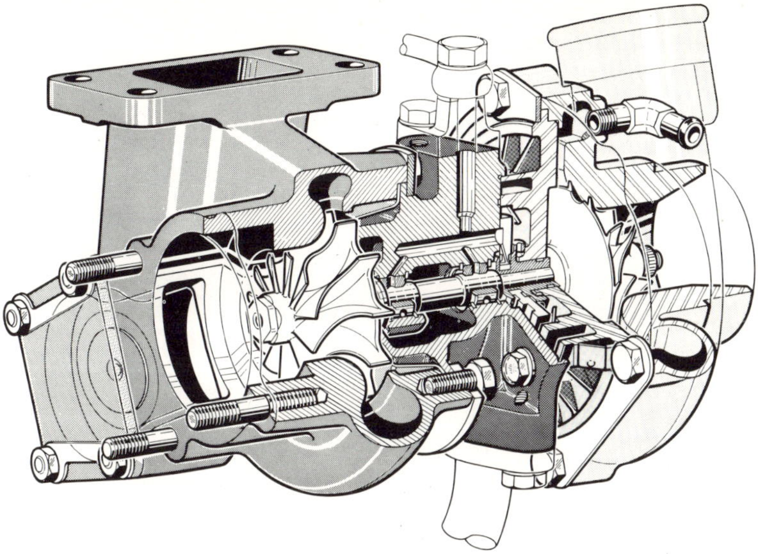

In dieser Durchsichts-Zeichnung ist der Aufbau eines modernen Abgasturboladers (Garrett) sichtbar gemacht. Links ist das Turbinengehäuse mit integriertem Bypassventil, rechts das Verdichtergehäuse. Im Mittelteil befindet sich die Lagerung und Schmierung der gemeinsamen Welle für Turbinenrad und Verdichterrad (Laufzeug).

verwendet. Ähnlich wie bei Daimler-Benz, wurde auch bei Peugeot die Maschine der erhöhten Belastung angepaßt. Sie erhielt eine verstärkte Kurbelwelle, und auch Kolben, Kolbenbolzen und die Pleuel wurden konstruktiv für die höhere Beanspruchung modifiziert.

Auch bei dem aufgeladenen Peugeot-Motor, der die Bezeichnung XD 2 S trägt, sorgt ein Turbolader der amerikanischen Firma Garrett für den Ladedruck, der sein Maximum von 1,6 bar ab 2000 Motor-Umdrehungen erreicht. Ein integriertes Bypassventil sorgt für die Ladedruckregelung. Eine Kühlung der Kolbenböden von innen durch gezieltes Spritzöl sorgt ähnlich wie beim Mercedes-Motor für einen gesunden Wärmehaushalt der hochbelasteten Triebwerksteile.

Der Peugeot Turbo-Diesel leistet 59 kW (80 PS) bei 4150 Umdrehungen, sein maximales Drehmoment von 184 Nm erreicht er schon bei 2000 min^{-1}. Die für einen Turbo-Diesel relativ geringe spezifische Leistung von 25,6 kW/Liter (34,7 PS/Liter) läßt auf eine betont vorsichtige Auslegung schließen. Zum Vergleich: Der zur Zeit im Mercedes-Kombi 300 TD Turbo angebotene Daimler-Diesel leistet 125 PS und erreicht damit eine Literleistung von 41,8 PS/Liter. Inzwischen hat Peugeot Leistung und Hubraum des Turbodiesel gesteigert. Als 2,5 Liter gibt er nun beachtliche 70 kW (95 PS) bei gleicher Nenndrehzahl ab.

Neuentwicklungen für Serie und Verbrauch

Im spezifischen Leistungsbereich des Daimler-Motors bewegt sich auch der Turbo-Diesel von Alfa Romeo, der seit Ende 1979 für die Alfetta angeboten wird. Über 59 kW (80 PS) nennt das Werk für den

Für die Alfetta hat Alfa Romeo in Zusammenarbeit mit der Firma V.M. einen Vierzylinder-Turbodiesel entwickelt, der 80 PS leistet.

Zweiliter Vierzylinder, der in Zusammenarbeit mit der Firma V.M. entwickelt wurde und die Typenbezeichnung HR 488 HT 2 trägt. Inzwischen auf 2,4 Liter vergrößert, leistet der Motor 68 kW (93 PS) bei 4200 min^{-1} und wesentlich erhöhtem Drehmoment (186 Nm/2400 min^{-1}).
Bei BMW hatte man traditionsgemäß ein Hochleistungstriebwerk im Visier, als man sich an die Entwicklung eines Personenwagen-Dieselmotors machte. So wurde von Anfang an eine Turbomaschine angestrebt, wobei man als Basismotor den kleinen Sechszylinder der Baureihe M 60 wählte. Durch eine Kurbelwelle mit größerem Hub wurde ein Hubraum von etwas über 2,4 Litern erreicht. Der als Wirbelkammer-Motor konzipierte BMW-Diesel wird von einem Turbolader mit maximal 1,6 bar aufgeladen. Der höchste Ladedruck stellt sich bereits bei einer Drehzahl von 2200 min^{-1} ein und wird wie üblich durch ein abgasseitig

Mit 115 PS (85 kW) ist der BMW-Turbodiesel fast schon als Hochleistungs-Aggregat zu bezeichnen. Die spezifische Leistung des 2,4 Liter großen Sechszylinders liegt nämlich bei 48 PS/Liter.

geschaltetes Bypassventil konstant gehalten. Der BMW Turbo-Diesel hat nicht nur einen ausgesprochen günstigen Drehmomentverlauf, sondern auch eine bisher im Serienbau unerreichte hohe spezifische Leistung. Beachtliche 85 Kilowatt (115 PS) gibt das Triebwerk bei 4800 min^{-1} ab und soll so BMW-Dieselfahrern zu standesgemäß schneller Fortbewegung verhelfen. Die Literleistung beträgt dabei rund 48 PS/Liter und liegt somit im Bereich besserer Otto-Motoren, die solches freilich ohne Aufladung vollbringen.

Auch bei Audi und VW gehören Dieselmotoren mit Aufladung zum Angebot. Zunächst war es der 1,5 Liter Vierzylinder des Golf, der durch einen Garrett-Turbolader eine beachtliche Leistungsspritze verpaßt bekam. Bei einem bypaßgesteuerten Ladedruck von 1,6 bar stellte sich die gegenüber dem Basistriebwerk beachtliche Mehrleistung von 14,4 kW (20 PS) ein, was einem Zuwachs von 40 Prozent entspricht. Die Nennleistung wurde bei 5000 Motorumdrehungen erreicht, das maximale Drehmoment von 125 Nm stand bei 3000 min^{-1} zur Verfügung.

Im Rahmen der Weiterentwicklung wuchs dieser Vierzylindermotor durch Verlängerung des Hubes von 80 auf 86,4 mm um rund 100 cm^3 und hat in seiner derzeitigen Version 1,6 Liter Hubraum. Die Nennleistung wurde annähernd beibehalten, das größere Hubvolumen diente in erster Linie einer Verbesserung des Drehmomentverlaufs (siehe Tabelle der Motordaten). Der aufgeladene Vierzylinder-Dieselmotor ist für den Einbau in den Audi 80, VW Golf, VW Jetta, VW Santana, VW Passat und den VW Transporter vorgesehen.

Für das nächstgrößere Audi-Modell ist ein aufgeladenes Fünfzylinder Diesel-Aggregat gedacht, das aus rund zwei Litern Hubraum dank Turbo-Aufladung 64 kW (87 PS) schöpft. Konstruktiv ähnelt dieser Motor in fast allen Einzelheiten dem Vierzylinder. Als Turbolader kommt

Für den VW Golf, den VW Passat und den Audi 80 hat das Volkswagenwerk einen Turbodiesel entwickelt. Der 1,6 Liter-Motor leistet bei einem Ladedruck von 1,7 bar 70 PS (51 kW) bei 4500 min^{-1}.

Für Rekordzwecke wurde dieser Audi Fünfzylinder-Diesel durch Aufladung auf 136 PS (100 kW) gebracht. Für die Serie sind ca. 90 PS (67 kW) vorgesehen.

wie auch bei der kleineren 1,6 Liter-Maschine ein Aggregat der deutschen Firma KKK (Kühnle, Kopp & Kausch) des Typs K24 zum Einsatz. Enge konstruktive Verwandtschaft zu den VW/Audi-Entwicklungen zeigt auch ein Turbo-Dieselmotor, den Volvo erstmals Anfang 1980 vorstellte. Dies ist auch kein Wunder, basiert doch der leistungsstarke Volvo-Turbodiesel auf jenem Sechszylinder-Aggregat, das die schwedischen Automobilbauer von dem VW-Konzern beziehen. Immerhin ist es beachtlich, welche Leistung die Volvo-Ingenieure dem in unaufgeladenem Zustand 82 PS starken Dieselmotor entlocken. Mit Turboaufladung auf maximal 2,8 bar und Ladeluftkühlung leistet der Sechszylinder erstaunliche 130 kW (177 PS) bei 5000 Umdrehung und erreicht damit eine spezifische Leistung von 54 kW (74 PS) pro Liter. Mittlerweile ist dieser Sechszlyinder-Turbodiesel im Volvo 760 GLE in Serie, allerdings mit reduzierten Leistungswerten: 81 kW (110 PS) leistet das Triebwerk und erreicht damit immer noch eine beachtliche spezifische Leistung von 33,9 kW/Liter bzw. 46,1 PS/L. Wesentlich ziviler geht es bei dem ersten japanischen Turbo-Diesel zu, den Mitsubishi 1979 vorstellte. Der in einen Mitsubishi Galant Sigma eingebaute Dieselmotor leistet bei einem Hubraum von 2346 cm 84 PS (62 kW) bei 4200 min^{-1}. Aufgeladen wird der Motor von einem eigenen Abgasturbolader (Marke: Mitsubishi) mit einem maximalen Ladedruck von 2,0 bar, der bei 3500 min^{-1} zur Verfügung steht. Das maximale Drehmoment des japanischen Turbo-

Diesel liegt bei 169 Newtonmeter und wird bei gleicher Drehzahl erreicht.
Doch Mistubishi ist bei weitem nicht mehr der einzige japanische Hersteller, der Turbodiesel anbietet. Toyota und Nissan haben gleichgezogen, und sogar der ausschließliche Kleinwagenhersteller Daihatsu bietet seinen dreizylindrigen Charade mit Turbodiesel an. In Europa ist eine ähnliche Entwicklung erfolgt. Kaum ein Hersteller von Rang verzichet auf den leistungsstarken und dennoch sparsamen aufgeladenen Diesel im Modellprogramm. Fiat folgte Alfa Romeo, Citroen und Renault folgten Peugeot mit eigenen Entwicklungen und als vorläufig letzter deutscher Hersteller hat Opel den Turbodiesel im Rekord herausgebracht (siehe auch Typologie).

Kenndaten aufgeladener Pkw-Dieselmotoren

Fahrzeug/Motortyp	Zylinderzahl Hubraum (cm^3)	Bohrung × Hub (mm)	Verdichtungsverhältnis	Verbrennungsverfahren [1])	Leistung (kW/min) (PS/min)	Spezifische Leistung (PS/Liter)	max. Drehmoment (Nm/min)	Turbolader Marke/Typ	max. Ladedruck (bar/min)	Ventil-Steuerung
Daimler Benz 300 TD Turbodiesel OM 617 A	5/2998	90,0×92,4	21,5:1	VK	92/4350 125/4350	41,6	250/2400	Garrett T3	1,7/2000	ohc
Peugeot 604 Turbo Diesel XD 2 S	4/2304	94×83	21:1	WK	59/4150 80/4150	34,7	184/2000	Garrett T3	1,6/2000	ohv
Alfa Romeo Alfetta V. M. HR 488 HT/2	4/1994	88×82	23:1	WK	62/4300 83/4300	41,6	170/2500	KKK K 24	1,9/2300	ohv
BMW M 105	6/2443	80×81	23:1	WK	85/4800 115/4800	47,0	210/2400	KKK/K 24 Garrett T3	1,8/2200	ohc
VW/Audi-Vierzylinder 068.1 M 355	4/1588	76,5×86,4	23:1	WK	51/4500 70/4500	44,0	130/2600	Garrett und KKK	1,7/3000	ohc
Audi-Fünfzylinder 0.69.1 M 355	5/1986	76,5×86,4	23:1	WK	64/4500 87/4500	45,3	172/2750	Garrett T3	1,7/3000	ohc
Mitsubishi 2300 TD A 167 AQT JL 6	4/2346	91,1:90	21:1	WK	62/4200 84/4200	35,8	173/3000	Mitsubishi	2,0/3500	ohc

[1]) VK = Vorkammer; WK Wirbelkammer

Der Dieselkraftstoff

Woher er kommt, wie er hergestellt wird und was ihn auszeichnet

Es gibt nur wenig, was in der nunmehr über achtzigjährigen Geschichte des Automobils nicht verändert, verbessert oder durch Neues ersetzt worden wäre. Kutschenähnliche Holzgestelle wurden zu stromlinienförmigen, komfortablen Leichtbaugehäusen, abenteuerliche Explosionsmotoren entwickelten sich zu wartungsarmen, elektronisch gesteuerten Hochleistungs-Aggregaten und wackelige Achsen und Räder wurden durch komplizierte Fahrwerkskonstruktionen ersetzt. Die grundlegenden Merkmale jedoch blieben, und das spricht für die Genialität der ursprünglichen Konzeption: der Verbrennungsmotor, die Fortbewegung auf vier Rädern und die dazu notwendige Energie in flüssiger Form.
Versuche mit festen Kraftstoffen wie Holz oder Kohle erwiesen sich als ebenso erfolglos, wie der Einsatz von gasförmigen Energieträgern, etwa Treibgas oder Stadtgas, oder elektrische Energie. Flüssige Brennstoffe bieten bei gleichem Volumen viel mehr Energie – eine Eigenschaft, die gerade für den Transport im Automobil von entscheidender Bedeutung ist. Während beispielsweise 500000 Kilokalorien in Form von Benzin in einem 68 Liter fassenden Behälter unterzubringen sind, benötigt beispielsweise Treibgas (Propan, Butan) verflüssigt einen drucksicheren 82 Liter-Tank.
Aber auch zwischen den für den Antrieb eines Autos geeigneten flüssigen Kraftstoffen gibt es Unterschiede. So ist die Energiedichte von Dieselöl noch einmal deutlich höher als beim Benzin. 500000 Kilokalorien benötigen hier nur ein Volumen von 59 Liter, ein Vorzug, der sich obendrein noch durch ein geringeres Gewicht des Tanks bezahlt macht. Kraftstoff und Tank zusammen müssen im Fall von Benzin mit 62 Kilogramm veranschlagt werden, bei Dieselöl dagegen nur mit 60 Kilogramm. Ein gefüllter Treibgastank gleichen Energieinhalts käme auf 99 Kilogramm und falls diese Energie elektrisch aus Batterien bezogen würde, müßten gar 14534 Kilogramm transportiert werden.

Das Ausgangsprodukt Rohöl

Flüssige Kraftstoffe, wie das Dieselöl, die für die Verbrennung in einem Fahrzeugmotor in Frage kommen, sind Mischungen aus verschiedenen Kohlenwasserstoff-Verbindungen, aus Kohlenstoff und Wasserstoff also, wie sie in konzentrierter Form im Rohöl aus der Erde sprudeln. Seine Entstehung verdankt der schwarze, schmierige Rohstoff Überresten von Organismen, Algen und im Wasser lebenden Kleintieren, deren Verwesung vor 600 Millionen Jahren durch den Abschluß von der Luft verhindert wurde. Bakterien verwandelten sie zunächst in Faulschlamm und unter dem Einfluß von Wärme und hohem Druck entstand daraus schließlich das begehrte Rohöl – Ausgangsprodukt für eine Vielzahl höchst unterschiedlicher Stoffe, deren besondere Qualitäten sich aus der Art der darin enthaltenen Kohlenwasserstoffverbindungen ergibt.
Die Voraussetzung für die Vielseitigkeit des Erdöls sind also die verschiedenen, neben stickstoff- und schwefelhaltigen Verbindungen vorkommenden Kohlenwasserstoffgruppen, deren Atome sich in Form von Ringen oder verschieden langen Ketten aneinanderreihen.
Die für den Diesel-Kraftstoff charakteristischen seien hier kurz beschrieben. Da gibt es beispielsweise die sogenannten *Paraffine,* offene Ketten von Kohlenstoff- und Wasserstoff-Atomen, die auch aliphatische oder gesättigte Kohlenwasserstoffe genannt werden. Sie sind der Hauptbestandteil von Benzin und Diesel-Kraftstoffen. Ein Beispiel dafür ist das Heptan mit der chemischen Bezeichnung C_7H_{16}:

Heptan C_7H_{16}:

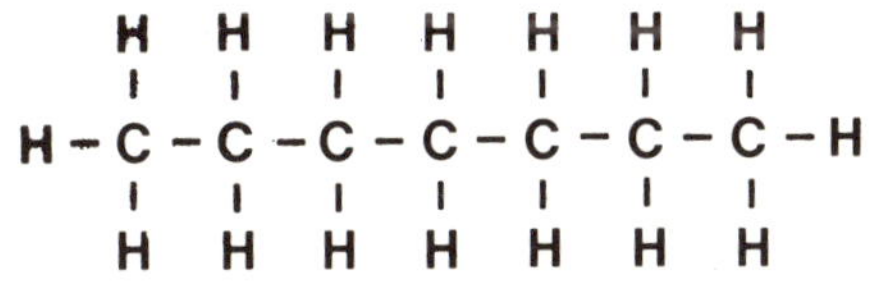

Hier handelt es sich also um einen gesättigten Kohlenwasserstoff mit der allgemeinen Formel C_nH_{2n+2}. Paraffine sind besonders im Dieselkraftstoff erwünscht, da sie sich durch gute Zündwilligkeit (hohe Cetanzahl) auszeichnen.

Naphtene, ebenfalls wichtige Bestandteile von Benzin und Dieselöl mit ringförmig angeordneten H- und C-Atomen, wie zum Beispiel Hexanaphten (C_6H_{12}):

Hexanaphten C_6H_{12}:

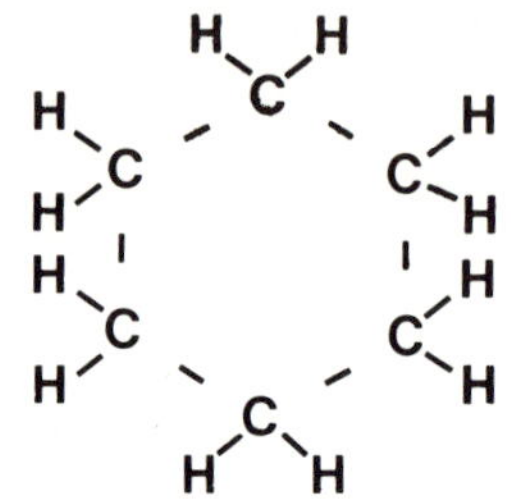

Grundsätzlich gibt es zwei Sorten von Naphtenen:
gesättigte (Zykloparaffine) mit der allgemeinen Formel C_nH_{2n} und ungesättigte (Zykloolefine) mit der Formel C_nH_{2n-2}.

Aromate, wie die Naphtene ringförmige Kohlenwasserstoffe mit der allgemeinen Formel: C_nH_n. Diese wasserstoffärmsten Kohlenwasserstoffe sind Bestandteil von Benzin, aber ungünstig für die Verbrennung im Dieselmotor. Beispiel: Benzol (C_6H_6)

Benzol C_6H_6:

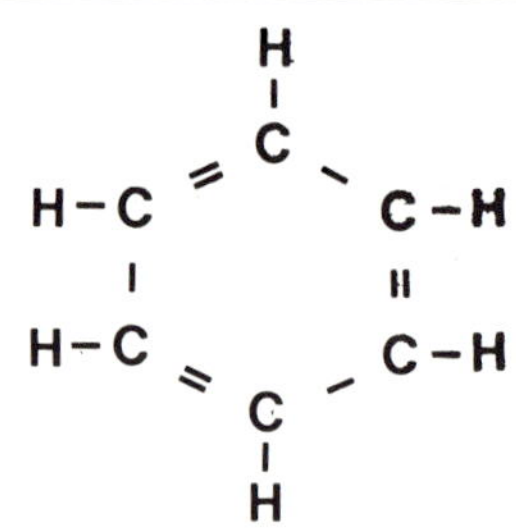

Olefine, geradkettige, ungesättigte Kohlenwasserstoff-Verbindung mit der allgemeinen Formel C_nH_{2n}, wobei nicht jedes C-Atom mit der maximal möglichen Zahl von H-Atomen verbunden ist. Zu den Olefinen gehört beispielsweise das Hexylen (C_6H_{12}):

Hexylen C_6H_{12}:

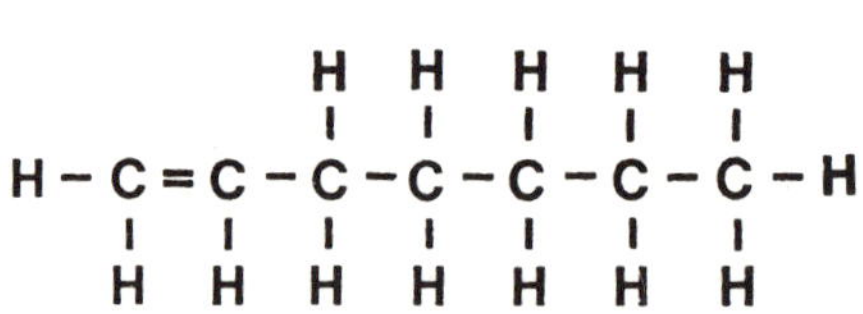

Stattdessen gibt es hier eine oder mehrere Doppelbindungen zwischen Kohlenstoff-Atomen. Olefine sind deshalb chemisch weniger beständig als alle anderen Kohlenwasserstoffe und bilden wichtige Ausgangsstoffe für verschiedene Umwandlungen. Sie können durch Anlagerung von Wasserstoff (Hydrierung) in Paraffine übergeführt werden.
Wegen der Reaktionsfreudigkeit dürfen Olefine im Kraftstoff nur in geringen Mengen vorhanden sein.
Zu den besonderen Merkmalen der verschiedenen Kohlenwasserstoff-Verbindungen zählen im übrigen ihre unterschiedlichen Siedepunkte, wobei die Produkte bei der zur Verarbeitung des Erdöls notwendigen Destillation mit steigender Siedetemperatur immer kohlenstoffärmer und wasserstoffreicher werden.

Die Herstellung von Dieselkraftstoff

Flüssige Kraftstoffe bestehen, das wurde bereits erwähnt, im wesentlichen aus Kohlewasserstoff-Verbindungen, wie sie in allen in der Natur vorkommenden organischen Substanzen enthalten sind. Was macht also das Erdöl als Rohstoff für Benzin oder Dieselöl begehrter als etwa Kohle oder pflanzliche Substanzen? Der wichtigste Grund ist der glückliche Umstand, daß darin eine Vielzahl von Kraftstoffen praktisch fertig enthalten sind und durch einfaches Abtrennen der gewünschten Kraftstoffanteile aus dem Gemisch von Kohlenwasserstoffen gewonnen werden können.
Die Abtrennung läßt sich dabei im Prinzip durch simples Erhitzen des Rohöls bewerkstelligen, wobei man sich die unterschiedlichen Siedepunkte der darin enthaltenen Kohlenwasserstoffe zu Nutze macht. Der als Destillation bezeichnete physikalische Vorgang zerlegt das Erdöl nach Siedegrenzen und spezifischem Gewicht. Das beginnt mit den spezifisch leichtesten und zuerst siedenden Benzinen und es folgen mit steigender Temperatur die sogenannten Leichtöle, dann die als Dieselkraftstoff geeigneten Gas- und Heizöle, die leichten Schmieröle (Spindelöle) und schließlich die bereits sehr zähen, stark paraffinhaltigen schweren Schmieröle.
Diese nun zunächst als Dampf vorliegenden sogenannten Fraktionen des Erdöls kondensieren und können dann in flüssiger Form abgeführt werden. Industriell geschieht das in zweistufigen Destillationsanlagen.

Um die Leistungsfähigkeit dieser Anlagen zu erhöhen und die anfallenden Destillate exakt zu trennen, wird dabei freilich nicht wie beschrieben fraktioniert destilliert, sondern zunächst das Rohöl soweit als möglich verdampft. In etwa 25 Meter hohen Fraktioniertürmen mit mehreren übereinanderliegenden Kammern kondensieren dann die verdampften Rohölanteile nacheinander, wobei die am leichtesten flüchtigen Benzindämpfe bis zum oberen Ende des Turmes gelangen. Seitliche, in bestimmten Höhen am Turm untergebrachte Rohrleitungen führen die verschiedenen Ölfraktionen ab. Bis zu 90 Prozent des Rohöls lassen sich so zu Destillaten verarbeiten. Was übrig bleibt sind schwere Rückstandsöle, Asphalt und Koks.

Dem mit wachsender Verbreitung des Autos enorm ansteigenden Kraftstoff-Bedarf konnte dieses Verfahren freilich nicht gerecht werden. Denn was sich am Schluß für die Verwendung im Auto eignete, war nur ein

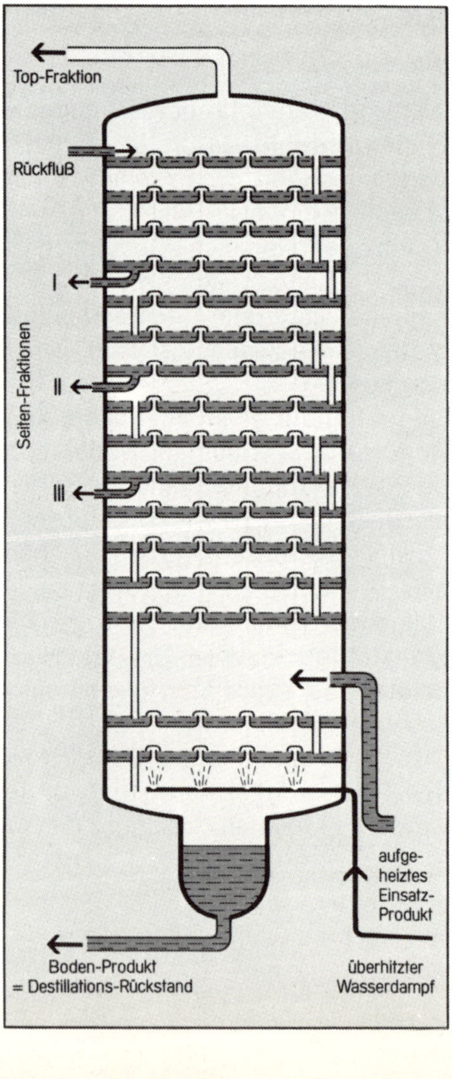

In Fraktionier-Türmen verdampft das Rohöl, wobei die Fraktionen je nach Siedepunkt seitlich abgeführt werden.

Verarbeitungsschema

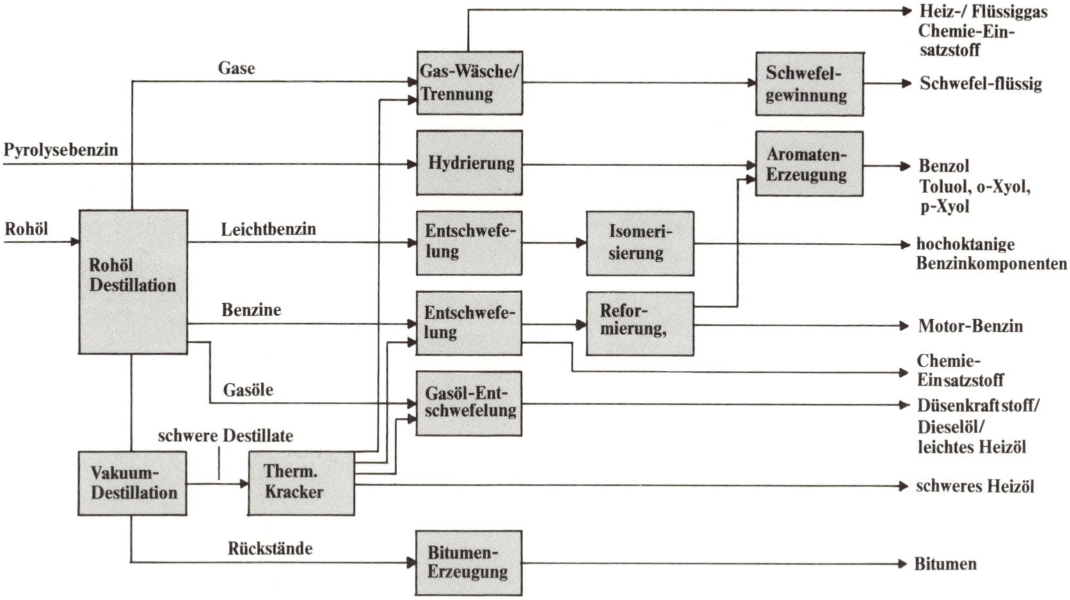

Durch Destillation, Krack-Prozesse und umfangreiche Nachbehandlungen werden aus dem Rohöl nutzbare Kohlenwasserstoff-Verbindungen gewonnen.

Bruchteil des verarbeiteten Rohstoffs. Andererseits erhält man weniger begehrte Nebenprodukte, die sich in der anfallenden Menge nur schwer verarbeiten lassen. Abhilfe schaffen verschiedene Spalt- oder Krackverfahren, mit denen sich auch die schwerer verwertbaren, hochsiedenden Ölbestandteile noch in leichte benzinähnliche Kraftstoffe umwandeln lassen.

Was dabei geschieht, ist nichts anderes als ein Kracken (Zerlegen) der großen Moleküle der hochsiedenden Kohlenwasserstoffe in kleinere, niedrigsiedende Moleküle. Die Spaltung beginnt bei Temperaturen zwischen 400° C und 500° C, wobei der Verlauf und das Resultat von der Prozeßdauer, dem Druck und den verwendeten Katalysatoren abhängt, mit denen die Qualität der Endprodukte beeinfluß werden kann. Die Benzinausbeute kann so bis auf etwa 70 Prozent gesteigert werden. Gleichzeitig fallen dabei aber auch in geringeren Mengen das ebenfalls als Dieselkraftstoff geeignete Heizöl und wasserstoffarmer Petrolkoks an. Insgesamt werden damit heute in Deutschland etwa 47 Prozent, also knapp die Hälfte des Rohöls, in Dieselöl oder leichtes Heizöl verarbeitet.

Für Dieselkritiker, die bei steigendem Diesel-Bedarf eine Überproduktion von Benzin befürchten, muß jedoch betont werden, daß der Krackprozeß nichts anderes als eine Nachbehandlung ist. Zwischen der Die-

selöl-Produktion durch Destillation und der im Crack-Verfahren hergestellten Benzin-Menge besteht deshalb kein unmittelbarer Zusammenhang.
Daß die automobile Welt nicht still stehen muß, sollte das zur Zeit noch reichlich fließende Erdöl einmal knapp werden, zeigt ein Blick auf die zahlreichen Alternativen. Da gibt es zum Beispiel die Braunkohle, die sich durch Hydrierung leicht zu gutem Diesel-Kraftstoff verarbeiten läßt, und auch aus Steinkohle lassen sich über eine Erhöhung des Wasserstoffgehalts brauchbare Dieselöle gewinnen. Ein außerordentlich hochwertiger Dieseltreibstoff, das sogenannte Kogasin II, läßt sich im übrigen auch auf synthetischem Weg herstellen, durch Mischung ausschließlich paraffinischer Kohlenwasserstoffe. Gemischt mit dem in riesigen Mengen verfügbaren *Steinkohleteeröl* könnte es durchaus an Bedeutung gewinnen. Aber es gibt noch andere Alternativen: Dieselöl aus Ölschiefer-Gestein zum Beispiel, oder die Verwendung von Pflanzenölen. So eignet sich selbst Erdnußöl oder Palmöl durchaus zum Antrieb von Dieselmotoren, wobei freilich eine starke Verschmutzung des Motors in Kauf genommen werden muß.

Die besonderen Eigenschaften von Dieselöl

Daß es sich beim Dieselöl um einen gänzlich anders gearteten Kraftstoff handelt, bemerken benzingewohnte Diesel-Neulinge bereits, wenn sie zum ersten Mal die Zapfpistole an einer Dieseltankstelle in die Hand nehmen. Dieselöl ist nicht nur viel schmieriger als Benzin, es verströmt auch einen recht penetranten Geruch, der unbedachten Diesel-Benutzern obendrein noch hartnäckig anhaftet. Anders als beim leichtflüchtigen Benzin hat er es hier mit einem Kraftstoff zu tun, der bei normalen Temperaturen nur schwer verdunstet, physikalisch ausgedrückt also über einen viel niedrigeren Dampfdruck verfügt.
Für den Diesel-Fahrer bringen diese Eigenschaften freilich auch Vorteile mit sich. So kann er sicher sein, daß die getankte Menge auch diejenige ist, die er zum Antrieb seines Motors verbrauchen kann, denn er braucht keine Verdunstungsverluste zu befürchten. Er muß auch nicht zu befürchten, daß im Sommer Dampfblasen im Kraftstoffsystem den Motor verhungern lassen. Darüber hinaus kann er sich auch sicherer fühlen, denn feuergefährliche Kraftstoff-Dämpfe im Tank gibt es nicht – ein

Der Dieselkraftstoff im Vergleich

Kraftstoffart	Dichte kg/l	Unterer Heizwert kJ/kg (kcal/kg)	Literheizwert kJ/l (kcal/l)	Oktanzahl ROZ	Citanzahl CaZ	Siedegrenzen ° C
Normalbenzin	0,715 – 0,755	46400 (10985)	35000 (8358)	91,5	18	30 – 215
Superbenzin	0,730 – 0,780	47600 (11367)	35000 (8358)	98,0	16	30 – 215
Dieselöl	0,815 – 0,855	42500 (10149)	35500 (8477)	10,0	47 – 53	160 – 380
Leichtes Heizöl	0,875 – 0,950	37970 (9067)	35500 (8477)	10,0	45 – 53	160 – 380
Äthanol	0,794	36400 (8692)	29300 (6997)	108,0	15	78
Methanol	0,796	19400 (4633)	15400 (3678)	108,0	16	64
Propan	0,508	46100 (1109)	23400 (5588)	112,0	12	–42
Butan	0,585	45500 (10865)	26600 (6352)	94,0	15	–1

Merkmal, das es zusammen mit dem viel höher liegenden Flammpunkt des Dieselöls Rauchern gestattet, selbst während des Tankens ihrem Laster zu fröhnen.

Mitunter können dieselölspezifische Eigenarten freilich auch Verdruß bereiten. Das gilt vor allem für den Winter-Betrieb, wenn beim Kaltstart ein etwas höherer Dampfdruck unter Umständen durchaus wünschenswert wäre. Während nämlich der in den Motor eingespritzte Kraftstoff bei betriebswarmem Motor sicher verdampft und zündet, wird die Zündwilligkeit bei kalter Ansaugluft und unterkühltem Motor unter Umständen ernsthaft beeinträchtigt. Abhilfe kann hier die Beimischung von geringen Mengen Benzin schaffen.

Das hilft auch gegen ein weiteres Unbill, das Dieselfahrern bei kalter Witterung droht. Diesel-Kraftstoffe können nämlich bei tiefen Außentemperaturen so zähflüssig werden, daß eine Verstopfung des Kraftstoff-Filters die Folge ist. Kennzeichnend ist hier die nach der DIN-Norm 51772 gemessene Filtrierbarkeit von Dieselkraftstoffen, die, das besagt eine weitere DIN-Norm (51601), im Sommer bei 0° C und im Winter bis –12° C gewährleistet sein muß. Weitere, für die Beurteilung der Wintertauglichkeit eines Dieselkraftstoffs charakteristische Werte, sind der Beginn der Paraffin-Ausscheidung (BPA-Punkt, DIN 51772), der Rückschlüsse auf das Fließverhalten bei tiefen Temperaturen zuläßt, der Trübungspunkt (DIN 51583) und der Stockpunkt, das ist jene Temperatur, bei welcher der

Kraftstoff gerade aufhört zu fließen. Er liegt bei guten Diesel-Kraftstoffen zwischen –20° C und –30° C.
Dieselöl ist jedoch nicht nur zäher und schwerer als Benzin, es verfügt wie bereits erwähnt wurde, auch über einen höheren Heizwert. Während Benzin-Tanker mit jedem Liter Benzin 7700 Kilokalorien Energie erhalten, tankt der Dieselfahrer immerhin pro Liter 1000 bis 1200 Kilokalorien mehr und das vielerorts sogar noch für weniger Geld. Würde Kraftstoff nach Gewicht und nicht nach Volumen verkauft, wäre der Unterschied indessen geringer, denn pro Kilogramm bietet das spezifisch schwere Dieselöl etwa den gleichen Heizwert (Energiegehalt) wie Benzin.

Die Cetanzahl und was sie bedeutet

Das wichtigste Kriterium für die Tauglichkeit eines Kraftstoffs ist seine Bereitschaft, sich von selbst zu entzünden, die Zündwilligkeit also. Denn was beim benzingetriebenen Ottomotor vermieden werden soll, nämlich eine Selbstzündung des Kraftstoff-Luft-Gemischs im Brennraum, ist beim Diesel Voraussetzung für sein Funktionieren. Während also Benzin möglichst klopffest sein sollte, kommt es beim Diesel-Kraftstoff genau auf das Gegenteil an: Sie müssen sich durch ausgeprägte Zündwilligkeit und geringen Zündverzug, jenem Zeitraum zwischen dem Einspritzen des Kraftstoffs und seiner Entflammung, auszeichnen.

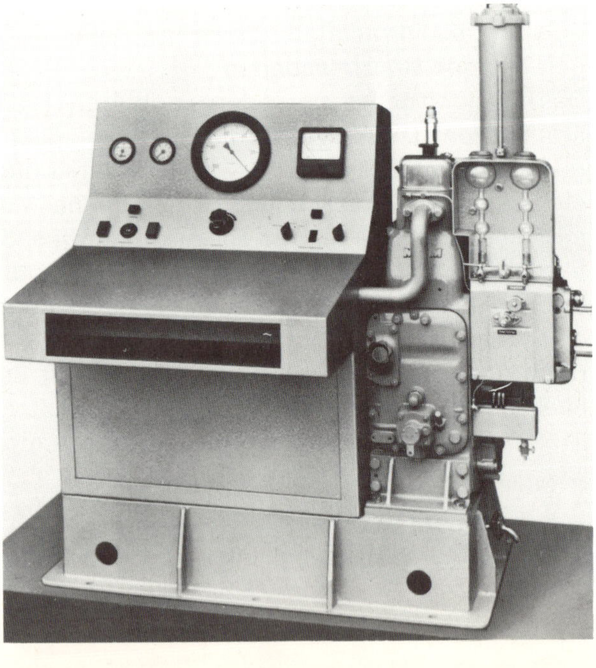

BASF-Prüfmotor zur Cetanzahl-Bestimmung.

Wie zündwillig ein Kraftstoff ist hängt dabei vorwiegend von der Größe und Bindung seiner Moleküle ab. So entzünden sich von den unterschiedlichen im Dieselöl enthaltenen Kohlenwasserstoffe die Paraffine am leichtesten, während die wasserstoffarmen, ringförmigen Aromate relativ zündunwillig sind.
Als allgemein gültige Kenngröße für die Zündwilligkeit dient heute die Cetan-Zahl (CaZ), ein Gegenstück zur Benzine kennzeichnenden Oktan-Zahl. Je höher die Cetan-Zahl, desto zündwilliger ist der Kraftstoff. Die Bezeichnung leitet sich hier wie bei der Oktan-Zahl aus dem Prüfverfahren ab, wobei der zu prüfende Kraftstoff mit einer Mischung aus dem sehr zündwilligen Cetan ($C_{16}H_{34}$) und dem zündträgen α-Methylnaphthalin ($C_{11}H_{10}$) verglichen wird. Entspricht die Zündwilligkeit des Prüfstoffs reinem Cetan besitzt er die Cetan-Zahl 100, erreicht sie nur jene des α-Methylnaphthalin, bekommt er die Cetan-Zahl 0 zugeteilt.
Gemessen wird in Prüfmotoren unterschiedlicher Konstruktion, in denen mit mechanischen Druckgebern oder Quarz-Indikatoren der Zündverzug ermittelt wird. Die Genauigkeit des Meßverfahrens liegt bei etwa 1 CaZ, wobei die hier im Handel erhältlichen Diesel-Kraftstoffe auf Cetanzahlen von etwa 50 bis 55 kommen. Herkömmliches Benzin verfügt dagegen über eine Cetanzahl von weniger als 15.

Das Universalgenie

Welche extremen Bauformen mit dem Dieselprinzip möglich sind

Der Dieselmotor ist die universellste Antriebsmaschine der Welt. Außer im Personenwagen, wo er verglichen mit seinen übrigen Einsatzgebieten eher eine Nebenrolle spielt, laufen Dieselmotoren in Ackerschleppern, Panzern, Schiffen, Raupen, Kranfahrzeugen, Lastwagen, Lokomotiven und vielen anderen Fahrzeugen. Ja der Dieselmotor geht sogar in die Luft, wenn auch nicht mehr mit Passagierflugzeugen, so doch mit Modellmaschinen bemerkenswerter Leistung. Zusätzlich zu den mobilen Einsätzen hat der Diesel auch seinen festen Platz als stationäre Maschine, wo er nach wie vor in der Wirtschaftlichkeit unerreicht ist.
So kommt es, daß die Leistungs-Bandbreite von Dieselmotoren unerhört groß ist. Sie reicht, wenn man so will, vom winzigen Modellmotor mit 0,035 PS bis zum riesigen Schiffsdiesel, der bis zu 50000 PS (36775 kW) an die Schrauben weitergibt. Dementsprechend sind auch die Größen- und Gewichtsunterschiede. Ein über zwanzig Meter langer und rund drei Stockwerke hoher Sulzer-Schiffsdiesel, dessen zwölf Zylinder einen Gesamthubraum von mehr als 18 Millionen Kubikzentimeter aufweisen und rund 48000 PS leisten, wiegt etwa 1,6 Millionen Kilogramm. Demgegen-

Einer der meistgebauten Mini-Selbstzünder war der Taifun Hobby. Der 0,98 cm^3 große Zweitakter entwickelte 0,092 PS, seine Höchstdrehzahl betrug 11500 min^{-1}. Das mit einstellbarer Kompression ausgestattete Maschinchen wog nur 85 Gramm.

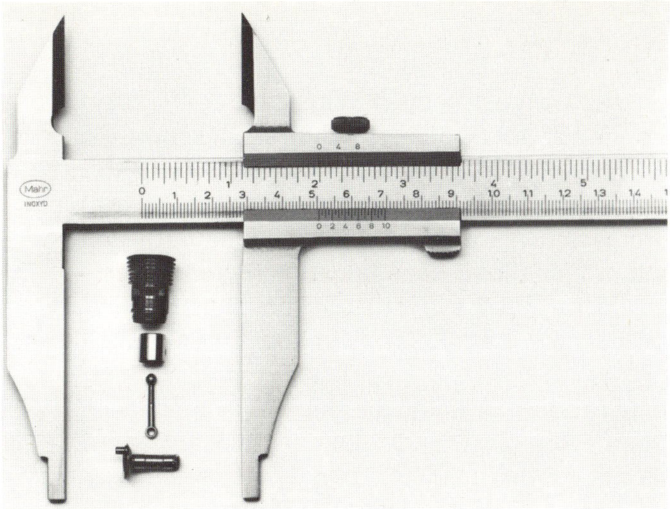

Der kleinste Selbstzünder von Cox leistet bei einem Hubraum von nur 0,33 cm^3 0,035 PS. Seine Triebwerksteile sind nur wenige Millimeter groß.

über weist der kleinste Winzling unter den Selbstzündern, der Cox PEE WEE-Modellmotor mit seinem Hubraum von 0,33 cm^3 nur wenige Millimeter (12×14×26 mm) große Abmessungen auf und wiegt nur 21 Gramm. Es lohnt sich also, die enorme Vielseitigkeit der Dieselmaschine an einigen Beispielen ein wenig unter die Lupe zu nehmen.

Die Motor-Miniaturen

In diesem Rahmen nehmen die Miniatur-Maschinchen, die zum Antrieb von Flugzeug-, Auto- oder Schiffsmodellen dienen, eine Sonderstellung ein. Denn die winzigen Triebwerke arbeiten zwar ohne Fremdzündung, sind jedoch in der Kraftstoffaufbereitung vom reinen Dieselprinzip entfernt. Die Winzlinge entzünden nämlich ein bereits vor dem Zylinder aufbereitetes Kraftstoff-Luftgemisch. Die Zündung erfolgt dabei grundsätzlich durch Glühkerzen (früher ohne Glühkerzen durch variable Verdichtung), deren Wolframwendel nur zum Startvorgang und während der kurzen Warmlaufphase elektrisch vorgeglüht wird. Danach behält die Wendel die zur Zündung notwendige Temperatur bei, und das Kleinaggregat dieselt selbsttätig vor sich hin.
Ebensowenig wie die Gemischaufbereitung ist der Treibstoff dieseltypisch. Als Energiespender nämlich wird Methanol benutzt, dem als Zündbeschleuniger üblicherweise fünf Prozent Nitromethan beigemixt werden. Diese Mixtur wird durch einen vergleichsweise simplen Vergaser zerstäubt und mit der Verbrennungsluft dem Motor zugeführt. Des-

sen ungeachtet verdienen die Zwerge unter den Selbstzündern Respekt und Beachtung. Allein die Vielfalt der Bauformen überrascht schon. So gibt es Modellmotoren vorwiegend als Zweitakter, aber auch Viertakter mit untenliegenden oder zwei obenliegenden Nockenwellen werden gebaut. Sogar Mehrzylindermaschinen – vorzugsweise Boxerbauart – und Wankelmotoren werden den Modellbau-Fans angeboten, von den Eigenkonstruktionen ganz zu schweigen. Die im Modellbau übliche Hubraumskala reicht dabei von 0,3 vm^3 bis 10 cm^3, geht aber im Extremfall auch darüber hinaus.
Von der Konstruktionsvielfalt abgesehen, sind die kleinen Heuler auch in ihrer Leistungsfähigkeit bemerkenswert. So leistet der kleinste Serienmotor aus 0,33 Kubikzentimeter zwar nur 0,035 PS, doch entspricht dies einer spezifischen Leistung von 106 PS pro Liter. Die Drehzahl, bei der dieses Kleinkaliber von Cox seine Leistung abgibt, ist entsprechend hoch: Sie liegt bei 17500 Umdrehungen. Ähnlich hoch ist auch das Drehzahlniveau der größeren Modellmotörchen.
In einem weiteren Punkt sind die kleinen Selbstzünder bemerkenswert, in ihrem Leistungsgewicht nämlich. Die zehn Kubikzentimeter große Maschine der japanischen Firma OS (Typ MAX 60 R SR) wiegt zum Beispiel 514 Gramm und leistet laut Prospekt 2,5 PS (1,84 kW). Das entsprechende Leistungsgewicht liegt damit bei 0,206 kg/PS und übertrifft derzeitige Formel 1-Triebwerke. Bei so hohen Literleistungen und astronomischen Drehzahlen, die bei Bedarf für Rennzwecke bis weit über 25000 Umdrehungen pro Minute gesteigert werden, ist klar, daß die Miniaturmotoren recht wenig an einen Dieselmotor erinnern. Dies gilt besonders auch für den dieseltypischen Nagelton, der den hochtourigen Glühkerzenbrennern absolut fremd ist.
Wesentlich typischer klingt es da schon, wenn eine Maschine des deutschen Kleindiesel-Spezialisten Farymann gestartet wird. Dies ist auch

Der OS-Max-Motor, ein Viertakter mit einem Hubraum von immerhin 10 cm^3 hat ein Leistungsgewicht, das unter dem moderner Formel 1-Motoren liegt.

Die kleinsten echten Dieselmotoren der Welt baut die deutsche Firma Farymann. Die kleinen Aluminium-Aggregate sind sehr leicht und werden vorwiegend als Industriemaschinen verwendet. Aber auch in Booten und sogar in Kleinmotorrädern sind sie zu finden.

kein Wunder, handelt es sich doch bei den Farymann-Konstruktionen um astreine Dieselmotoren, die nach dem Viertaktverfahren arbeiten und üblichen Dieselkraftstoff, direkt eingespritzt durch ein Bosch-Einspritzsystem, verbrennen. Den Weltrekord im Kleindieselbau hält derzeit die Farymann-Maschine mit der Typenbezeichnung K 4. Das luftgekühlte Motörchen schöpft eine maximale Leistung von 4 PS (2,9 kW) aus nur 171 Kubikzentimeter Hubvolumen. Die bescheidene Literleistung von etwa 23 PS/Liter ist das Resultat der ebenso bescheidenen Nenndrehzahl, die bei nur 3600 min^{-1} liegt. Die Abmessungen des kleinsten echten Dieselmotors sind ebenfalls gering: Er paßt in eine Kiste, die über einen Innenraum von $40 \times 28 \times 27$ Zentimeter verfügt. Das Gewicht des kleinen Leichtmetallmotors liegt je nach Ausführung zwischen 24 und 32 kg.
Neben dem kleinsten Dieselmotor der Welt, dem K 4, baut Farymann noch eine ganze Reihe von Kleindieseln (K 5, K 6, K 10, L 14), die im Hubvolumen von 242 cm^3 bis 470 cm^3 reichen und eine Leistungsbandbreite von etwa 4 bis 10 PS abdecken. Die kleinen Motoren werden vorwiegend stationär als Industriemaschinen eingesetzt, finden aber auch oft in Booten Verwendung. Ihr geringes Gewicht und der geringe Kraftstoffverbrauch haben sogar einige Versuche provoziert, den Farymann-Kleindiesel in Fahrzeuge einzubauen. So tuckert außer in dem sparsamsten Auto der Welt (siehe Seite 165) auch in einem Kleinwagen namens Golfiv ein Farymann-Diesel. Und sogar ein Zweirad wird neuerdings von einem kleinen Farymann bewegt: Schnauferl-Enthusiast Fritz Hochhut baute sich um den Kleindiesel herum ein Kleinmotorrad und kommt damit auf

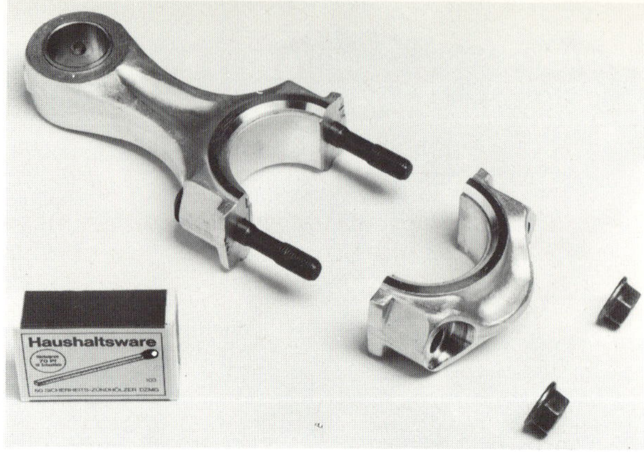

Leicht aber stabil: das Aluminium-Pleuel eines Farymann-Diesels.

konkurrenzlos niedrige Verbrauchswerte. Sie dürften sich allerdings angesichts der hohen Investitionen für den Dieselmotor kaum jemals amortisieren, so daß der Diesel im Zweirad weiterhin eine skurrile Rarität bleibt.

Neu ist freilich die Idee mit dem Diesel auf zwei Rädern nicht. Schon 1924 entstand das erste von einem Dieselaggregat getriebene Zweirad, blieb jedoch aus den erwähnten Gründen auf der Strecke. Eine weit höhere Verbreitung erfuhr dagegen der 1949 nach dem Zweiten Weltkrieg als billige Antriebsquelle gedachte Lohmann-Motor. Er war zum nachträglichen Einbau in ganz gewöhnliche Fahrräder bestimmt und wurde einfach unters Tretlager montiert. Der kleine, nur etwa 5 kg wiegende Selbstzünder entwickelte aus einem Hubraum von nur 18 cm^3 beachtliche 0,8 PS bei 6000 min^{-1}. Damit konnte ein normal gewachsener Mann auf einem Fahrrad aufrecht sitzend die erwähnenswerte Höchstgeschwindigkeit von 25 km/h erreichen, ohne zu treten, versteht sich.

Der Lohmann-Selbstzünder war als Fahrrad-Hilfsmotor konstruiert. Er schöpfte aus 18 cm^3 beachtliche 0,8 PS und verbrannte dabei ein Gemisch aus Petroleum und Öl.

Doch bis es so weit war, mußte enorm getreten werden, um den Lohmann überhaupt zum Laufen zu bewegen. Der hatte nämlich eine variable Verdichtung, die von 8,5:1 bis 125:1 reichte und durch einen Bowdenzug eingestellt wurde. Sie mußte je nach Motortemperatur, Belastung und Kraftstoff-Zusammensetzung richtig gewählt werden. Letzteres war nicht immer ganz einfach, und aufmerksame Beobachter jener Zeit werden sich daran erinnern, daß mancher Lohmann-Besitzer nach zwei vergeblichen Startrunden ums Quadrat die Reibrolle resignierend vom Hinterrad wegkuppelte und selbst den Antrieb mit Muskelkraft übernahm. Freilich war der Lohmann kein echter Diesel, sondern nur ein Selbstzünder, da der Kraftstoff – am besten lief er mit einem Gemisch aus Petroleum und Öl – außerhalb des Verbrennungsraumes mit der Luft gemischt wurde. Aber er zeigte in seiner Einfachheit einen Weg, der eine konsequentere Verfolgung verdient hätte. Dies auch auf Grund seiner Wirtschaftlichkeit, die sich nicht nur auf den Verbrauch bezog, sondern auch auf die Anschaffung: 1950 kostete ein einbaufertiger Lohmann-Motor mit allen Zutaten (Tank usw.) 129,– Mark.

Die Mammut-Maschinen

In völlig anderen Dimensionen denken jene Ingenieure, die sich den Großdieseln verschrieben haben. Es sind in Europa vier Unternehmen, die jene Monstermaschinen anfertigen, bei denen Geld und Gewicht offenbar keine Rolle spielen. Neben der M.A.N. in Deutschland produzieren z.B. die Firmen Sulzer in der Schweiz, Burmester & Wain in Dänemark und die Fiat-Tochter Grandi Motori Trieste (in Triest) Großmaschinen, die für den Vortrieb von Hochseeschiffen bestimmt sind. Die dabei erreichten gigantischen Dimensionen übersteigen bei weitem die Vorstellungskraft speziell des an kompakte Autotriebwerke gewöhnten Menschen.
In der Tat verblüffen die größten Hubkolbenmaschinen der Welt ihren Betrachter mit dem Format eines ansehnlichen Mehrfamilienhauses. Die Länge dieser eisernen Kolosse übersteigt nicht selten 20 Meter, ihre Höhe reicht auf mindestens zehn Meter und die Breite überschreitet leicht fünf Meter. So ist es auch kein Wunder, daß zu ihrer Wartung und Bedienung drei bis vier Etagen notwendig sind, auf denen lebende Menschen um die Giganten herumspazieren können. Die Abmessungen für

Links: Drei Stockwerke hoch ist diese M.A.N.-Schiffsmaschine. Der Achtzylinder Zweitakter entwickelt 32000 PS 106 min^{-1}. Sein Kolbenhub beträgt dabei stattliche 1800 Millimeter (1.80 m). Rechts: Eine Vorstellung davon, was in einem Großdiesel vorgeht, geben die Triebwerksteile (Kolben, Kreuzkopf, Pleuel und Kurbelwelle) dieses doppelt wirkenden M.A.N.-Schiffsdiesels. Dabei ist dieser Motor mit einem Hub von 950 mm noch einer der Kleinen.

Bohrung und Hub solcher Maschinen liegen ebenfalls weit außerhalb der Vorstellungskraft normaler Autobenutzer, die hier meist in Millimetern zu rechnen gewohnt sind. Bei den Schiffdieseln sind dagegen Bohrungen bis zu einem Meter keine Seltenheit und die Kolben müssen sich, da hier die Tendenz zum langen Hub geht, annähernd doppelt so weit auf

und ab bewegen. Den absoluten Weltrekord im Kolbenhub hält hier die Firma Burmester & Wain, deren größte Maschine mit einem Hub von exakt zwei Metern operiert. Nicht viel weniger sind es bei der Konkurrenz: Sulzer und M.A.N. lassen die Kolben bis zu 1,9 Meter hüpfen.
Angesichts solcher Werte ist auch ein Umdenken hinsichtlich des Hubraumes notwendig. Dabei ist es üblich, Hubraum und Leistung jeweils auf eine Zylindereinheit zu beziehen. Selbst eine solche Betrachtungsweise ergibt noch Zahlen, die einen normalen Autofahrer erschrecken. So besitzt ein einziger Zylinder des größten M.A.N.-Motors ein Hubvolumen von 1208115 cm^3. In ihrer größten Ausführung als Zwölfzylinder-Maschine addiert sich der Hubraum dann auf über 15 Millionen Kubikzentimeter. Nicht auszudenken, wenn man dafür Kraftfahrzeugsteuer bezahlen müßte.
Auch in ihrer Konstruktion und im Arbeitsverfahren unterscheiden sich die Großdiesel gründlich von ihren Geschwistern, die im Auto Dienst tun. Denn ausgerechnet die größten Hubkolbenmaschinen der Welt benutzen jenes Arbeitsverfahren, das üblicherweise in Mofas, Billig-Rasenmähern oder Modellmotoren zu finden ist: das Zweitaktprinzip. Die Schnittzeichnung eines Großdiesels läßt denn auch wenig Verwandtschaft mit normalen Automotoren erkennen, und auch mit den kleinen Zweitaktern üblicher Bauart haben die Mammut-Maschinen nichts gemein. Denn die großvolumigen Diesel benutzen das sogenannte Kreuzkopfsystem, das eher an die Machart von Dampfmaschinen erinnert. Kolben und Pleuel sind beim Kreuzkopfmotor nicht unmittelbar, sondern durch eine zusätzliche Stange miteinander verbunden. Die Verbindungsstange ist im unteren Bereich, wo sie mit dem Pleuel zusammentrifft, exakt durch sogenannte Gleitsteine geführt, im oberen Bereich, wo sie aus dem Zylinder austritt, durch Stopfbüchsen abgedichtet.
Die aufwendige Kreuzkopfbauweise hat denn auch zwei wichtige Vorzüge, die insbesondere für Schiffsmaschinen, die astronomische Laufzeiten erreichen, von Bedeutung sind. Die Stopfbüchsendichtung verhindert, daß Verbrennungsrückstände aus dem Zylinder ins Kurbelgehäuse geraten, und die Gleitsteinführung läßt den Kolben frei von Seitenkräften arbeiten. Beides verringert den Verschleiß erheblich.
Noch ein weiteres Detail unterscheidet die großen Zweitakt-Diesel von ihren kleinen Otto-Kollegen, wie sie im Motorrad oder Mofa zu finden sind. Zwar sind auch die Großmaschinen schlitzgesteuert und verzichten auf Ventile, doch erfolgt hier die Zufuhr von Frischluft oder wie es hier heißt Spülluft vorzugsweise durch Turbolader, während die sonst zur Füllung der kleinen Zweitakter herangezogene Pumpwirkung der Kolbenunterseite beim Großdiesel im wahrsten Sinne von untergeordneter

Bedeutung ist. Allerdings bleibt für den Ladungswechsel auch relativ viel Zeit. Großmaschinen der erwähnten Bauart drehen nämlich selten höher als 120 min^{-1}, eine Drehzahl, die man bei einiger Übung leicht mitzählen kann. Auch die riesigen Turbolader der Großmaschinen lassen ihr Laufzeug, verglichen mit ihren kleinen Geschwistern an Automotoren, recht gemächlich rotieren. Zwischen 6000 und 9000 Umdrehungen liegen hier die Drehzahlen, was an und für sich kein Wunder ist, denn das Laufzeug (Verdichter und Turbine) des größten Sulzer Turboladers wiegt beispielsweise rund 1,4 Tonnen – ebenso viel wie ein ganzer Porsche Turbo einschließlich Besatzung.

Überhaupt wird bei Großdieseln mit Gewicht nicht gegeizt, obwohl auch hier gewisse Grenzen einzuhalten sind. So bringen allein die Kurbelwellen je nach Ausführung zwischen 100 und 200 Tonnen auf die Waage. Kolben und Pleuel der größten Maschinen wiegen noch einmal jeweils etwa sieben Tonnen. Da die bewegten Teile eines Motors jedoch meist leichter sind als jene, die ihn tragen und zusammenhalten, dürfte es kaum überraschen, daß die größten Exemplare dieser Gattung einschließlich aller Hilfs- und Nebenaggregate bis zu 1700 Tonnen schwer sind.

Wo so viel geklotzt und so wenig gekleckert wird, muß auch das Ergebnis entsprechend sein. In der Tat sind die Leistungs- und Verbrauchswerte solcher Riesen-Diesel ebenso beachtlich wie ihre Lebensdauer. Pro Zylinder werden in den größten Einheiten 3500 bis 4000 PS (2600 bis 2950 kW) abgegeben. Dies ergibt bei entsprechender Kumulierung, die von Fünfzylindermaschinen bis zu Zwölfzylindermaschinen reicht, Mammut-Triebwerke mit Leistungen bis zu 48000 PS (35000 kW). Bei dieser Leistung muß auch genügend Drehmoment vorhanden sein, das bei einer solchen Maschine über 3 Millionen Newtonmeter betragen kann.

Wenn diese Daten auch wie Superlative klingen, spezifisch gesehen sind sie freilich äußerst bescheiden. Die Literleistung beträgt in diesem Fall nur etwa 2,6 PS/Liter, und nach dem Leistungsgewicht eines solchen Ungetüms fragt man besser nicht. Dennoch sind die Großdiesel ausgesprochen gute Futterverwerter. Sie benötigen pro PS und Arbeitsstunde unter Vollast nur etwa 150 Gramm Treibstoff, im Teillastbereich sogar noch weniger (Zum Vergleich: ein Autodiesel schluckt in der Vollast etwa 200 Gramm pro PS und Stunde). Mit solchen Werten sind die Großdiesel die ökonomischsten Wärmekraftmaschinen überhaupt und somit die würdigsten Vertreter der Idee Rudolf Diesels. Zu allem Überfluß stellen die Titanen unter den Verbrennungsmotoren noch nicht einmal an den Kraftstoff hohe Ansprüche, denn es sind ausgesprochene Allesfresser. Neben edleren Raffinaten werden sie vorwiegend mit Schweröl betrie-

Welch gigantische Dimensionen ein moderner Schiffsdiesel erreicht, zeigen die Montage-Bilder dieser Sulzer-Maschine: oben Kolbenmontage; Mitte Zylindermontage; unten Kurbelwellenmontage.

ben, so wie es aus dem Bohrturm läuft. Allerdings muß es zuvor auf etwa 100 Grad erwärmt werden, damit es überhaupt fließt.
Trotz des spezifisch geringen Verbrauchs sind die absoluten Kraftstoffmengen, die ein Großdiesel vertilgt, ebenso gigantisch wie das gesamte Aggregat. So putzen die größten Exemplare pro Stunde über sieben Tonnen Schweröl weg, und auch der stündliche Schmierölverbrauch würde einem Autofahrer den Angstschweiß auf die Stirn treiben. Er liegt etwa bei 24 Kilogramm.
Die Verbrauchsvorteile, die der Großdiesel gegenüber einer vergleichbaren Turbinenanlage bietet, wiegt gerade heute schwer, wo die Energie teuer geworden ist. Darum rüsten immer mehr Reeder ihre Schiffe mit Dieselmaschinen aus, trotz höherer Investitions- und Wartungskosten. Die Rechnung scheint jedenfalls aufzugehen. Denn abgesehen vom Verbrauch sind Großdiesel ausgesprochen zuverlässig und langlebige Partner. Während ein Automobilmotor nach 2000 bis maximal 4000 Betriebsstunden normalerweise die Waffen streckt (dies entspricht einer Laufzeit von 100000 bis 200000 Kilometern), ist ein Großdiesel nach dieser Zeit allenfalls eingelaufen. Seine Lebenserwartung ist etwa hundert mal so hoch wie die eines Automotors. Sie liegt bei etwa 200000 Betriebsstunden und ist in der Liste der Superlative dieser Mammut-Maschinen ein wichtiger Faktor. Noch höher liegt der Vervielfältigungsfaktor, wenn man den Preis der großen Einzelstücke zum Automotor in Beziehung setzt. Etwa 10 Millionen Mark kostet so ein gewaltiger Zwölfzylinder, also rund 2000 mal so viel wie ein Autodiesel.

Das Raritäten-Kabinett

Zu den wirklichen Raritäten in der langen Zeit der Dieselmotor-Entwicklung zählt jene Maschine, die 1932 bei der Firma Junkers Motoren GmbH im sächsischen Dessau gebaut wurde. Dieser Tatbestand ergibt sich schon auf Grund der Tatsache, daß der damals entwickelte Diesel als Flugmotor gedacht war. Aber auch die Konstruktion dieses Flug-Diesel macht ihn zur Besonderheit. Der Jumo 205, so war seine offizielle Bezeichnung, war nämlich als Zweitakt-Gegenkolbenmaschine konzipiert. So liefen in sechs stehenden, wassergekühlten Zylindern insgesamt zwölf Kolben gegeneinander. Ihre Hubbewegung wurde auf zwei Kurbelwellen übertragen, deren Drehmoment wiederum mittels Zahnräder

Eine Rarität besonderer Art ist der Jumo-Flugmotor. Der Zwölfzylinder arbeitete als Zweitakt-Gegenkolbenmaschine nach dem Dieselverfahren.

Dieser von M.A.N. entwickelte Elfzylinder-Dieselmotor war für Luftschiffe bestimmt. Das als doppelwirkender Zweitakter ausgelegte Aggregat entwickelte 1400 PS bis 900 min^{-1} und hatte mit 2 kg/PS ein besonders günstiges Leistungsgewicht.

auf eine gemeinsame Propellerwelle geleitet wurde. Der Junkers Zweitakt-Gegenkolben-Dieselmotor hatte eine direkte Strahleinspritzung, die Spülung der Zylinder wurde von einem einstufigen Schleudergebläse besorgt.
Die Ergebnisse, die der Jumo-Flugmotor zuwege brachte, konnten sich sehen lassen. Aus einem Hubraum von insgesamt 16,62 Liter wurde eine Dauerleistung von 450 PS bei 2000 min^{-1} geschöpft. Als Startleistung standen sogar kurzfristig 600 PS bei 2200 Umdrehungen pro Minute zur Verfügung. Dies war für die damalige Zeit eine beachtliche spezifische Leistung von 36 PS/Liter, zumal sie von einem Diesel produziert wurde. Da in der Luft jedes Kilo von Übel ist, war auch das Leistungsgewicht des Jumo beachtlich. Seine Konstrukteure hatten so mit dem Gewicht gegeizt, daß er den beachtlichen Wert von 0,87 kg/PS auf die Waage brachte. Damit war er zwar nicht so gut wie die nach dem Ottoverfahren arbeitende Konkurrenz, schlug diese aber im Kraftstoffverbrauch um Längen. Nur 170 Gramm pro PS und Stunde wurden bei Vollast verbrannt, was die Wirtschaftlichkeit des Fliegens bedeutend erhöhte.
Seine erste Flugerprobung absolvierte der Jumo 205 in einer Focke-Wulf-Maschine namens »Möwe« im August 1933. Obwohl der Junkers-Motor der erfolgreichste Flug-Diesel der Welt wurde konnte sich der Diesel in der Luft nicht durchsetzen. So erging es auch einer Spezialkonstruktion der M.A.N., die im Jahr 1935 für Luftschiffe fertiggestellt wurde. Bei dem M.A.N.-Motor handelte es sich um einen doppeltwirkenden Zweitakt-Diesel (Kolben-Ober- und Unterseite wurden vom Verbrennungsdruck beaufschlagt), der aus Gewichtsgründen als geschweißte Ganzstahlkonstruktion ausgeführt war. Die elf Zylinder des Luftschiffmotors waren in Reihen angeordnet und hatten einen Gesamthub von 93,5 Litern. Daraus wurde eine kurzfristige Höchstleistung von 2050 PS bei 1050 Umdrehungen geschöpft, als Dauerleistung standen 1400 PS bei 900 min^{-1} zur Verfügung. Das Leistungsgewicht des aufgeladenen Zweitakters betrug 2 kg/PS, was angesichts der Motorgröße einen beachtlichen Wert darstellte. Doch auch diesem Versuch, den Diesel in der Luft zu etablieren, war kein Erfolg beschieden. Im Gegensatz zum Junkers-Motor, der immerhin eingesetzt wurde, kann der M.A.N. Zeppelin-Motor nie vom Boden hoch. Dort steht er jetzt noch und ist im Werksmuseum der M.A.N. in Augsburg zu besichtigen.
Eine Rarität ganz besonderer Art stellt jene Entwicklung dar, die von Rolls-Royce in den sechziger Jahren vorgenommen wurde. Hier handelte es sich um einen Wankel-Diesel, der allerdings nicht für den Luftbetrieb vorgesehen war, sondern schlicht Landfahrzeuge, womöglich Automobile fortbewegen sollte.

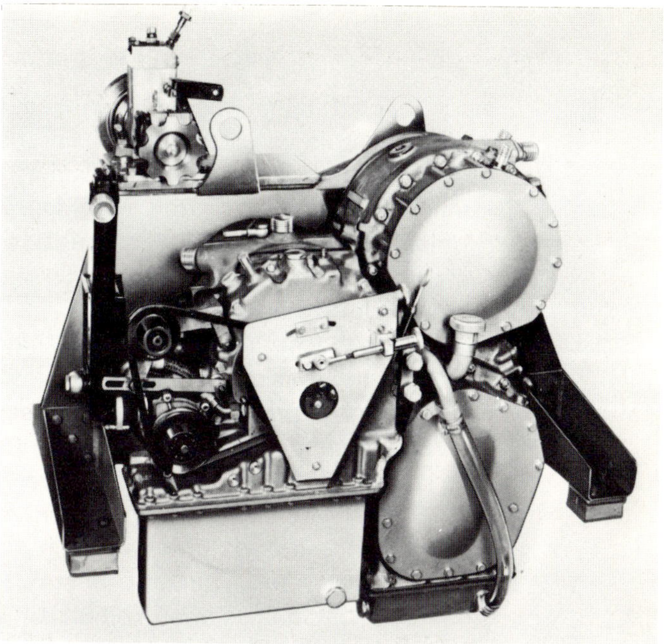

Der Wankel-Diesel von Rolls-Royce sollte nach dem Stufenprinzip mit zwei Läufern arbeiten (links). Das fertige Aggregat (rechts) baute sehr kompakt, konnte aber dennoch nicht mit konventionellen Hubkolben-Maschinen konkurrieren.

Auf dem Höhepunkt der Wankel-Euphorie erteilte eine britische Behörde Rolls Royce den Auftrag zu einer Studie über die Eignung des Wankelmotors mit dem Rotationskolben zum Dieselbetrieb. Die Entwicklung begann 1964 unter der Leitung des gebürtigen Österreichers und heutigen Rolls Royce-Entwicklungschefs Fritz Feller.
Dabei waren die Voraussetzungen zunächst keineswegs vielversprechend, denn das für den Benzinbetrieb konzipierte Wankel-Prinzip wies für einen Motor mit Selbstzündung einige gravierende Nachteile auf. Da

Wie wichtig der Brennraum gerade beim Dieselprinzip ist, erfuhren die Rolls-Royce-Techniker bei der Entwicklung ihres Wankel-Diesel. Im Bild eine Palette der erprobten Brennräume.

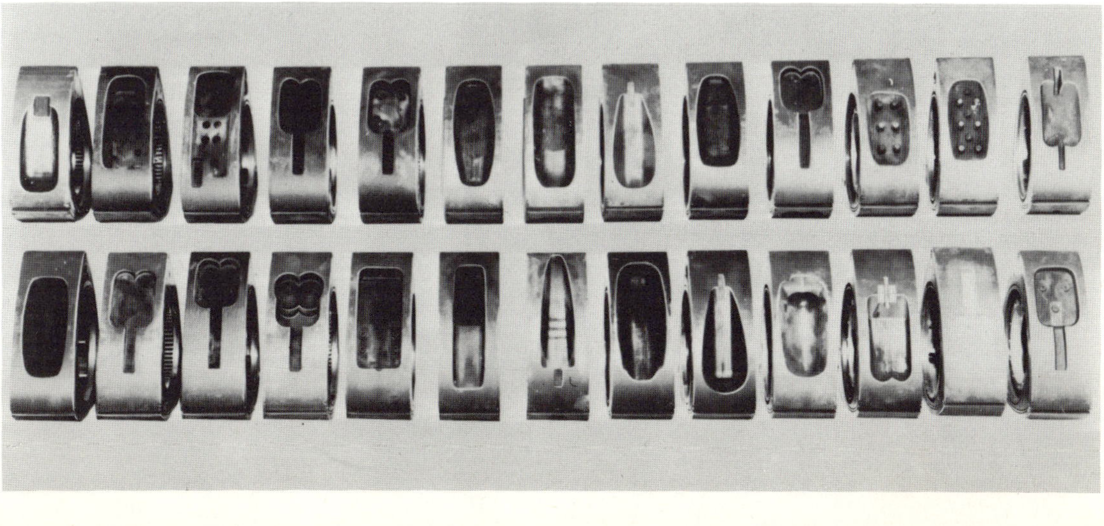

war zunächst einmal die Schwierigkeit, das notwendige hohe Verdichtungsverhältnis unterzubringen. Hinzu kam das für die Dieselverbrennung unerwünschte große Oberflächen-Volumen-Verhältnis des Brennraums im Zündtotpunkt und auch dessen langgestreckte, flache Form. Probleme versprach darüber hinaus das ungewöhnliche Gasdichtungssystem des Wankelmotors, das durch die höheren Drücke des Dieselverfahrens überfordert schien.
Die Lösung dieser Probleme führte schließlich zum Bau eines sogenannten Zweistufenmotors – eines Wankelmotors mit zwei Rotationskolben, wobei der größere Kolben mit dem kleineren über ein Getriebe so verbunden waren, daß beide mit gleicher Drehzahl und gleicher Drehrichtung laufen. Die Konstruktion sah dabei folgende Arbeitsteilung der beiden Kolben vor: Der große, sogenannte Niederdruckkolben saugt Frischluft an und verdichtet sie auf ein relativ niedriges Druckniveau vor, bevor sie über einen Einlaß-Überströmkanal der sogenannten Hochdruck-Stufe mit dem kleinen Kolben zur weiteren Verdichtung zugeführt wird. Nach der Einspritzung des Kraftstoffs im oberen Zündtotpunkt expandieren die Verbrennungsgase in der Hochdruck-Stufe und strömen schließlich über einen Auslaß-Überströmkanal in die Niederdruckstufe zurück, wo sie nach weiterer Expansion über einen Auslaßkanal ausgestoßen werden. Mit dieser Konstruktion gelang es immerhin, ein Verdichtungsverhältnis von 18:1 zu erreichen.
Damit war es freilich noch nicht getan, denn auch die Luftbewegung verläuft im Wankelmotor sehr unterschiedlich, nämlich kontinuierlich in Kolbendrehrichtung. Hinzu kommen die unterschiedlichen Verhältnisse bei der Einspritzung, denn während sich beim Hubkolbenmotor der Kolben bei der Einspritzung im oberen Totpunkt kaum bewegt, gibt es beim Wankelmotor keinen Stillstand des Kolbens. So erforderte die Anordnung der Einspritzdüse, die Verteilung des direkt in den Brennraum eingespritzten Kraftstoffs und die Ausbildung der Brennraummulde im Kolben zur günstigen Verwirbelung der Verbrennungsluft besonders intensive Forschungsarbeit.
Als Resultat konnten die Rolls Royce-Techniker dann Anfang 1970 einen Zweischeiben-Wankelmotor vorstellen, der damals durchaus eine Alternative zu konventionellen Diesel-Aggregaten darstellte. Es handelte sich um ein 350 PS (258 kW) starkes äußerst kompaktes Aggregat, das gegenüber einem vergleichbaren Sechszylinder-Zweitaktdieselmotor einen Raumgewinn von 50 Prozent bot und ihn in Verbindung mit seiner ausgezeichneten Laufruhe gerade für den Einsatz in schweren Nutzfahrzeugen und Panzern interessant machte. Sein Gewicht betrug 450 Kilogramm und das gesamte Kammervolumen des Motors 6500 cm^3. Auch im

Verbrauch konnte er es durchaus mit üblichen Diesel-Maschinen aufnehmen. Trotzdem wurde aber nach dem Auslaufen des Regierungsauftrags die Entwicklungsarbeit eingestellt, denn, das zeigte ein parallel in eigener Regie entwickeltes Zwölfzylinder-Aggregat, konventionelle Dieselmotoren boten trotz allem das größere Entwicklungspotential bei geringeren Entwicklungskosten.

Diesel-Rekordwagen und Rennwagen

Wie sich der Dieselmotor auf Rekord- und Rennpisten bewährte

Rennsiege und Rekorde wogen schon immer schwer, wenn es darum ging, die Leistungsfähigkeit einer Konstruktion zu beweisen. Obwohl gerade der Dieselmotor auf Grund seiner spezifischen Leistungsfähigkeit nicht gerade für solche Höchstleistungen prädestiniert erscheint, macht er in dieser Beziehung keine Ausnahme. Die Hersteller von Dieselmotoren und Dieselpersonenwagen hatten sehr wohl den Wert solcher Bestleistungen erkannt und ließen nichts unversucht, die Leistung des Diesels auch auf den Renn- und Rekordpisten unter Beweis zu stellen.
Den Anfang machte schon im Jahr 1929 der amerikanische Diesel-Pionier Clessie Cummins. Nachdem er einen seiner 1200 kg schweren Schiffsdiesel in einem Personenwagen erfolgreich eingesetzt hatte, schien ihm diese Maschine auch gut genug für Rekordfahrten zu sein. In einem Düsenberg-Fahrgestell ließen sich denn auch nach einigen Modifikationen am 7. Februar 1931 in Daytona Beach, Florida, erstaunliche 100,755 Meilen pro Stunde (ca. 160 km/h) erreichen, zweifellos eine Bestleistung für einen Diesel der damaligen Zeit.
Im selben Jahr ließ Cummins seinen ersten Diesel-Rennwagen in Indianapolis die fünfhundert Meilen ohne anzuhalten und zu tanken fahren. Das Resultat war ein respektabler 13. Platz für den Cummins-Diesel, der eine Durchschnittsgeschwindigkeit von 86,17 mph (138,64 km/h) erzielte und dabei nur 31 US-Gallonen (117,5 Liter) Dieselkraftstoff verbrauchte.
Drei Jahre später versuchte Cummins wieder sein Glück in Indianapolis. Diesmal gingen zwei Diesel-Rennwagen an den Start, einer davon mit einer völlig neuentwickelten Zweitaktmaschine. Doch das Unternehmen lief schlecht. Die beiden Cummins-Diesel waren die langsamsten in der Qualifikation, im Rennen selbst fiel ein Wagen aus, der zweite beendete den Lauf an 12. Stelle nach zahlreichen Boxenstops. So war auch die Durchschnittsgeschwindigkeit nicht viel höher als beim ersten Indy-Versuch: Sie betrug nur 88,56 mph (142,5 km/h). Ein Jahr später kam dieses

Einer der ersten, der mit einem Diesel Rekorde fuhr, war der Engländer George E.F. Eyston. Der »Flying Spray« getaufte Rekordwagen wurde von einem 8,85 Liter großen Sechszylindermotor angetrieben.

Auto dennoch zu Ehren: Mit neuer Kraftübertragung erreichte der Düsenberg-Dummins-Diesel in Daytona Beach 137,195 mph (220,74 km/h) über die fliegende Meile. Am Lenkrad saß Cummins selbst.

Etwas länger war der englische Rennfahrer Captain George E.F. Eyston mit seinem Beifahrer A. Denley unterwegs. Er legte nämlich am 15. Februar 1936 auf der französischen Hochgeschwindigkeitspiste von Montlhéry in 24 Stunden 3668,11 Kilometer zurück. Das war Weltrekord. Erstaunlich an Eystons Rekordfahrt war jedoch nicht allein der relativ hohe Durchschnitt von annähernd 153 km/h, sondern die Tatsache, daß diese Dauergeschwindigkeit mit einem Dieselfahrzeug erreicht wurde. Der »Flying Spray«, wie Eystons Rekordwagen getauft war, wurde von einem 8,85 Liter großen AEC-Diesel angetrieben, der für diese Rekordzwecke auf eine Leistung von 130 PS getrimmt wurde. Normalerweise war es etwas weniger, denn der AEC-Sechszylinder-Diesel tat damals vorwiegend in den Londoner Autobussen Dienst. In dasselbe Fahrgestell setzte Eyston schließlich einen 17 Liter großen V 12-Diesel und durcheilte damit auf den weltberühmten Salt Flats (Salzsee) von Bonneville am 29. April 1936 den fliegenden Kilometer in 14,06 Sekunden. Das entsprach einer Durchschnittsgeschwindigkeit von 256 km/h.

Die Chronik der Diesel-Rekorde wurde dann in Deutschland weitergeschrieben. Bei Hanomag, wo man sich Ende der dreißiger Jahre intensiv mit der Entwicklung des Diesel-Personenwagens befaßt hatte, entstand ein stromlinienförmig verkleideter Aluminium-Wagen. Er sollte den Namen des ersten Hanomag Diesel-Personenwagens (»Rekord«) durch echte Rekorde untermauern. Immerhin reichte die Leistung des nur 1,9 Liter großen Dieselmotors aus, zwei anerkannte Weltrekorde aufzustellen. Der Hanomag-Versuchsingenieur Haeberlein fuhr im Jahr 1939 auf der Autobahn bei Dessau einen Kilometer mit stehendem Start in 41,42 Sekunden und durcheilte die Strecke von fünf Kilometern mit fliegendem Start mit 156,0 km/h.
Der Zweite Weltkrieg bremste nicht nur die Diesel-Entwicklung, er unterband auch jegliche sportliche Betätigung auf diesem Sektor. Danach war es wiederum Cummins, der den Diesel auf eine der schnellsten Pisten der Welt brachte. Nach ausgedehnten Versuchen in den Jahren 1950/51 qualifizierte sich im Jahr 1952 der Amerikaner Freddy Agabashian auf dem Cummins-Diesel Special mit sensationellen 138,01 mph (224,5 km/h) für das weltberühmte 500-Meilen-Rennen von Indianapolis. Die Sensation daran war vor allen Dingen, daß er als Diesel Pole-Position vor einem ganzen Rudel ottogetriebener Indy-Kämpen fuhr. Im Rennen mußte dann Agabashian an fünfter Stelle liegend mit Temperaturproblemen aufgeben, doch setzte sich Cummins mit dieser Demonstration nachhaltig ins Gedächtnis.
In der Tat verdient es der Cummins Diesel-Special wie kein anderer in der Erinnerung behalten zu werden. Denn der Cummins-Einsatz war der einzige erfolgversprechende Versuch, auf Rennstrecken das Monopol der ausschließlich von Ottomotoren getriebenen Konkurrenz zu brechen. Hierzu hatten sich die amerikanischen Diesel-Spezialisten gut vorbereitet. Der 6,7 Liter große Reihen-Sechszylinder des Cummins Diesel-Spe-

Eigens für den Renneinsatz entwickelte Cummins einen Dieselmotor aus Leichtmetall. Der Reihen-Sechszylinder leistete in der Endphase an die 400 PS.

Mit dem modifizierten »Cummins Diesel Special«, der für damalige Verhältnisse extrem niedrig gebaut war, konnte erstmals in der Geschichte von Indianapolis im Jahr 1952 eine Pole-Position (erster Startplatz) mit einem Diesel-Rennwagen gefahren werden.

cial war ganz aus Aluminium gefertigt. Im Lauf seiner Entwicklung erhielt er sogar einen Vierventil-Zylinderkopf. Im Rennwagen wurde er geneigt, fast horizontal eingebaut, um die Schwerpunktlage zu verbessern und die Bauhöhe der Motorhaube zu reduzieren. Die Leistung des turbogeladenen Cummins-Diesel betrug annähernd 400 PS bei 4000 Umdrehungen.

Wenn der Cummins-Diesel bei späteren Rennen auch keine Rolle mehr spielte (das Reglement wurde geändert), so brachte seine Entwicklung doch wesentliche Erkenntnisse, die auch heute noch, rund drei Jahrzehnte danach, ihre Gültigkeit haben. Die Cummins Entwicklungs-Ingenieure Reiners und Schmidt faßten das Resultat des sogenannten High-Speed-Programms in vier Punkte zusammen:

1. Künftig wird es wahrscheinlich wirklich schnellaufende Dieselmotoren mit verbesserter Elastizität geben.
2. Die Leistung eines Dieselmotors kann einmal über die Erhöhung der Drehzahl, zum anderen über eine Verbesserung der spezifischen Leistung gesteigert werden. Diese Faktoren schließen gleichzeitig eine Verringerung der Größe und des Gewichts bezogen auf die Motorleistung ein.

3. Mit den im Handel erhältlichen Kraftstoffen kann eine rauchfreie, effiziente Verbrennung schon dadurch sichergestellt werden, daß die vorhandene Ausrüstung und das bestehende Wissen angewendet werden.
4. Aluminium wird künftig die Entwicklung von schnellaufenden Leichtbau-Dieselmotoren mit hoher spezifischer Leistung ermöglichen.

Die Europäer entdecken den Rekord-Diesel

Nach dem gescheiterten Cummins-Versuch in Indianapolis schliefen die Diesel-Aktivitäten der Amerikaner auf diesem Gebiet ein. Es waren die Europäer, die dem Dieselmotor wieder zu sportlichen Ehren verhalfen. Zunächst waren es jedoch nicht die Automobilhersteller, die den Diesel in neue Rekordlisten eintrugen, sondern Privatfahrer. Rolf Zink, Hanns Hölder, Hans Klinken und Walter Assenheimer fuhren im Jahr 1961 für Daimler-Benz bemerkenswerte Diesel-Rekorde heraus. Damals noch ganz ohne Werksunterstützung.
Als Rekordfahrzeug diente ein umgebauter Mercedes 190 SL, der einen 190 D-Motor implantiert bekam und dafür Dach und Windschutzscheibe opfern mußte. Als Windschutz für den Fahrer diente nun eine Plexiglaskanzel, die von einem Messerschmitt-Kabinenroller stammte. Der 1,9 Liter Dieselmotor leistete nach einigen Modifikationen 65 PS bei 4700 Umdrehungen.
Trotz der provisorisch wirkenden Vorbereitungen und der geringen Leistung schafften die vier Schwaben auf der Hochgeschwindigkeitspiste von Monza auf Anhieb 34 internationale Langstreckenrekorde. Und zwar in der Klasse unter zwei Liter und über zwei Liter jeweils 17. Für die Rekordfahrten über 2000 cm^3 wurde ein anderer, aufgebohrter Motor (Hubraum 2034 cm^3) verwendet. Der 190 SL erzielte mit diesem Triebwerk über 24 Stunden immerhin eine Durchschnittsgeschwindigkeit von 154,139 km/h.
Nach den Erfolgen in Monza stellten Assenheimer und Hölder noch acht Kurzstreckenrekorde auf dem alten Hockenheimring auf. Hierzu wurde der Kabinenaufsatz entfernt und durch ein niedriges Windschutzschild ersetzt.
Das Konzept der wackeren Schwaben, aus einem serienmäßigen offenen Zweisitzer einen Rekordwagen zu bauen, gefiel offenbar auch den Tech-

Links: Der Mercedes 190 SL mit abgesägtem Dach und eingebautem Dieselmotor auf der Hochgeschwindigkeitspiste von Monza. Die Privatfahrer Assenheimer, Hölder, Klinken und Zink stellten damit im Jahre 1961 34 internationale Langstreckenrekorde auf. – Rechts: Nach den Erfolgen von Monza fuhren Assenheimer und Hölder mit dem 190 SL Diesel noch Kurstreckenrekorde in Hockenheim. – Unten: Der Peugeot Diesel-Rekordwagen auf der Strecke von Montlhéry. Auch er hatte einen asymmetrischen Coupé-Aufsatz.

nikern von Peugeot. Die renommierte französische Firma war damals bekanntlich neben Daimler-Benz der einzige Automobilhersteller, der Diesel-Personenwagen im Programm hatte. Und offenbar war man firmenseitig der Meinung, daß eine Aufwertung des Dieselmotors durch Rekordfahrten dem Image und Verkauf der seinerzeit noch seltenen Antriebsquelle nicht schaden könnte. Gesagt, getan. Als Basisauto bot sich das normalerweise von einem Ottomotor getriebene Peugeot 404 Cabriolet an. Es erhielt den nominell 68 PS (50 kW) starken Dieselmotor des Peugeot 404 mit der Typenbezeichnung XD 4-88 eingepflanzt, der in der Leistung sicherlich etwas nach oben streute. Mit diesem Motor, der einen Hubraum von 1948 cm^3 aufwies, wurden die Rekorde unter 2 Liter gefahren. Um auch in der Klasse über 2000 cm^3 Rekorde absahnen zu können, wurde der gleiche Wagen auch noch mit dem Motor Typ XDP 90 ausgerüstet. Bei einem Hubraum von 2112 cm^3 gab die Maschine 75 PS (55 kW) bei 4500 min^{-1} ab.
So gerüstet gelang es den Franzosen im Juni 1965 auf der Rundstrecke von Montlhéry, in der Nähe von Paris, 37 internationale Rekorde zu verbessern und drei neue Rekorde aufzustellen. Vor allen Dingen auf den langen Strecken erwies sich der Peugeot Rekord-Diesel als strammer Marschierer und legte beispielsweise die Rekorddistanz von 5000 Meilen mit einer Durchschnittsgeschwindigkeit von 161,39 km/h zurück. Insgesamt war der Rekordwagen 72 Stunden auf der Piste, wobei seine Fahrt nur für die Fahrerwechsel – fünf Fahrer wechselten sich am Steuer ab – und das Nachfüllen von Öl und Kraftstoff unterbrochen wurde.
Während es den Peugeot-Leuten darum ging, die Qualitäten ihres Dieselmotors durch Langstreckenrekorde zu untermauern, hatte die Engländerin Patsy Burt bei ihren Rekordversuchen im Jahr 1970 anderes im Sinn. Die damals 42 Jahre alte Mercedes-Benz-Vertreterin aus Bookham in Surrey war auf Bergrennen und Kurzstreckensprints spezialisiert. Und als Präsidentin der ISO (Incorporated Sprint Organisation) nahm Patsy Burt nicht selten an jenen Rekordwettbewerben teil, die regelmäßig auf einem Flugplatz bei Elvington in Yorkshire ausgetragen wurden.
Auch am 3. Oktober 1970 versammelten sich wieder Rekordgierige in Elvington, darunter auch Patsy Burt mit einem Auto, dessen Äußeres nicht gerade rekordverdächtig erschien. Es handelte sich um einen nahezu serienmäßigen Mercedes 220 D, dessen Motor allerdings in der Stuttgarter Versuchsabteilung von Daimler-Benz eine gewaltige Kräftigungskur erfahren hatte. Unter den fachkundigen Händen von Versuchsingenieur Hartwig Mades schwang sich der sonst eher biedere Diesel zu mehr als der doppelten Serienleistung auf. Von 60 auf 130 PS (96 kW) stieg die Leistung des Rekordmotors, wozu allerdings tiefgreifende Modifikatio-

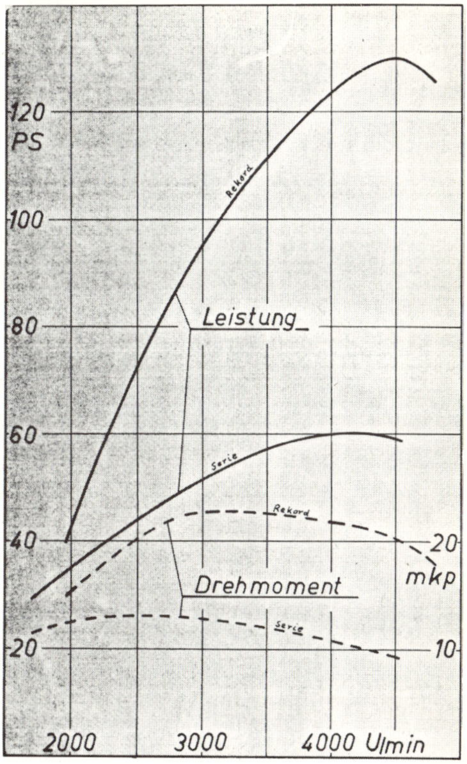

Der erste Mercedes-Diesel mit Turbo-Aufladung lief bereits 1970 mit einer Leistung von 130 PS. Als Basismotor diente der 2,2 Liter Vierzylinder des Mercedes 220 D, der damals serienmäßig 60 PS entwickelte.

nen notwendig waren. Eine der wichtigsten war dabei die Installation eines Eberspächer Turboladers, der bei einem maximalen Ladedruck von 2,0 bar in erster Linie für die phantastische Leistungssteigerung (siehe auch Leistungsdiagramm) verantwortlich war. Der noch luftseitig mit Abblaseventil geregelte erste Mercedes Turbo-Diesel hatte schon damals einen Ladeluftkühler, der den verdichteten und erwärmten Sauerstoffträger um rund 100° C abkühlte.

Immerhin hatte sich der Aufwand gelohnt. Denn Patsy Burt stellte mit ihrem turbogeladenen 220 D vier internationale Klassenrekorde für Dieselfahrzeuge auf, wobei sie auch die noch aus dem Jahr 1935 stammende Marke von Munday (157,5 km/h für den fliegenden Kilometer) mit 166,5 km/h auslöschte.

Miss Burts Rekorde hatten freilich eine wesentlich kürzere Lebensdauer. Denn knapp zwei Jahre später kam es wiederum einer Automobilfabrik in den Sinn, die Leistungsfähigkeit und Zuverlässigkeit des Dieselantriebs unter Beweis zu stellen. Diesmal war es die deutsche Firma Opel, die zur Premiere ihres ersten Diesel-Personenwagens auf diesem Gebiet Aktivi-

Mit dem ursprünglichen Basis-Auto (Opel GT) hatte der Diesel-Rekordwagen von Opel nur noch wenig gemein. Die Karosserie war stark modifiziert, als Motor diente ein aufgeladener Vierzylinder-Diesel, und das enge Cockpit war für die Rekordfahrten instrumentiert.

täten entwickelte, um dem im Herbst 1972 erscheinenden Opel Rekord D wirksame Starthilfe zu leisten.
Bei der Realisierung ihres Vorhabens gingen die Rüsselsheimer Techniker nach bewährtem Muster vor. Da kein offenes Auto im Programm war, wurde kurzerhand der zweisitzige Opel GT zum Rekordwagen umfunktioniert. Auch hier wurden zur Reduzierung des Luftwiderstandes die Coupé-Aufbauten bis auf Motorhaubenhöhe abgeschnitten. Auf der Fahrerseite wurde statt dessen eine aufklappbare Plexiglaskanzel installiert, die zugleich als Einstiegsluke diente. Durch diese Karosseriemaßnahme konnte die Windangriffsfläche um rund 20 Prozent verringert werden. Außerdem wurde ein 85 Liter-Tank installiert und mit einem Schnelltankverschluß versehen, um einmal die Anzahl der Tankstops zu reduzieren und ihre Dauer möglichst kurz zu halten. Das Fahrwerk blieb weitgehend serienmäßig, wurde aber in der Höhe und der Federhärte auf den besonderen Einsatzzweck abgestimmt. Interessant ist in diesem Zusammenhang die schmalbrüstige Bereifung, die vorne die Dimension 145–15 und hinten 165–15 aufwies – aufgezogen auf 4½ J 15-Felgen. Natürlich war der Serienmotor mit seinen 60 PS zu schwächlich, um die bestehenden Rekorde deutlich zu gefährden. Als Entwicklungsziel wurde eine Dauergeschwindigkeit von annähernd 200 km/h angestrebt, was eine Motorleistung von rund 95 PS (70 kW) erforderte. Um diese Leistung zu realisieren, mußte der 2,1 Liter-Dieselmotor aufgeladen werden. Ein Eberspächer Turbolader lieferte den benötigten Ladedruck von 1,9 bis 1,95 bar und verhalf dem Rekord-Dieselmotor schließlich zu der respektablen Leistung von 95 PS bei 4400/Umdrehungen. Ein von 21,5 auf 17,5:1 reduziertes Verdichtungsverhältnis und zahlreiche weitere Modifikationen am Motor sorgten dafür, daß diese Leistung ohne Schäden als Dauerleistung gefahren werden konnte.
Nach umfangreicher Vorerprobung begannen schließlich die Rekordfahrten am 1. 6. 1972 um 7.13 Uhr auf dem Opel-Prüffeld in Dudenhofen. Was die sechs Fahrer während ihres bis zum 3. 6. 1972, 13.44 Uhr dauernden Einsatzes mit dem Opel Rekord-Diesel aufstellten, war den Aufwand wert: Zwei absolute Weltrekorde und 18 internationale Rekorde für Diesel-Fahrzeuge waren das Resultat.
Besondere Beachtung fand dabei der Streckenrekord über 10000 km, der in einer Zeit von 52 Stunden, 23 Minuten und 13,8 Sekunden markiert wurde. Dies entspricht einer Durchschnittsgeschwindigkeit von 190,88 km/h und lag um 72 km/h über dem bis dahin bestehenden Rekord über diese Distanz. Aber auch das Ergebnis über den fliegenden Kilometer konnte sich sehen lassen. Es betrug 197,5 km/h und lag damit ganz nahe an dem angestrebten Entwicklungsziel. Mit ihren kombinierten Kurz-

Der Opel Diesel-Rekordwagen auf Rekordfahrt im Prüfgelände von Dudenhofen.

und Langstreckenrekorden hatten damit die Opel-Leute nicht nur Miss Burts aus England geschlagen, sondern auch fast alle Peugeot-Rekorde in dieser Klasse ausgelöscht.
Kurzstreckenrekorde werden ihrem Namen oft auch dadurch gerecht, daß sie im Gegensatz zu den schwerer realisierbaren Langstreckenrekorden meist sehr kurzlebig sind. So wurden der fliegende Kilometer und die fliegende Meile alsbald (1974) von dem Amerikaner Virgil W. Snyder mit 230,09 km/h bzw. 229,59 km/h neu markiert. Der »Thermo King Diesel Streamliner« genannte Rekordwagen wurde von einem aufgeladenen Isuzu-Motor angetrieben und verfügte über einen Bremsfallschirm. Dem Automobiljournalisten Fritz B. Busch schienen diese Werte durchaus verbesserungsfähig. Auf einem seiner Langstreckentrips durch Amerika, der ihn auch zur berühmtesten Hochgeschwindigkeitspiste der Welt, dem Salzsee von Bonneville im US-Staat Utah führte, beschloß der weitgereiste Fahrensmann auch Rekordfahrer zu werden. Zur Realisie-

rung dieses stolzen Ziels wählte Busch allerdings sein Heimatland Deutschland aus.
Dort mußte er auf der Suche nach einem geeigneten Motor nicht weit gehen. Bei Daimler-Benz in Untertürkheim liefen nämlich schon lange Versuche mit einem aufgeladenen Fünfzylinder-Dieselmotor. Und Daimler-Benz hatte nichts dagegen, dem Rekordplaner Busch das damals 187 PS (137 kW) starke Aggregat zur Verfügung zu stellen. Der Fünfzylinder-Diesel, der von einem Turbolader der amerikanischen Firma Garrett

Der Dieselstar des Automobiljournalisten Fritz B. Busch war ein eigens für Rekordfahrten entwickeltes Fahrzeug. Als Karosserie-Baumaterial diente in erster Linie Aluminiumblech, das ein Formel 2-Chassis umhüllte.

AiResearch, zu dieser ungewöhnlichen spezifischen Leistung von 62,3 PS/Liter beflügelt wurde, war von seinem serienmäßigen Hubraum (3005 cm^3) auf 2699 cm^3 reduziert worden, um in der Klasse von 2000 cm^3 bis 3000 cm^3 fahren zu können. Dieser Motor entsprach im wesentlichen schon jenem Aggregat, mit dem Daimler-Benz selbst wenig später sensationelle Weltrekorde aufstellte.
Doch noch war es nicht so weit. Busch mußte zu dem Motor erst den passenden Wagen bauen und bediente sich hierzu eigener Ideen. In seiner Oldtimer-Restaurationswerkstatt fand sich ein GRD Formel 2-Chassis, das als Basis für den Rekordwagen diente. Ein zusätzlicher Hilfsrahmen nahm den wuchtigen Fünfzylinder auf, und als Getriebe diente ein ZF-Aggregat, das sonst im De Tomaso Pantera Verwendung findet. Um das Ganze schneiderte Busch ein simples, aber aerodynamisch wirkungsvolles Blechkleid. Bis es fertig war, wurden insgesamt 25 Quadratmeter Alublech und 3000 Blindnieten verbaut.
Die ersten Gehversuche des Rekordwagens am 28. Oktober 1975 auf dem großen Prüfgelände des Volkswagenwerkes in Ehra-Lessin brachten eine herbe Enttäuschung. Über 220 km/h war der Rekordwagen bar jeder Richtungsstabilität und nicht mehr zu fahren. Dennoch stellte Busch drei neue Bestleistungen mit stehendem Start auf. Der Wolfsburger Windkanal schließlich enthüllte die Ursache für den labilen Lauf des Rekordwagens bei hoher Geschwindigkeit: Zwar war der Luftwiderstandsbeiwert mit 0,29 recht gut, doch hatte die Vorderachse mit 350 Kilogramm viel zu viel Abtrieb. Eine Nasenkorrektur reduzierte diesen auf vernünftige Werte und erlaubte am 16. 11. 1975 zwei neue Bestleistungen mit 249,124 km/h für den fliegenen Kilometer und 249,188 km/h für die fliegende Meile.
Damit war Busch jedoch nur kurzzeitig schnellster Diesel-Pilot. Zwei Tage später nämlich, noch bevor die Busch-Leistungen im Rekord-Register eingetragen waren, löschte der Amerikaner Virgil W. Snyder in Bonneville diese Distanz mit 306 km/h locker aus. Lange blieb freilich auch Snyder nicht Diesel King. Denn in Stuttgart-Untertürkheim reifte bei Mercedes ein Projekt, dessen Ergebnisse alle bisherigen Diesel-Rekorde zur reinen Makulatur werden ließen.

Unternehmen Nardo – Weltrekorde nach Plan

Die süditalienische Hochgeschwindigkeitspiste bei Nardo, die einen Durchmesser von 4 Kilometern und eine Länge von 12,6 km aufweist, war Schauplatz der nächsten und spektakulärsten Dieselrekorde. Eine solche Piste, die Dauergeschwindigkeiten von über 400 km/h zuläßt, war auch nötig, um das ehrgeizige Projekt der Stuttgarter Dieselbauer reibungslos über die Bühne zu bringen. Denn in der Versuchsabteilung von Daimler-Benz hatte man seit der Premiere des Fünfzylindermotors vor, dieses Aggregat auch auf Rekordjagd zu schicken. Erfolgreiche Vorversuche auf dem Motorprüfstand ließen auf große Erfolgschancen schließen, und welches Potential in dem Motor steckte, bewiesen schon die Fahrten von Fritz B. Busch, der einen annähernd gleichen Motor zur Verfügung hatte.
In der Tat leistete der für die Mercedes-Rekordfahrten vorgesehene Motor dann über 200 PS (150 kW) bei Drehzahlen von 4000 bis 4600 min^{-1}. Um solche Leistungen zu realisieren, wurde das Fünfzylinder-Serienag-

Die ersten Diesel-Rekordfahrten startete Daimler-Benz 1976 auf der italienischen Hochgeschwindigkeitspiste von Nardo. Der Mercedes C 111/II war über 250 km/h schnell.

gregat gründlich modifiziert. Ein Turbolader der US-Firma Garret AiResearch sorgte für eine Vorverdichtung der Luft auf 3,2 bar. Die dadurch auf über 200° C erwärmte Luft wurde anschließend in einem Ladeluftkühler um 80° C auf 120° C abgekühlt. Diese Maßnahme bringt nicht nur infolge der höheren Luftdichte eine bessere Leistung, sondern reduziert auch die thermische und die daraus resultierende mechanische Belastung des Rekordtriebwerks. Und Standfestigkeit stand ganz oben auf der Liste der Daimler-Techniker, denn der neue Rekordwagen sollte vor allen Dingen den Langstreckenrekorden das Licht ausblasen. Zur Verbesserung der Standfestigkeit wurde auch die Verdichtung so reduziert, daß die Spitzendrücke im Hauptbrennraum auf 140 bar begrenzt waren. Dem gleichen Ziel dienten spezielle Kolben mit vergrößerten Kolbenbolzen, die zusätzlich von unten mit Spritzöl gekühlt wurden. Neben der geänderten Nockenwelle wurden natürlich auch die Einspritzpumpe den geänderten Verhältnissen im Rekordmotor angepaßt.
Als Rekordfahrzeug wählten die Daimler-Techniker das Mittelmotorcoupé C 111 aus, das als Versuchsträger der Wankel-Entwicklungen bereits eine namhafte Vergangenheit hatte. Für die Rekordfahrten wurde es freilich in einigen Details verändert, einmal um den Luftwiderstandsbeiwert zu verbessern, zum anderen um dem völlig anderen Antriebsaggregat und dessen Besonderheiten Rechnung zu tragen. Der nun Mercedes Benz C 111/II genannte Rekordwagen ging am 12. Juni 1976 unter Aufsicht der FIA (Federation Internationale d'Automobile) in Nardo um 0.30 Uhr auf Rekordjagd. Als sie nach etwas mehr als 64 Stunden beendet war, konnte sich das Ergebnis sehen lassen. Neben 16 internationalen Klassenrekorden stellte der C 111/II drei neue absolute Weltrekorde auf. Und zwar legte der bis dato schnellste Diesel der Welt 5000 Meilen mit einer Durchschnittsgeschwindigkeit von 252,54 km/h zurück, nach 10000 Kilometern sank der Schnitt auf 252,249 km/h, nach 10000 Meilen betrug die gefahrene Geschwindigkeit immer noch 251,798 km/h. Diese neuen Weltrekorde lagen um mehr als 40 km/h über den bisher bestehenden, die im übrigen von Fahrzeugen mit Ottomotoren gehalten wurden.
Neben diesen Rekorden verzeichnete die Mercedes-Crew noch eine Reihe weiterer Daten, die rekordverdächtig waren: Der Boxenstop des Rekordwagens wurde inklusive Auftanken in der Bestzeit von 18 Sekunden erledigt, und der Kraftstoffverbrauch während der Rekordfahrten betrug im Schnitt 19,7 Liter/100 km.
So eindrucksvoll die Erfolge des Mercedes C 111/II auch waren, so ließen sie doch die Daimler-Techniker nicht ruhen. Denn sie wußten, daß der Luftwiderstandsbeiwert des Rekordwagens mit c_w knapp unter 0,3 und die Windangriffsfläche nicht optimal waren. Und nach eingehenden Stu-

Auch an den Boxen stellte die Daimler-Mannschaft Rekorde auf: Boxenstops wurden in 18 Sekunden erledigt.

dien im Windkanal entstand der C 111/III, ein stromlinienförmiges Gebilde, das mit dem ursprünglichen C 111 nur noch entfernte Ähnlichkeit aufwies. Die Karosserie wurde länger und schmaler, eine Heckflosse stabilisierte den Geradeauslauf und reduzierte die Seitenwindempfindlichkeit. Als Unterbau diente eine Stahlblech-Bodengruppe, an die nach hinten ein lang auslegender Gitterrohrrahmen anschloß. Die Karosserie selbst wurde aus GFK (Glasfaserverstärkter Kunststoff) gefertigt, der noch besonders verstärkt wurde. Der Wagenboden war völlig flach, die Radkästen wurden strömungsgünstig gestaltet und möglichst klein gehalten. Die Räder selbst durch ausschwenkbare Radverkleidungen mit Schnellverschlüssen abgedeckt.

Das Ergebnis war ein konkurrenzlos strömungsgünstiges Fahrzeug mit einem Luftwiderstandsbeiwert von weniger als 0,2 (0,183). Natürlich ließen solche Fortschritte auf dem Karosseriesektor die Motorenbauer nicht ruhen, und auch sie verbesserten das vorgesehene Diesel-Rekord-

aggregat gegenüber der ersten Ausführung nochmals deutlich. Mit etwas höherem Ladedruck (3,4 bar) und Detailmodifikationen wurden nun 230 PS (170 kW) zwischen 4200 und 4600 min $^{-1}$ erreicht. Auch in Sachen Kühlung stellte der C 111/III Rekorde auf. Neben dem normalen Wasserkühler und dem Motorölkühler waren noch ein Ladeluftkühler, ein Getriebeölkühler und ein Kraftstoffkühler vorhanden.
So gerüstet trat die Daimler-Benz-Mannschaft am 29. 4. 1978 erneut in Nardo an. Der Erfolg des Unternehmens war durchschlagend: Alle bestehenden absoluten Weltrekorde zwischen 100 km Strecke und 12 Stunden Dauer – insgesamt waren es neun – konnte der Mercedes C

Der Mercedes-Rekordwagen C 111/III zeigt eine im Windkanal modifizierte Form. Der Luftwiderstandsbeiwert konnte unter 0,2 abgesenkt werden, die Höchstgeschwindigkeit des mit einer Stabilisierungsflosse versehenen Fahrzeuges lag über 325 km/h.

111/III brechen. Die erreichten Durchschnittsgeschwindigkeiten lagen zwischen 314 und 322 km/h, womit der C 111/III zu dieser Zeit nicht nur der schnellste Diesel über diese Distanzen war, sondern das schnellste Landfahrzeug überhaupt. Ebenso sensationell war dabei der Kraftstoffverbrauch: Er betrug nur 16 Liter pro 100 km, was wieder einmal die ganz besondere Wirtschaftlichkeit des Dieselantriebs unter Beweis stellte.

Marathonfahrten ganz besonderer Art

Rekordziele ganz anderer Art haben jene Fahrer im Sinn, die sich alljährlich zu dem von Ölmulti Shell und der Automobilzeitschrift auto motor und sport veranstalteten Kilometer-Marathon treffen. Bei diesem Wettbewerb geht es darum, mit einer möglichst geringen Kraftstoffmenge möglichst weit zu fahren. Die dabei zum Start rollenden Fahrzeuge haben freilich mit normalen Automobilen ebenso wenig zu tun wie die Hochgeschwindigkeits-Rekordwagen.
Auch hier waren es wieder Ingenieure und eine Lehrlings-Crew von Daimler-Benz, die Maßstäbe setzten. Das in der Mercedes-Versuchsab-

Ebenfalls extrem windschlüpfig ist die Form des Kilometer-Marathon-Mobils der Daimler-Benz-Lehrwerkstatt. Mit einem Farymann Kleindiesel ausgerüstet, erzielte das Sparwunder einen Verbrauch von 0,097 Liter/100 km.

teilung entwickelte Sparmobil ist denn auch entsprechend extrem konzipiert. Die aus Plexiglas und dünnem Aluminium gefertigte Karosserie des winzigen Dreirades hat einen Luftwiderstandsbeiwert von nur 0,205 und eine minimale Stirnfläche von 0,23 m². Als energiesparenden Antrieb wählten die Daimler-Leute einen Dieselmotor. Dabei handelt es sich um einen 200 Kubikzentimeter großen Kleindiesel der deutschen Firma Farymann, dessen Leistung von ursprünglich 3,5 PS für das Marathon-Mobil auf 1,5 PS zwischen 1000 und 2000 Umdrehungen gedrosselt wurde. Rollenlager für die Kurbelwelle, eine Tropfölschmierung ohne Ölpumpe und eine wärmeisolierende Staniolverpackung sorgen für zusätzliches Spar-Tuning. So gerüstet schaffte das inklusive Fahrer nur knapp über 100 kg wiegende Sparwunder Erstaunliches. Bei einem Durchschnittsverbrauch von 0,097 Liter/100 km würde das Marathon-Auto umgerechnet mit einem Liter Diesel-Kraftstoff 1028 Kilometer zurücklegen (Stand 1980). Für eine Fahrt um die ganze Welt wären nur etwa 39 Liter nötig. Solche Entfernungen sind freilich in dem Marathon-Mobil aus vielerlei Gründen nicht zu realisieren. Hierzu können nur speziell hergerichtete Serienfahrzeuge benutzt werden. So wagte eine vierköpfige Audi-Truppe unter der Leitung von Wolf Dieter Bensinger im Herbst 1978 eine

Bei einer Rekordfahrt um die Welt braucht der Audi 100 Diesel trotz hoher Beladung nur 10 Liter Kraftstoff auf 100 Kilometer.

Weltrundfahrt mit zwei Audi 100 Fünfzylinder Diesel-Modellen. In 44 strapaziösen Tagen legten die beiden Audis rund 30000 Kilometer zurück, ohne daß größere Schäden auftraten. Der Durchschnittsverbrauch war trotz hohem Fahrzeuggewicht und widriger Wegverhältnisse dieseltypisch niedrig: rund 10 Liter Kraftstoff auf 100 Kilometer.
Im selben Jahr ging der ehemalige Rallyefahrer und jetzige Volvo-Entwicklungsingenieur Carl Magnus Skogh auf Diesel-Rekordfahrt. Sein Ziel war aber kurz. Es lag auf dem Göteborger Flughafen Landvetter in Schweden. Dort lag aber auch der Start, denn Skogh war auf einen Kurzstrecken-Rekord über den fliegenden Kilometer aus.
Als Rekordfahrzeug wählte der 53jährige Schwede den Volvo 343 aus, der von Haus aus weder einen Dieselmotor besitzt noch aufgrund seiner Konstruktion besonders rekordverdächtig wäre. Von diesem Umstand ließ Skogh sich nicht beeindrucken und modifizierte zunächst mal die Karosserie gründlich. Das Blech der Außenhaut verschwand völlig, an seine Stelle trat ein einteiliges Kunststoffkleid, das nicht nur 200 kg leichter war, sondern auch den Luftwiderstandsbeiwert auf $c_w = 0{,}321$ ab-

Der Diesel-Rekordwagen des Volvo Entwicklungsingenieurs Skogh wurde von einem Audi-Fünfzylinderaggregat angetrieben, das dank Turboaufladung 138 PS leistete.

senkte. Die völlig geschlossene Karosse konnte nur durch das Seitenfenster bestiegen werden.
Im Motorraum war jenes Basisaggregat installiert, mit dem auch die Bensinger-Truppe ihre Weltumrundung gefahren hatte: der Fünfzylinder-Dieselmotor des Audi 100. Allerdings hatte ihn Skogh für die Rekordfahrten ordentlich hochgepustet. Ein großer Garrett-Abgasturbolader sorgte in erster Linie dafür, daß aus den 70 Serien-PS 138 Rekord-PS wurden. Hierzu war ein Ladedruck von 2,5 bar notwendig und ein zusätzlicher Ladeluftkühler. Auch das Drehmoment stieg beachtlich: Es hatte nach der Leistungskur mit 240 Newtonmetern fast den doppelten Wert wie beim Serienmotor (123 Nm). So gerüstet ging der Volvo XD-1 auf Rekordjagd, stellte mit 209,18 km/h einen neuen Rekord für den fliegenden Kilometer in dieser Klasse auf.

Eine Zigarre von VW

Es war wiederum der süditalienische Hochgeschwindigkeitskurs von Nardo, auf dem dieses Mal das Volkswagenwerk im Herbst 1980 ein Spektakel startete, das offiziell als »Aerodynamisches Forschungsprojekt von Volkswagen« bezeichnet wurde. Der dazu herangezogene Versuchswagen hatte demzufolge auch die logische Bezeichnung ARVW (Aerodynamic-Research-Volkswagen). Das für ihn vorgesehene Forschungsprogramm war wie folgt definiert:

- Reduzierung des Luftwiderstandbeiwertes (c_w) und Untersuchung der Möglichkeiten für die Übertragung der Versuchsergebnisse auf den Fahrzeugserienbau.
- Lösung fahrzeugtechnischer Gegebenheiten bei niedrigen c_w-Werten, etwa der Richtungsstabilität und der Bewältigung von Auftriebskräften.
- Erprobung moderner Triebwerksauslegungen unter extremen Belastungen; Kühlung von Antriebseinheiten bei möglichst geringem Leistungsverlust.
- Reduzierung des Kraftstoffverbrauches durch Minimierung mechanischer und aerodynamischer Widerstände.

Daß dazu ein ganz besonderes Auto nötig war, versteht sich von selbst. Das ganz besondere daran ist jedoch auch die Tatsache, daß der ARVW von einem Dieselmotor angetrieben wurde. Doch zunächst zum Fahr-

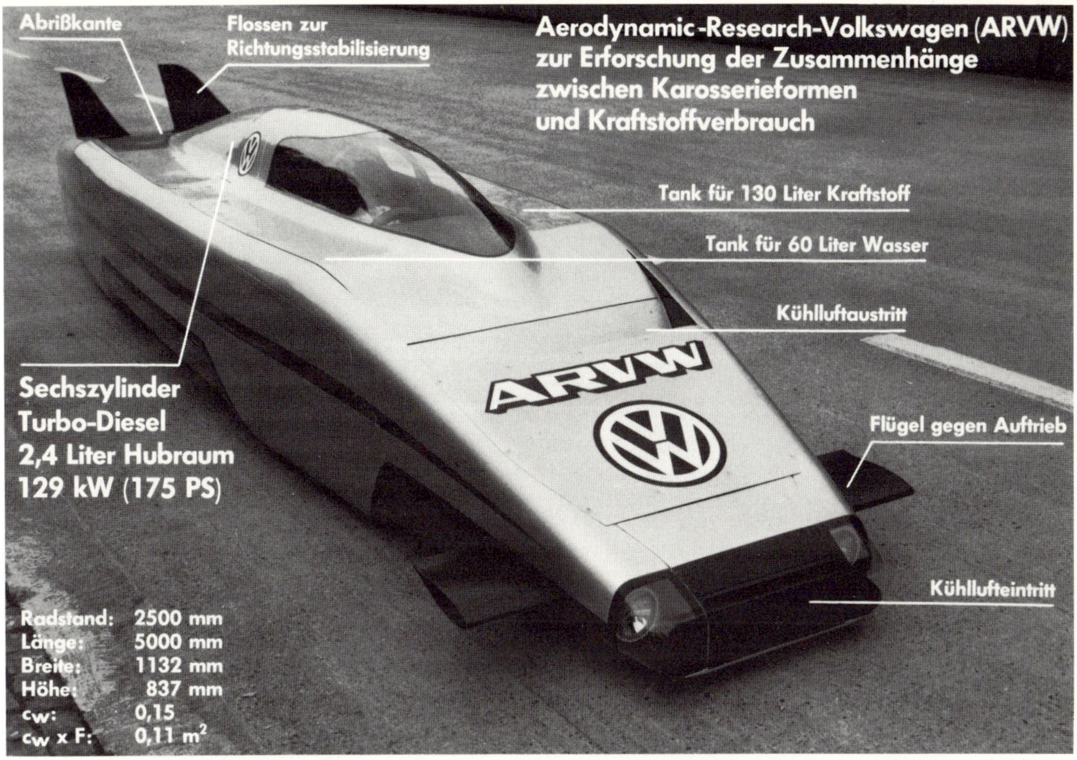

Im ARVW-Rekordwagen des Volkswagenwerkes waren viele neue Ideen verwirklicht. So betrug die Spurweite des extrem schmal gebauten Einsitzers nur 650 mm; die Hinterräder wurden mit Ketten angetrieben.

zeug selbst: Bei einer Länge von fünf Metern, einer Breite von 1,13 Metern und einer Höhe von nur 837 mm ähnelte der VW-Forschungswagen einer überdimensionalen Zigarre. Die Verwechslungsgefahr mit einer solchen war – abgesehen von den Abmessungen – dennoch gering, denn vorne waren Flügel zur Abtriebserzeugung montiert und hinten sorgten Heckflossen und eine definierte Abrißkante für stabilen Lauf bei hohen Geschwindigkeiten.

Die Karosserie des schlanken Einsitzers, in dem der Fahrer liegend sein Werk verrichtete, war aus Aluminium und kohlefaser-verstärktem Polyester gefertigt. Diese modernen Werkstoffe ermöglichten nicht nur ein relativ geringes Gewicht (965 kg), sondern auch eine optimale Formgestaltung nach aerodynamischen Gesichtspunkten. Daß dieses Ziel voll erreicht wurde, dokumentieren die Werte aus dem Wolfsburger Windkanal. Mit $c_w = 0{,}15$ wurde der bisher geringste Luftwiderstandsbeiwert eines fahrfertigen Wagens gemessen. Im Verein mit der winzigen Stirnfläche von $0{,}75\ m^2$ ergibt sich damit ein extrem niedriges Produkt von $c_w \times F = 0{,}11\ m^2$.

Mit einem originellen Trick wurde das Fahrwerk (vorne Querlenker an Drehstäben, hinten Längslenker an Federbeinen) auf die Besonderheiten des Einsatzes in Nardo angepaßt. Da es hier immer im Kreis herumgeht (Durchmesser 4 km), wurde die Bodenfreiheit zur Kurveninnenseite auf 30 mm, zur Kurvenaußenseite auf 80 mm eingestellt. So konnten die Fliehkräfte und das Kippmoment um die Längsachse bei der Hochgeschwindigkeitsfahrt auf dem Rundkurs besser abgefangen werden.
Der als Antrieb gewählte Dieselmotor ist von der Basis her ein alter Bekannter. Es handelt sich um jenen 2,4 Liter großen Reihen-Sechszylinder, der im Volvo 244 D 6 und im VW LT Dienst tut. Für die »Forschungsfahrten« wurde er freilich gründlich modifiziert. Wichtigste Maßnahme war die Aufladung mittels Abgasturbolader (Fabrikat KKK; Typ K 27). Mit einem maximalen Ladedruck von 2,7 bar wurde so die beachtliche Leistung von 175 PS (129 kw) bei 4700 min^{-1} erzielt, rund 100 PS mehr, als der Serienmotor im LT abgibt. Auch das Drehmoment von 300 Nm bei 4000 min^{-1} kann sich sehen lassen. Ohne eine Kühlung der Ladeluft wären freilich solche Leistungen nicht möglich gewesen. Allerdings griffen die VW-Leute um Forschungschef Dr. Ulrich Seiffert nicht zur bekannten Ladeluftkühlung mittels luftdurchströmtem Kühler, da dieses Verfahren den Luftwiderstandsbeiwert zu stark beeinträchtigt hätte. Zur Rückkühlung der Ladeluft und zur Füllungsverbesserung wurde Wasser in das Ansaugsystem eingespritzt. Zu diesem Zweck war außer dem 130 Liter fassenden Kraftstofftank noch ein Wassertank von 60 Litern Inhalt installiert. In der Vollast betrug das Wasser/Kraftstoffverhältnis 40:60.
So wundert es nicht, daß während der Forschungsfahrten ganz beiläufig auch einige neue Diesel-Rekorde aufgestellt wurden. Es handelt sich im einzelnen um die folgenden Distanzen, die am 2. 11. 1980 und am 19. 10. 1980 von Helmut Henzler und Keke Rosberg gefahren wurden:

● 1 km (fliegender Start)	349,85 km/h
● 10 km (stehender Start)	241,88 km/h
● 10 Meilen (stehender Start)	259,55 km/h
● 100 km (stehender Start)	338,88 km/h
● 100 Meilen (stehender Start)	347,26 km/h
● 1 Stunde (stehender Start)	353,41 km/h

Als schnellste Runde wurde für die VW-Zigarre eine Durchschnittsgeschwindigkeit von 362,07 km/h ermittelt. Aber auch der Kraftstoffverbrauch des ARVW hielt sich auf Rekord-Niveau: Bei 250 km/h wurden nur 6 Liter/100 km gemessen.
Doch ebenso wie Geschwindigkeits-Rekorde sind auch Langstrecken- und Verbrauchsrekorde dazu da, gebrochen zu werden. Es ist nur eine Frage der Zeit.

MR. PRO DOMO
æ

Bestellkarte

Schicken Sie mir folgende ELEGANCE-Mr. Pro Domo-Artikel gemäß Ihren Ver kaufsbedingungen mit ausdrücklichem Recht auf Umtausch oder Rückgabe inner halb von 10 Tagen ab Rechnungsdatum:

Meine Kunden-Nummer

Meine Anschrift:

Name

Vorname

Straße, Hausnummer

PLZ / Ort

Telefon

Geburtsdatum

Bestell-Nr.	Stück	Preis

Datum

Unterschrift

LIEFERUNG

☐ Sobald wie möglich

☐ Zum gewünschten Termin

Liefertermin: ____

BEZAHLUNG

☐ Per Rechnung innerhalb von 10 Tagen nach Erhalt der Ware

☐ Per Nachnahme

☐ Per ELEGANCE Kredit-Konto innerhalb von 5 Monaten

Per Kreditkarte

☐ AMERICAN EXPRESS

☐ Diners Club

Meine Kreditkarten-Nummer

Bestell-Nr.	Stück	Preis

H

Der ARVW auf Rekordfahrt: Seine Höchstgeschwindigkeit betrug 362 km/h bei einem Kraftstoffverbrauch von nur 13,6 Liter/100 km.

Aus Platzgründen sind die Hinterräder des ARVW mit breiten Ketten angetrieben.

Diesel in der Praxis

Worauf beim Umgang mit Diesel-Personenwagen zu achten ist

Daß der Dieselmotor nach einem anderen Verbrennungsverfahren arbeitet, als der benzingetriebene Ottomotor, bleibt für seinen Betrieb nicht ohne Folgen. Dies beginnt schon beim Start. Denn anders als der mit Hilfe elektrischer Funken gezündete Benziner muß der Diesel ja sein Gemisch durch die Verdichtungserwärmung der angesaugten Luft zum Brennen bringen. Hierzu sind im Verbrennungsraum Temperaturen von ca. 700 bis 900 Grad nötig, die je nach Konstruktion des Motors und seiner Randbedingungen nicht ohne weiteres zu erreichen sind. Ob ein Diesel gut oder schlecht startet, ist daher von vielen Faktoren abhängig.
Das Startverhalten eines Dieselmotors wird jedoch primär von seinen inneren Bedingungen, seiner Konstruktion also, geprägt. Hier sind es wiederum vorrangig das effektive Verdichtungsverhältnis und das Arbeitsverfahren (Direkteinspritzer, Wirbelkammer- und Vorkammerverfahren), die den Start beeinflussen. Da die angesaugte Verbrennungsluft umso höhere Temperaturen erreicht, je stärker sie komprimiert wird, ist natürlich ein sehr hohes Verdichtungsverhältnis günstig für den Kaltstart. Aus Gründen der Laufkultur, der Haltbarkeit und wegen des nicht mehr steigenden Wirkungsgrades ist jedoch das Verdichtungsverhältnis begrenzt und somit auch die beim Startvorgang erzielbare Temperatur.
Noch stärker als das Verdichtungsverhältnis, das bei allen schnellaufenden Dieselmotoren in einem relativ engen Bereich (zwischen 20:1 und 24:1) liegt, führt das Arbeitsverfahren zu einer klaren Rangordnung im Kaltstartverhalten. Motoren mit Direkteinspritzung gelten als die besten Kaltstarter und können auch bei Minusgraden (bis ca. minus 10° C) ohne Starthilfe angelassen werden.
Wirbelkammermotoren verhalten sich hier deutlich ungünstiger als Direkteinspritzer. Denn die Wärmeverluste an den Brennraumwänden und beim Überschieben der Verbrennungsluft vom Hauptbrennraum zur Wirbelkammer setzen der erreichbaren Verdichtungstemperatur Gren-

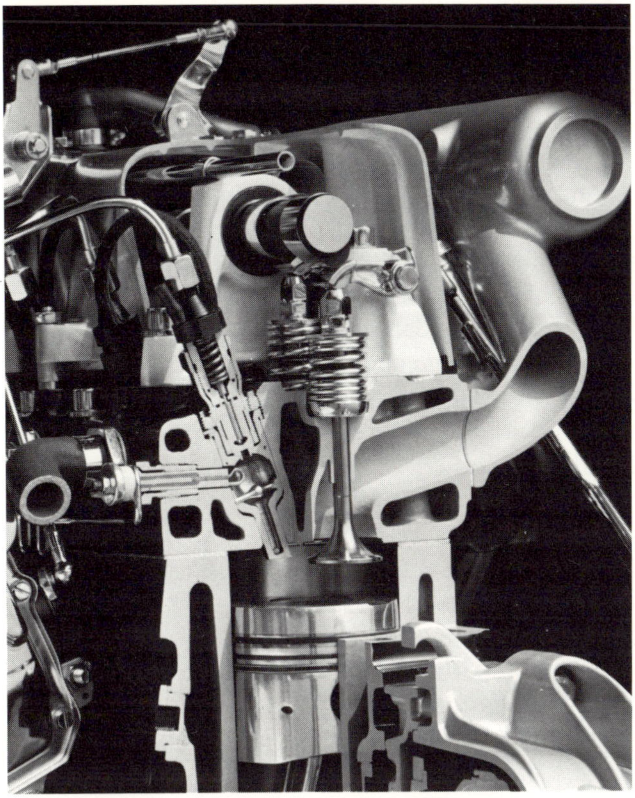

Dieser aufgeschnittene Mercedes-Fünfzylinder zeigt deutlich die spezifischen Merkmale des Dieselmotors. Die Einspritzdüse, die Glühdrahtkerze, die Vorkammer und der Schußkanal zum Zylinder sind gut zu erkennen.

zen. Die Umgebungs-Grenztemperatur, bei der ein Wirbelkammer-Diesel noch ohne Starthilfe anspringt, liegt bei etwa plus 30 Grad Celsius. Noch ungünstiger sind freilich die Startvoraussetzungen für den Vorkammermotor. Zwischen Hauptbrennraum und Vorkammer gibt die durchströmende Luft so viel Wärme ab, daß trotz guter Gemischaufbereitung erst bei relativ warmem Motor (Kühlmitteltemperatur etwa 50 Grad) ein Sofortstart ohne Hilfsmittel möglich ist.

Ohne elektrische Starthilfe geht es nicht

Da Direkteinspritzer vorläufig in Personenwagen serienmäßig noch nicht zu finden sind, haben alle in Serie gebauten PKW-Dieselmotoren eine elektrische Starthilfe in Form von Glühkerzen bzw. Glühstiftkerzen (nur wenige begnügen sich mit einer sogenannten Flammstart-Anlage, wie z. B. Perkins). Die in die Wirbelkammer oder Vorkammer eingeschraub-

ten Wärmespender sollen dem Motor zusätzlich einheizen, falls die äußeren Umstände einen Start ohne Hilfsmittel nicht zulassen. Zu jenen äußeren Bedingungen zählt vor allem die Umgebungstemperatur; aber auch die Ölviskosität, die Konsistenz des Kraftstoffs und die Energiereserven der Batterie beeinflussen die Startwilligkeit des Dieselmotors.
Doch soll zunächst von den Starthilfen selbst die Rede sein, die gerade in den letzten Jahren einen enormen Entwicklungssprung gemacht haben. Das Prinzip der elektrischen Starthilfe ist dabei einfach: Eine elektrisch beheizte Oberfläche wärmt den Brennraum so stark auf, daß ein ausreichend großes Gemischvolumen auf Zündtemperatur gebracht wird. Daraus ergibt sich zwangsläufig, daß je nach Randbedingungen (z. B. Motortemperatur) unterschiedliche Vorglühzeiten notwendig sind, bis eine für die Selbstzündung ausreichende Temperatur erreicht ist.
Aber auch die Bauart der elektrischen Zündhilfen ist von Einfluß auf die Vorglühzeit. Hier unterscheidet man zwischen zwei verschiedenen Bauarten. Die früher fast ausschließlich verwendete Glühkerze, die korrekter als Glühdrahtkerze bezeichnet wird, erfreute sich wegen ihrer niedrigen Herstellungskosten großer Beliebtheit. Als Heizelement dient bei dieser Konstruktion ein Glühdraht, der unmittelbar in den Brennraum (Vorkammer bzw. Wirbelkammer) ragt. Aus Gründen der Betriebssicherheit muß der Glühdraht relativ kurz gehalten werden, was einen geringen elektrischen Widerstand zur Folge hat. Dies wiederum führt dazu, daß Glühdrahtkerzen elektrisch hintereinander geschaltet werden müssen.

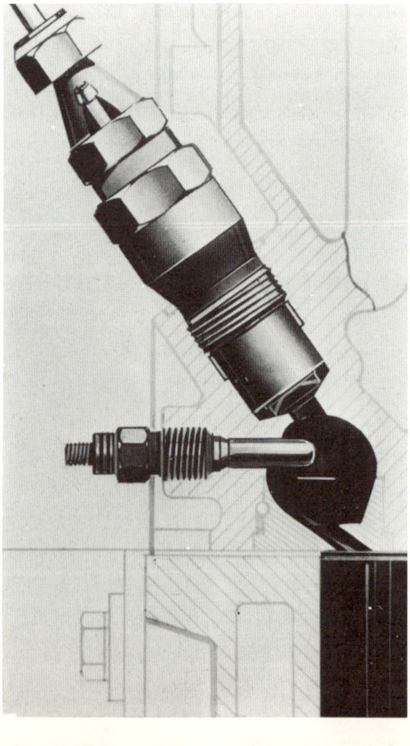

Die Glühstiftkerzen ragen weit in die Wirbelkammern bzw. Vorkammern der Dieselmotoren hinein und sorgen so für eine rasche Vorwärmung und eine kurze Vorglühdauer.

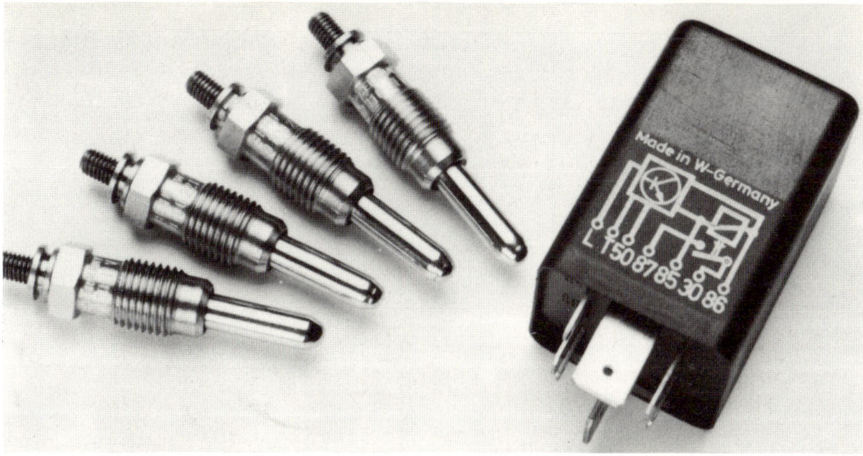

Schnellglühkerzen sind auch zum nachträglichen Einbau – allerdings nicht für alle Modelle – erhältlich. Hier ein Schnellstart-Set der Firma Beru für den VW Golf Diesel.

Dies hat im Falle des Defektes einer einzigen Kerze den Nachteil, daß die gesamte Vorglühanlage ausfällt. Andererseits ergibt sich wieder der Vorzug, daß mangelhafte Glühkerzen sofort bemerkt werden. Zur Vorglühdauer wäre zu bemerken, daß diese bei sehr niedrigen Temperaturen (–25°) bis zu sechzig Sekunden beträgt, bei höheren Temperaturen muß etwa 10 bis 20 Sekunden lang vorgeglüht werden.
Der zweite Kerzentyp, korrekt als Stab- oder Glühstiftkerze bezeichnet, hatte ursprünglich den Nachteil wesentlich längerer Vorglühzeiten. Doch Weiterentwicklungen in der Fertigungstechnik machten die Glühstiftkerze schneller, und da dieser Kerzentyp außerdem gegen höhere Drücke, wie sie z.B. in den Wirbelkammermotoren herrschen, unempfindlicher ist, konnte sich die Glühstiftkerze rasch durchsetzen. Bei dieser Konstruktion ist im Innern eines Glührohrs aus hitzebeständigem Stahl der Heizwiderstand in feinkörnigem Magnesiumoxid-Pulver schwingungsfest und elektrisch isoliert eingebettet. Ein Vorteil der Glühstiftkerzen ist ihr wesentlich besserer Wirkungsgrad. Während bei der Glühdrahtkerze nur etwa 35 Prozent der aus dem Bordnetz entnommenen elektrischen Energie in Wärme umgesetzt werden, sind es bei der Glühstiftkerze 90 Prozent. Außerdem müssen Glühstiftkerzen wegen ihres höheren elektrischen Widerstandes nicht in Reihe geschaltet werden, so daß auch nach Ausfall von einzelnen Glühstiftkerzen der Rest des Vorglühsystems in Betrieb bleibt.
Daß die Glühstiftkerze den alten Glühdraht fast völlig verdrängt hat, liegt an den großen fertigungstechnischen Fortschritten, die auf diesem Gebiet in den letzten Jahren gemacht wurden. Die heute erhältlichen Glühstiftkerzen der dritten Generation liefern in so kurzer Zeit so viel

Das Blockschaltbild zeigt das elektronisch gesteuerte Schnellstartsystem für einen Personenwagen-Diesel.

BOSCH Schnellstart-System für Diesel-Pkw

Startablauf

- **Glühen**
  Automatisch in »Fahrt«-Stellung des Fahrt-Start-Schalters.
  Glühzeitsteuerung abhängig von Motortemperatur.
  Erlöschende Anzeige zeigt Startbereitschaft
- **Start**
  In »Start«-Stellung des Fahrt-Start-Schalters mit Glühunterstützung.
- **Automatische Sicherheits-Abschaltung nach Startbeendigung oder Startunterbrechung.**

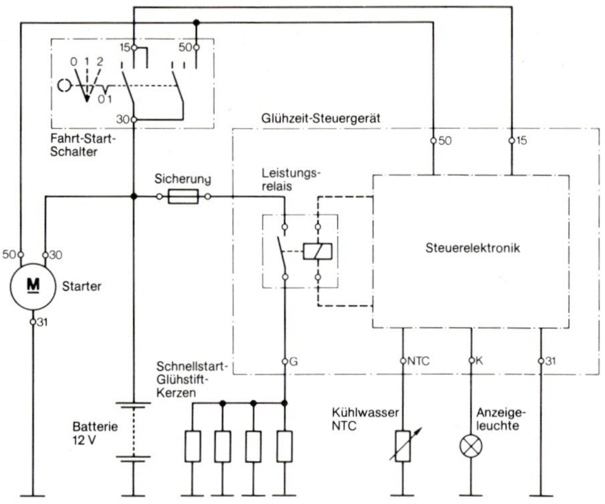

Wärme, daß aus Dieselmotoren ausgesprochene Schnellstarter wurden. In Verbindung mit einem elektronisch gesteuerten Schnellstartsystem (Vorglühautomatik) sind heute die Vorglühzeiten bei Temperaturen über dem Gefrierpunkt auf vier bis zehn Sekunden geschrumpft, und selbst bei Startgrenztemperaturen von minus 25 Grad genügen 20 Sekunden. Damit gehört die oft als Diesel-Gedenkminute verspottete lange Vorglühzeit endgültig der Vergangenheit an.

Da dennoch je nach Außentemperatur unterschiedlich lange Vorglühzeiten notwendig sind, haben auch heute noch alle PKW-Dieselmotoren sogenannte Vorglühüberwacher. Bei den alten Vorglühanlagen mit Glühdrahtkerzen handelt es sich dabei um einen vom Kerzenstrom durchflossenen Widerstandsdraht, der etwas später als die Glühkerzen zu glühen beginnt. Sobald dies der Fall ist, kann gestartet werden. Allerdings ist das Verfahren nicht ganz genau und bei niederen Temperaturen (unter Null Grad) nicht zuverlässig in der Anzeige.

Sicher funktionieren hier die modernen temperaturabhängig gesteuerten Startbereitschaftsanzeigen, die erst dann aufleuchten oder – je nach Schaltung – erlöschen, wenn eine ausreichende Vorglühdauer erreicht ist. Da die verschiedenen Hersteller unterschiedlicher Ansicht über die Funktionsweise der Startbereitschaftsanzeigen bzw. Vorglühüberwacher sind, ist es empfehlenswert, die in diesem Punkt meist genaue Betriebsanleitung des jeweiligen Diesel-Personenwagens gut durchzulesen.

Ebenso wie sich die Vorglühzeit von Dieselmotoren verringert hat, ist die Startprozedur in den letzten Jahren vereinfacht worden. Altgediente Dieselfahrer kennen noch den klassischen Startzugknopf, wie er beim Daimler-Benz in einigen Modellen bis zum Jahr 1979 benutzt wurde. Denn weil der Dieselmotor keine elektrische Zündung benötigt, besaß er früher auch keine Zündschlüssel im eigentlichen Sinne. Gestartet wurde mit einem Zugknopf, allerdings mußte zuvor der Stromkreis für Anlasser und Glühkerzen durch Betätigen des Lenkradschlosses in Funktion gesetzt werden. Der Startzugknopf hatte insgesamt vier Stellungen. Herausziehen bis zur ersten Stufe diente dem Vorglühen, Herausziehen bis zum Anschlag setzte den Anlasser in Betrieb, beim Loslassen stand der Knopf in Fahrstellung.

Die vierte Stellung des Startzugknopfes hatte die Aufgabe, den Motor abzustellen. Denn anders als der Ottomotor kann der Diesel nur durch Absperren der Kraftstoffzufuhr am Weiterlaufen gehindert werden. Dies geschieht durch einen entsprechenden Eingriff in die Einspritzpumpe. Der alte Daimler-Benz Startzugknopf ist daher direkt mit der Pumpe verbunden: Ganz hineingedrückt wird die Einspritzmenge auf Null gestellt und der Motor bleibt stehen.

Alle modernen Diesel-Personenwagen besitzen heute die sogenannte Schlüsselanlassung, wie man sie vom Ottomotor her gewohnt ist. In der Stufe 1 ist dabei das Lenkradschloß entriegelt und die Vorglüheinrichtung eingeschaltet. Nach mehr oder weniger kurzer Vorglühdauer kann in Stufe 2 der Anlasser zwecks Start betätigt werden. Bei den etwas weniger kommoden Einrichtungen ohne Vorglühautomatik muß der Schlüssel gegen Federdruck zum Vorglühen festgehalten werden.

Gerade die Vorglühautomatik hat den Dieselmotor in Verbindung mit

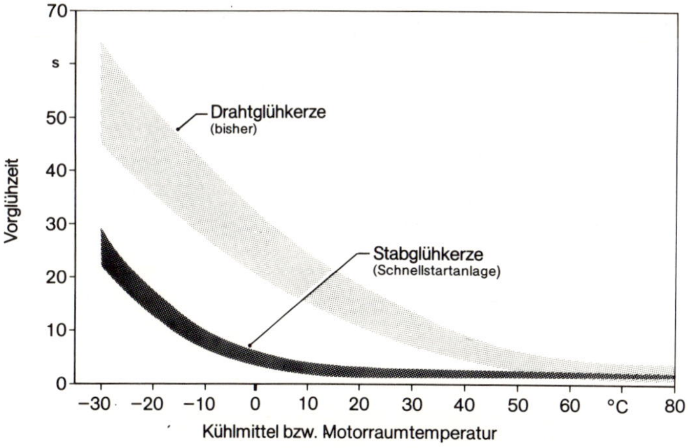

Das Schaubild zeigt die unterschiedliche Vorglühdauer von Drahtglühkerzen und Stabglühkerzen in Abhängigkeit von der Temperatur.

Die Pumpenseite des aus Aluminium gefertigten Peugeot 305-Dieselmotors zeigt die automatische Leerlaufverstellung für den Kaltstart sowie den Handhebel für die Kraftstoffpumpe (zum Entlüften).

den Schnellglühkerzen im Startverhalten noch einen Schritt näher an den Ottomotor gebracht und damit einen wesentlichen Nachteil des Dieselmotors ausgeräumt. Denn hier erfolgt das Vorglühen nicht mehr durch Festhalten des Schlüssels mit der Hand, sondern durch eine automatisch arbeitende Relaisschaltung mit Thermo-Zeiteffekt. Bei Betätigung des Anlaßschalters (Zündschloß) sorgt ein Relais dafür, daß die Glühkerzen an den Batteriestromkreis angeschlossen werden. Nach der jeweiligen Vorglühzeit kann dann gestartet werden. Nach erfolgtem Start und losgelassenem Zündschloß schaltet sich die Vorglühautomatik aus. Eine Sicherheitsschaltung sorgt außerdem dafür, daß, je nach Typ, nach etwa 40 bis 90 Sekunden – wenn z. B. nicht gestartet wurde – die Stromversorgung der Vorglühanlage unterbrochen wird. Dadurch ist ein Entladen der Batterie nicht möglich, auch wenn der Zündschlüssel in der Vorglühstellung vergessen wurde.
Auch das Abstellen des Motors besorgt heute eine kurze Drehung am Zündschlüssel. Eine pneumatisch gesteuerte Unterdruck-Membrane (z. B. Daimler-Benz) oder elektrisch gesteuerte Magnetventile (z. B. Audi) schalten dabei die Einspritzpumpe ab. Sicherheitshalber besitzen jedoch die meisten modernen Einspritzpumpen einen kleinen Hebel zur Handabschaltung, falls das elektro-pneumatische Abschaltsystem versagen sollte.

Ein Diesel braucht keinen Choke

Ein wesentlicher Vorzug des Dieselmotors ist die Tatsache, daß er im Gegensatz zum Ottomotor auch beim Kaltstart keiner Gemischanreicherung (Choke bzw. Startautomatik) bedarf. Aus diesem Grund läuft ein Dieselmotor vor allem im kalten Zustand wesentlich wirtschaftlicher als ein Benziner. Da jedoch im kalten Zustand höhere Reibungswiderstände im Motorinnern zu überwinden sind, ist meist eine Drehzahlregulierung beim Kaltstart vorgesehen, wobei die Leerlaufdrehzahl etwas angehoben wird. Diese Regulierung kann wie bei Daimler-Benz durch einen Drehknopf von Fahrerhand erfolgen, sie kann aber auch automatisch in der Einspritzpumpe vorgenommen werden. In der Regel wird dabei die Einspritzmenge und/oder der Einspritzzeitpunkt verstellt. Letzteres Verfahren wird vorwiegend bei Wirbelkammer-Motoren verwendet und als Kaltstart-Beschleuniger bezeichnet (z. B. VW-Diesel). Die Verstellung erfolgt entweder von Hand wie bei einem Choke, oder automatisch durch einen Wachsthermostat. Die Vorverlegung des Einspritzzeitpunktes dient jedoch nicht nur der besseren Zündung des Gemischs. Als erwünschter Nebeneffekt werden außerdem eine zu starke Rauchentwicklung beim Startvorgang und allzu heftiges Kaltstart-Nageln vermieden. Beide Starthilfe-Verfahren haben nur eine ganz geringfügige Verbrauchserhöhung zur Folge.

Da der Dieselmotor bei kaltem Motor keine Anreicherung braucht, ist er in der Warmlaufphase wesentlich sparsamer als ein Benziner. Das Diagramm zeigt den Vergleich zwischen Otto- und Dieselmotor im Audi 100 unter gleichen Bedingungen.

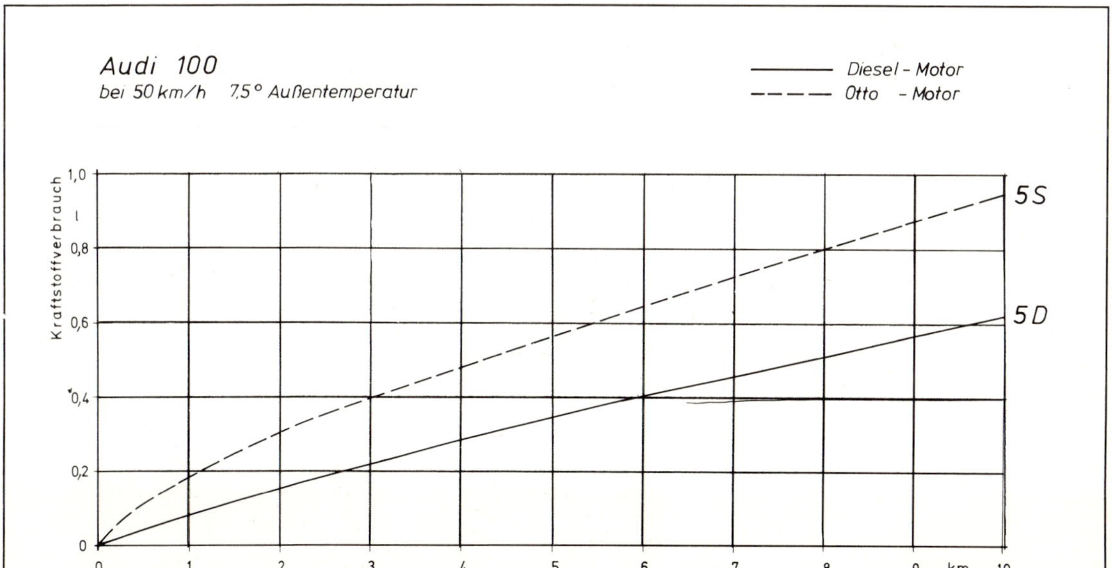

Diesel im Winter

Dieselmotoren haben es, was den Kaltstart angeht, im Winter besonders schwer. Ein wesentlicher Punkt für diese Tatsache ist – wie schon ausführlich behandelt – die Selbstzündung und die dafür erforderlichen hohen Verdichtungstemperaturen. Um diese zu erreichen, besitzen Dieselmotoren neben den erwähnten Vorglühanlagen auch besonders leistungsstarke Batterien und kräftige Anlasser, die den Motor auch bei klirrender Kälte mit ausreichender Drehzahl in Schwung setzen können. Doch nutzen solche Vorkehrungen wenig, wenn die Betriebsstoffe des Dieselmotors – zu ihnen zählt neben dem Kraftstoff auch das Motorschmieröl – der winterlichen Witterung nicht entsprechen.
Bleiben wir zunächst beim Motoröl, wobei in diesem Zusammenhang in erster Linie die Viskosität als Maß für die Zähflüssigkeit interessiert. Je höher diese nämlich ist, umso schleppender läßt sich die Dieselmaschine vom Anlasser in Bewegung setzen, so daß unter Umständen keine ausreichende Verdichtungstemperatur erreicht werden kann. Obwohl der Trend zum Ganzjahres-Öl mit weitgespanntem Viskositätsbereich (z. B. 15 W 50) geht, empfehlen die meisten Diesel-Hersteller für ihre Mo-

An der Einspritzpumpe des Audi 100 5 D ist deutlich der Spritzzeitpunkt-Versteller zu erkennen, der als Regelgröße die Kühlwassertemperatur benutzt.

toren im Winterbetrieb entweder Einbereichsöle geringer Viskositätsklasse (z.B. 10 W) oder Mehrbereichsöle mit geringerem Viskositätsbereich (z.B. 10 W 30). Daimler-Benz und einige andere Hersteller empfehlen sogar für Temperaturen unter minus 15 Grad Mehrbereichsöle der Viskositätsklasse 5 W 20 oder 5 W 30, da sich hierdurch die Kaltstartgrenze um einige Grade verbessern läßt. Diese Empfehlung kann daher auch auf andere Dieselfahrzeuge ausgedehnt werden, wenn diese in sehr kalten Gegenden betrieben werden. Ausgesprochenes Winteröl wie z.B. 5 W 20 sollte jedoch nicht nur rechtzeitig eingefüllt werden, es muß auch rechtzeitig bei Anbruch der warmen Jahreszeit wieder gegen Sommeröl oder Ganzjahresöl gewechselt werden, da Hochtemperaturbeanspruchungen logischerweise nicht zu den Stärken eines Winteröls zählen.
Außer dem Öl, das im Ottomotor ebenso zähflüssig wird wie im Dieselmotor, beeinflußt das eingeschränkte Fließvermögen des Dieselkraftstoffs das Startverhalten. Der Grund: Bei niedrigen Temperaturen scheidet der Dieselkraftstoff Paraffine aus, was im Extremfall, also bei sehr großer Kälte, zur völligen Verfestigung des sonst flüssigen Betriebsstoffes führt. Der sogenannte BPA-Punkt (Beginnende Paraffin-Ausscheidung), der auch als Cloud-Point (Trübungspunkt) bezeichnet wird, liegt bei üblichem Dieselkraftstoff (Sommer-Diesel) bei etwa minus 3° C. Aus diesem Grund schenken die Tankstellen zu Beginn der kalten Jahreszeit sogenannten Winter-Diesel aus, bei dem fließverbessernde Zusätze den Trübungspunkt auf minus 15° C herabsetzen. Bis zu dieser Temperatur ist dann der Motor mit Winterdiesel betriebssicher (siehe auch Seite 129).
Neben dem Trübungspunkt unterscheiden Diesel-Techniker noch zwischen dem Filterverstopfungspunkt und dem Stockpunkt. Schon beim Filterverstopfungspunkt ist einwandfreier Motorbetrieb nicht mehr möglich, und beim Stockpunkt läuft im wahrsten Sinne des Wortes nichts mehr. Denn der sonst flüssige Kraftstoff hat sich in eine feste Paraffinmasse verwandelt, die in der Konsistenz einer Wachskerze nicht unähnlich ist. Wenn dieser Fall eingetreten ist, hilft nur noch Geduld. Jene braucht man nämlich, bis das ganze Auto mit seinem Kraftstoffsystem wieder in einer warmen Garage aufgetaut ist. Wesentlich schneller geht dieser Vorgang in der Trockenkammer einer Lackiererei, aber wer hat die schon im Notfall zur Hand.
Damit dieser Fall gar nicht erst eintritt, kann der Dieselfahrer im Winter Vorkehrungen treffen. Sind sehr niedrige Temperaturen zu erwarten, wenn man beispielsweise zum Skifahren ins Hochgebirge fährt, so kann der Dieselkraftstoff durch Beimischung von Petroleum oder Normalbenzin (kein Super!) für Temperaturen bis etwa maximal minus 25 Grad flüs-

Wenn der Trübungspunkt erreicht ist, fließt der Dieselkraftstoff zwar noch, aber zäher (links). Beim Stockpunkt hat Dieselkraftstoff eine feste Konsistenz (rechts).

sig, also betriebsbereit gehalten werden. Auch Sommerdiesel läßt sich durch diese Methode bei niedrigen Temperaturen verwenden, allerdings nur bis etwa minus 15 Grad. Die Beimischung von Petroleum ist dabei vorzuziehen, weil dadurch die Selbstschmierfähigkeit des Dieselkraftstoffs nicht beeinträchtigt wird und größere Beimengungen möglich sind. So darf Normalkraftstoff nur bis zu einem Anteil von 30% dem Dieselöl zugesetzt werden, während Petroleum bis zu 50% beigemischt werden kann. Der Grund: Wenn zu viel Benzin im Dieselkraftstoff ist, können sich Dampfblasen bilden; außerdem wird wegen der sinkenden Cetanzahl der Zündverzug größer (siehe auch Seite 130).
Aus der folgenden, von Daimler-Benz aufgestellten Tabelle sind die Zusatzmengen, nach Außentemperatur gestaffelt, zu entnehmen. Dabei sollte man nie mehr Fremdkraftstoff zugeben als unbedingt nötig, da die Leistung sinkt und das Betriebsverhalten des Motors schlechter wird. Andererseits ist so früh wie möglich beizumischen, bevor die ersten Paraffinausscheidungen beginnen und das Kraftstoffsystem verstopfen. Bei der Gelegenheit noch ein Tip: Die Beimischung darf aus Sicherheitsgründen nur im Fahrzeugtank erfolgen, wobei es ratsam ist, zuerst den Kraftstoffzusatz (also Petroleum oder Normalbenzin) einzufüllen und dann Diesel nachzutanken.

Außentemperatur °C	Sommer-Dieselkraftstoff %	Zusatz %	Winter-Dieselkraftstoff %	Zusatz %
0° bis −10°	70	30	100	—
−10° bis −15°	50	50[1])	100	—
−15° bis −20°	—	—	70	30
−20° bis −22°	—	—	50	50[1])

[1]) 50% gilt nur für Petroleum!

Da der Dieselmotor abgesehen von seiner Kälteempfindlichkeit ein sehr zuverlässiger Starter ist, lohnt es sich, die folgenden praktischen Tips zu beachten, mit denen sich auch bei sehr kalter Witterung stets eine gute Startbereitschaft des Diesels erzielen läßt.

Kaltstart-Tips für die Praxis

- *Rechtzeitig dünnflüssiges Motoröl einfüllen.*
- *Darauf achten, daß Winterdiesel im Tank ist.*
- *Bei sehr niedrigen Temperaturen rechtzeitig Petroleum oder Normalbenzin beimischen.*
- *Stets für eine gut geladene Batterie sorgen.*
- *Ausreichend lange Vorglühen, unter Umständen länger als die Startbereitschaftskontrolle anzeigt, jedoch nicht länger als eine Minute.*
- *Beim Anlassen Kupplungspedal ganz durchtreten, Gaspedal halb bis ganz durchtreten.*
- *Während des Startens keine anderen Stromverbraucher, wie z.B. heizbare Heckscheibe oder Licht, einschalten.*
- *Den Anlasser nicht länger als etwa eine halbe Minute ununterbrochen betätigen, wenn jedoch vereinzelt Zündungen auftreten, weiterstarten.*
- *Wenn der Motor nicht anspringt, nach einer Pause von gut einer Minute den gesamten Startvorgang wiederholen.*

Praktische Diesel-Ratschläge

Obwohl der Dieselmotor als besonders robust und wartungsunempfindlich gilt, ist es wichtig, auf einige spezifische Eigenarten des Selbstzünders im täglichen Umgang Rücksicht zu nehmen.

1. Tanken

Hier ist primär darauf zu achten, daß Diesel-Personenwagen auch tatsächlich mit Dieselkraftstoff betankt werden. Dieser triviale Hinweis hat durchaus seine Berechtigung, denn viele Diesel stecken im gleichen Blechkleid wie ihre benzingetriebenen Markenkollegen. Außerdem liegen Diesel- und Benzinzapfsäulen oft dicht beieinander. Ist ein Dieseltank aus Versehen mit Benzin gefüllt worden, so kommt es auf die Menge an, ob der Tank wieder geleert werden muß oder nicht. Bei geringen Mengen (unter 30 Prozent der gesamten Tankfüllmenge) kann nach entsprechendem Auffüllen mit Diesel weitergefahren werden, wobei möglichst bald wieder Dieselkraftstoff nachgetankt werden sollte. Bei größeren Mengen bleibt nichts weiter übrig, als den Tank leerzupumpen.
Hinsichtlich der Kraftstoffqualität müssen Dieselkraftstoffe in Deutschland der DIN 51601 entsprechen. Leichtes Heizöl oder Kraftstoffe mit der Bezeichnung »Diesel Fuel« dürfen aus steuerlichen Gründen nicht verwendet werden, obwohl der Motor sehr wohl damit läuft. Seit 1976 ist das Heizöl daher rot eingefärbt und hat zusätzlich noch einen unsichtbaren Indikator (Furfurol), der leicht nachweisbar ist. Gelegentliche Polizeikontrollen sollen die Steuersünder unter den Dieselfahrern entlarven.
Jeder, der seinen Diesel schon einmal selbst getankt hat, wird bemerkt haben, daß sich Dieselkraftstoff erheblich von Benzin unterscheidet. So schäumt beispielsweise Dieseltreibstoff sehr stark und es ist oft schwierig, den Tank bis zum Rand vollzufüllen. Dies ist auch nicht unbedingt anzustreben, denn überlaufender Diesel riecht unangenehm und ist schwer zu entfernen. Beim Selbsttanken ist daher das Benutzen von Handschuhen unbedingt anzuraten. Verschütteter Dieselkraftstoff kann mit einer Mischung von 25 bis 50% Essig und 75 bis 50% Wasser (Konzentration je nach Verschmutzungsgrad stärker wählen) leidlich entfernt werden. Insbesondere der durchdringende Dieselgeruch wird mit dieser Lösung stark gemildert.
Auch ist ganz besonders darauf zu achten, daß immer rechtzeitig getankt

wird. Wer nämlich das komplizierte Kraftstoffsystem eines Dieselpersonenwagens leerfährt, muß eine umständliche Entlüftungsaktion vornehmen. Im günstigsten Falle genügt es bei den modernen selbstentlüftenden Pumpen nach dem Auftanken den Anlasser eine gewisse Zeit (ca. 20 bis 40 Sekunden) laufen zu lassen, bis das schnarrende Entlüftungsgeräusch aus der Pumpe erklingen. Bei nicht selbstentlüftenden Pumpen oder bei zu schwacher Batterie, die keinen längeren Anlasserbetrieb zuläßt, muß umständlich von Hand entlüftet werden. Hierzu sind in jeder Betriebsanleitung die nötigen Hinweise enthalten. Noch besser ist es freilich, rechtzeitig für Kraftstoffnachschub zu sorgen. Dies sollte auch nicht schwerfallen, ist doch die Kilometer-Reichweite der meisten Diesel-PKW außerordentlich hoch.

Bei sogenannten Zollkontrollen überprüft die Polizei, ob in Diesel-Personenwagen kein Heizöl gefahren wird. Außer der roten Farbe besitzt Heizöl noch einen zusätzlichen Indikator (Furfurol), der im rollenden Labor der Polizei leicht nachgewiesen werden kann.

2. Fahren

Jeder Dieselfahrer kennt das besonders nach dem Kaltstart ausgesprochen harte Nageln seines Motors. Wer es daher mit seinen Nachbarn nicht verderben will, fährt nach dem Start möglichst umgehend weg, ohne im Leerlauf eine lange Nagelorgie zu veranstalten. Da das Kaltstartnageln besonders stark von nahestehenden Wänden reflektiert wird ist es vorteilhaft, Diesel-Personenwagen möglichst frei abzustellen.
Beim Fahren erfordert der Diesel nicht viel mehr Aufmerksamkeit als ein Benziner. Allerdings sollte man berücksichtigen, daß der Dieselmotor im Schiebebetrieb stärker bremst. Dies kann Vorteile, aber auch Nachteile haben. Besonders auf glatter Fahrbahn ist die höhere Bremskraft des Diesels einzukalkulieren und in diesem Falle am besten mit getretener Kupplung zu eliminieren, sonst rutscht die Antriebsachse des Wagens beim Gaswegnehmen unvermittelt weg.
Eine weitere spezifische Eigenart des Diesels sollten Langstrecken-Fahrer berücksichtigen: Dieselmotoren sind bei Vollast und hoher Drehzahl nicht sparsamer als Ottomotoren. Wer also auch auf Autobahnen dennoch ökonomisch fahren will, sollte die Vollgasstellung nach Möglichkeit meiden.

3. Wartung

Die Wartungsansprüche des Dieselmotors sind relativ gering, zumal eine elektrische Zündanlage, häufige Störquelle bei der benzingetriebenen Konkurrenz, nicht vorhanden ist. Dennoch sollten im Interesse der Betriebssicherheit die vorgeschriebenen Wartungsarbeiten durchgeführt werden, wenn auch im Falle des Diesels keine Veranlassung besteht, die Wartungsintervalle auf den Kilometer genau einzuhalten.
Wichtigster Bestandteil der Wartungsarbeiten am Dieselmotor sind neben dem Ölwechsel, von dem später noch die Rede sein soll, das turnusgemäße Erneuern der jeweiligen Filter. So verfügt das schmutzempfindliche Kraftstoffsystem über ein Filter – meist mit Wasserabscheider – das regelmäßig gereinigt werden soll. Auch Luftfilter und Ölfilter sind beim Selbstzünder stärker belastet als beim Ottomotor, da der Dieselmotor stets die volle Luftmenge ansaugt und mehr Verbrennungsrückstände ins Schmieröl gelangen.
Aus diesem Grund müssen auch an das Schmieröl höhere Anforderungen als bei Ottomotoren gestellt werden. Denn neben den üblichen Verbrennungsrückständen fallen bei der Verbrennung von Dieselkraftstoff

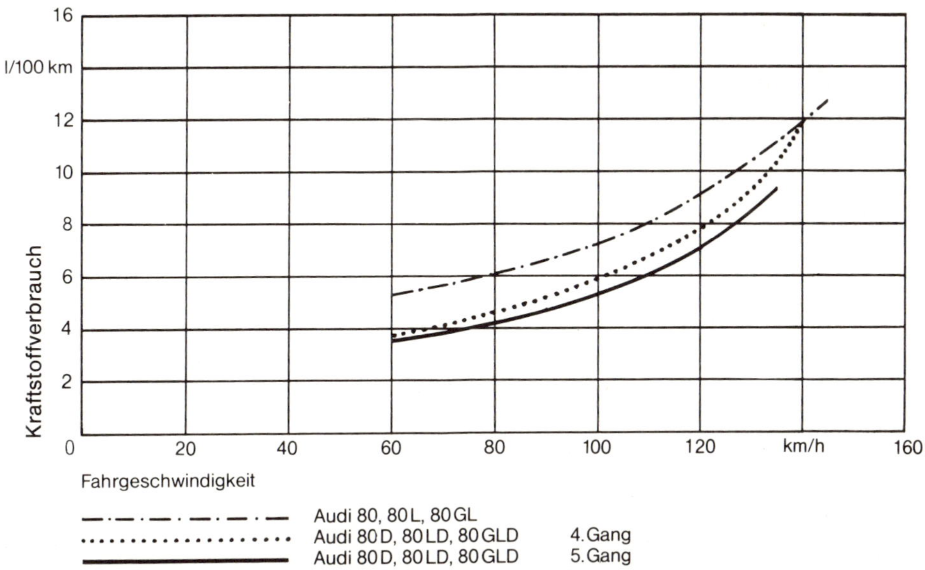

Das Diagramm zeigt den Kraftstoffverbrauch in Abhängigkeit von der Geschwindigkeit des Audi 80 Diesel mit vier und fünf Gängen sowie im Vergleich zum Audi 80 Benziner. Man sieht, daß bei gleicher Übersetzung der Diesel bei hoher Geschwindigkeit fast ebenso viel braucht wie der Benziner. Mit dem drehzahlsenkenden 5. Schongang ist der Verbrauch insgesamt deutlich niedriger.

auch Schwefelverbindungen an, die, wenn sie nicht vom Schmieröl neutralisiert werden, als schweflige Säure im Motorinnern Korrosion hervorrufen. Im Gegensatz zum Ottomotor tritt zwar keine Ölverdünnung durch Kraftstoff auf, aber aus den genannten Gründen sollten sich Durchschnittsfahrer an die vorgeschriebenen Ölwechselintervalle halten. Ausgesprochene Vielfahrer können die Wechselabstände auf etwa 10000 Kilometer ausdehnen.

Bei der Wahl der Ölsorte geht die Tendenz, wie schon erwähnt, zunehmend zum Ganzjahresöl mit sehr breitem Viskositätsbereich (z.B. 15 W 50). Allerdings sind Öle dieser Art keine besonderen Dieselöle, sondern qualitativ hochwertige Schmierstoffe für Ottomotoren. Preiswerter und für den Betrieb von Dieselmotoren besser geeignet sind spezielle Diesel-Motoröle, wie sie fast jeder Mineralöl-Hersteller anbietet. In diesen Diesel-Motorölen sind besondere Verschmutzungs-Lösungsmittel auf der Basis von Metallseifen enthalten, die vor allem schweflige Säuren neutralisieren. Grundsätzlich ist jedoch darauf zu achten, daß nur Marken HD-Öle der API-Klassifikation (API = American Petroleum Institute) CC bzw. CD verwendet werden, um die erhöhten Qualitätsanforderungen der Dieselmotoren sicherzustellen. Turbodiesel erfordern meist eine noch höhere Ölqualität, wegen der höheren Drücke und der höheren Verbrennungs-Temperaturen. Empfehlungen der Hersteller sind dringend zu beachten. Gleiches gilt für die strenge Einhaltung der Ölwechsel-Intervalle bei aufgeladenen Dieselmotoren.

4. Rauchentwicklung

Rußende und qualmende Dieselfahrzeuge sind für die Umwelt ein Ärgernis und eine Belästigung. Außerdem tragen sie dazu bei, den Ruf des Dieselmotors als Fahrzeugantrieb zu schädigen. Dabei ist übermäßige Rußentwicklung vermeidbar und sollte auch vermieden werden, zumal sie außerdem unnötig Kraftstoff kostet. Doch stößt der Dieselmotor Rauchwolken verschiedener Konsistenz aus, die auch verschiedene Ursachen haben.
Das bekannte schwarze Rußen des Dieselmotors hat im Prinzip nur einen einzigen Grund: Das Kraftstoff-Luftverhältnis stimmt nicht. Der Motor bekommt also zu wenig Luft oder zu viel Kraftstoff. Die Ursache für den Luftmangel liegt oft bei einem verschmutzten Luftfilter, eine Wartungssünde also. Aber auch in großen Höhen, wo im wahrsten Sinne des Wortes dünne Luft herrscht, rußen Dieselmotoren, wenn die Einspritzmenge nicht der geringeren Luftdichte angepaßt wird. Letzteres ist durch Druckdosen ohne weiteres möglich und wird bei modernen Dieselmotoren in zunehmendem Maße praktiziert. Wenn trotz sauberer Atemwege und normalem athmosphärischem Druck bei Vollast zu starke Rauchentwicklung auftritt, empfiehlt sich eine Überprüfung und Justierung der Einspritzpumpe. Unter Umständen können auch defekte Einspritzdüsen zu rußender Verbrennung führen.
Andere Ursachen hat in der Regel das Auftreten von bläulich-weißem Rauch, in der Fachsprache oft als Weißrauch bezeichnet. Jener tritt vorwiegend nach dem Kaltstart von Wirbelkammermotoren auf und ist ein Indiz für unvollständige Verbrennung bei kaltem Motor. Er ist stark von der Form der Wirbelkammer abhängig und läßt sich durch Verlegung des Einspritzpunkts beeinflussen. Die Färbung des Rauches wird durch Kohlenwasserstoff-Kondensate und unverbrannten Kraftstoff verursacht. Nach kurzer Laufzeit muß der Weißrauch verschwinden.
Tritt auch bei warmem Motor bläulicher Rauch aus dem Auspuff, so ist dies ein Zeichen dafür, daß Schmieröl verbrannt wird. In diesem Fall liegt erhöhter Verschleiß an den Ventilführungen, Ventilschäften oder am Zylinder und den Kolbenringen vor. Falls jedoch der Ölverbrauch nicht über Gebühr ansteigt, ist leichter Blaurauch bei warmer Maschine kein Grund, sofort eine Motorüberholung zu veranlassen.

Die Typologie der Diesel-Personenwagen

Welche Diesel-Personenwagen bisher gebaut wurden

Es wäre ein leichtes gewesen, vor fünfzehn Jahren eine Typologie der bis dahin gebauten Diesel-Personenwagen aufzustellen. Damals nämlich gab es nur zwei Firmen, die sich ernsthaft mit dem Dieselmotor als Antriebsquelle für Personenwagen beschäftigten: Mercedes-Benz und Peugeot. Entsprechend dürftig war das Angebot auf diesem Sektor. Ganze 15 verschiedene Modelle hätte eine solche Aufstellung umfaßt, die ersten Gehversuche mit dem Pkw-Diesel vor dem 2. Weltkrieg inbegriffen.

Heute hat man es da schon wesentlich schwerer, auf dem laufenden zu bleiben. In den zwei Jahren, als dieses Buch geschrieben wurde, kamen allein in Deutschland 17 neue Dieselmodelle auf den Markt. Ganz zu schweigen von den ausländischen Aktivitäten in diesem Zeitraum. Inzwischen beläuft sich die Anzahl der verschiedenen Diesel-Personenwagen dieser Typologie auf weit über 100 Modelle – und man kann sagen, fast wöchentlich werden es mehr. So war es nicht immer ganz einfach, alle gewünschten Daten zusammenzubekommen. Bei den neuesten Entwicklungen war manchmal das Informationsmaterial noch nicht vorhanden, bei den ganz alten war es zum Teil nicht mehr auffindbar. Es bleiben dennoch nur wenige Lücken.

Der guten Übersichtlichkeit wegen und aus Platzgründen mußten in der Daten-Tabelle hin und wieder Kürzel verwendet werden. Was sie und einige andere Begriffe bedeuten, sei im folgenden erklärt:

Bauart: R = Reihenmotor, V = V-Motor
Spezifische Leistung: bezogen auf Hubraum in Litern
Drehmoment: 1 Kilopondmeter (kpm) ≈ 10 Newtonmeter (Nm)
Verbrennungsverfahren:
WK = Wirbelkammer; VK = Vorkammer; D = Direkteinspritzer
Ventilsteuerung:
ohv = overhead valves = untenliegende Nockenwelle
ohc = overhead camshaft = obenliegende Nockenwelle
Einspritzpumpe: VP = Verteilerpumpe; RP = Reihenpumpe
Ladedruck: Überdruck im Saugrohr
Gesamtübersetzung: im obersten Gang
Geschwindigkeit pro 1000 min^{-1}: im obersten Gang
Kraftstoffverbrauch nach DIN 70030:
Ab 1979 bei 90 km/h/bei 120 km/h/Stadtzyklus

Alfa Romeo Giulia Diesel
(1977 bis 1979)

Erster Diesel-Personenwagen des italienischen Staatskonzerns Alfa Romeo mit Vierzylinder-Dieselmotor des britischen Motorenherstellers Perkins. Abgesehen vom Motor und der niedrigeren Antriebsübersetzung mit der Benzin-Version Giulia Super identisch. Nur in Italien angeboten.

Fahrzeug-Typ		Alfa Romeo Giulia Diesel (1977–1979)
Zylinderzahl/Bauart/Einbau		4/R/längs
Hubraum	cm^3	1760
Bohrung × Hub	mm	79,4×88,9
Leistung	kW (PS) bei min^{-1}	38 (52)/4000
Spezifische Leistung	kW/L (PS/L)	21,6 (29,5)
Drehmoment	Nm bei min^{-1}	108/2200
Verdichtungsverhältnis		22,0:1
Verbrennungsverfahren		Wirbelkammer
Gewicht	kg	150
Werkstoff Zylinderkopf		Grauguß
Werkstoff Motorgehäuse		Grauguß
Ventilsteuerung/Nockenwellenantrieb		ohv/Stirnräder
Kurbelwellenlager		3
Einspritzpumpe		VP CAV
Turbolader		–
Maximaler Ladedruck	bar	–
Ölinhalt	L	6,0
Antrieb		Hinterräder
Getriebe		5-Gang
Gesamtübersetzung		4,10:1
Geschwindigkeit pro 1000/min	km/h	34,5
Leergewicht	kg	1130
Höchstgeschwindigkeit	km/h	138
Beschleunigung 0–100 km/h	s	25
DIN-Verbrauch	L/100 km	–
Kraftstofftank	L	46
Ölwechsel/Inspektion	km	5000/10000

Alfa Romeo Alfetta Turbodiesel
(ab 1979)

Diesel-Version der Alfetta 2000 mit Vierzylindermotor des italienischen Herstellers V. M. Besonderheiten:
hintenliegendes Fünfganggetriebe und De Dion-Hinterachse. Seit 1983 Motor mit 2,4 Liter Hubraum. Nur dieses Modell wird in Deutschland angeboten.

Fahrzeug-Typ		Alfa Romeo Alfetta 2,0 TD (1979–1982)	Alfa Romeo Alfetta 2,4 TD (ab 1983)
Zylinderzahl/Bauart/Einbau		4/R/längs	
Hubraum	cm^3	1995	2393
Bohrung×Hub	mm	88,0×82,0	92,0×90,0
Leistung	kW (PS) bei min^{-1}	61 (82)/4300	68 (93)/4200
Spezifische Leistung	kW/L (PS/L)	30,3 (41,1)	28,4 (38,9)
Drehmoment	Nm bei min^{-1}	162/2300	186/2400
Verdichtungsverhältnis		22:1	23:1
Verbrennungsverfahren		Wirbelkammer	
Gewicht	kg	207	215
Werkstoff Zylinderkopf		Grauguß	
Werkstoff Motorgehäuse		Grauguß	
Ventilsteuerung/Nockenwellenantrieb		ohv/Stirnräder	
Kurbelwellenlager		5	
Einspritzpumpe		VP Bosch	
Turbolader		KKK	
Maximaler Ladedruck	bar	0,9	
Ölinhalt	L	6,1	
Antrieb		Hinterrad	
Getriebe		5-Gang	
Gesamtübersetzung		3,198:1	2,98:1
Geschwindigkeit pro 1000/min	km/h	35,3	38,1
Leergewicht	kg	1270	
Höchstgeschwindigkeit	km/h	158	165
Beschleunigung 0–100 km/h	s	16,5	15,0
DIN-Verbrauch	L/100 km	6,2/8,0/9,5	6,0/7,8/9,0
Kraftstofftank	L	49	
Ölwechsel/Inspektion	km	5000/10 000	

Alfa Romeo Alfa 90

(ab 1984)

Viertürige Limousine auf der Basis der Alfetta. 2,4 Liter Vierzylinder von VM mit Turboaufladung unverändert. Transaxle-Bauweise mit Heckantrieb und hinten liegendem Getriebe.

Fahrzeug-Typ		Alfa Romeo Alfa 90 (ab 1984)
Zylinderzahl/Bauart/Einbau		4/R/längs
Hubraum	cm^3	2393
Bohrung × Hub	mm	92,0×90,0
Leistung	kW (PS) bei min^{-1}	81 (110)/4200
Spezifische Leistung	kW/L (PS/L)	33,8 (46,0)
Drehmoment	Nm bei min^{-1}	186/2400
Verdichtungsverhältnis		23,0:1
Verbrennungsverfahren		Wirbelkammer
Gewicht	kg	215
Werkstoff Zylinderkopf		Grauguß
Werkstoff Motorgehäuse		Grauguß
Ventilsteuerung/Nockenwellenantrieb		ohv/Stirnräder
Kurbelwellenlager		5
Einspritzpumpe		VP Bosch
Turbolader		KKK
Maximaler Ladedruck	bar	0,9
Ölinhalt	L	6,1
Antrieb		Hinterräder
Getriebe		5-Gang
Gesamtübersetzung		2,98:1
Geschwindigkeit pro 1000/min	km/h	38,1
Leergewicht	kg	1250
Höchstgeschwindigkeit	km/h	178
Beschleunigung 0–100 km/h	s	15,4
DIN-Verbrauch	L/100 km	–
Kraftstofftank	L	49
Ölwechsel/Inspektion	km	5000/10000

Audi 100 5 D
(1978 bis 1982)

Viertürige Limousine mit Diesel-Version des auch als Benziner in verschiedenen Hubraum-Varianten angebotenen Audi-Fünfzylindermotors. Wahlweise zur Stufenheck-Limousine auch als Schrägheck-Ausführung Avant mit großer Heckklappe gebaut.

Fahrzeug-Typ		Audi 100 5 D (1978–1982	
Zylinderzahl/Bauart/Einbau		5/R/längs	
Hubraum	cm^3	1986	
Bohrung × Hub	mm	76,5×86,4	
Leistung	kW (PS) bei min^{-1}	51 (70)/4800	
Spezifische Leistung	kW/L (PS/L)	25,6 (35,2)	
Drehmoment	Nm bei min^{-1}	129/3000	
Verdichtungsverhältnis		23,0:1	
Verbrennungsverfahren		Wirbelkammer	
Gewicht	kg	181	
Werkstoff Zylinderkopf		Leichtmetall	
Werkstoff Motorgehäuse		Grauguß	
Ventilsteuerung/Nockenwellenantrieb		ohc/Zahnriemen	
Kurbelwellenlager		6	
Einspritzpumpe		VP Bosch	
Turbolader		–	
Maximaler Ladedruck	bar	–	
Ölinhalt	L	4,5	
Antrieb		Vorderräder	
Getriebe		4-Gang	5-Gang
Gesamtübersetzung		3,685:1	3,268:1
Geschwindigkeit pro 1000/min	km/h	29,5	33,2
Leergewicht	kg	1210	
Höchstgeschwindigkeit	km/h	150	
Beschleunigung 0–100 km/h	s	17,9	
DIN-Verbrauch	L/100 km	6,0/8,5/9,0	5,4/7,5/9,0
Kraftstofftank	L	60	
Ölwechsel/Inspektion	km	7500/15000	

Audi 100 Diesel und Turbodiesel

(ab 1982)

Neue, aerodynamisch optimierte Karosserie, aber prinzipiell unveränderte Mechanik. Wahlweise zum vom Vorgängermodell übernommenen Fünfzylinder-Dieselmotor ab 1983 auch mit Turbodiesel lieferbar.
Ab 1983 zusätzlich in Kombi-Form als Avant gebaut.

Fahrzeug-Typ		Audi 100 Diesel (ab 1982)	Audi 100 Turbodiesel (ab 1983)
Zylinderzahl/Bauart/Einbau		5/R/längs	
Hubraum	cm^3	1986	
Bohrung×Hub	mm	76,5×86,4	
Leistung	kW (PS) bei min^{-1}	51 (70)/4800	64(87)/4500
Spezifische Leistung	kW/L (PS/L)	25,6 (35,2)	32,2 (43,8)
Drehmoment	Nm bei min^{-1}	129/3000	172/2750
Verdichtungsverhältnis		23,0:1	
Verbrennungsverfahren		Wirbelkammer	
Gewicht	kg	181	
Werkstoff Zylinderkopf		Leichtmetall	
Werkstoff Motorgehäuse		Grauguß	
Ventilsteuerung/Nockenwellenantrieb		ohc/Zahnriemen	
Kurbelwellenlager		6	
Einspritzpumpe		VP Bosch	
Turbolader		–	Garrett
Maximaler Ladedruck	bar	–	0,7
Ölinhalt	L	4,5	5,0
Antrieb		Vorderräder	
Getriebe		5-Gang (a. W. Automatik)	
Gesamtübersetzung		4,556:1	4,111:1
Geschwindigkeit pro 1000/min	km/h	38,9	43,1
Leergewicht	kg	1210	1250
Höchstgeschwindigkeit	km/h	156	173
Beschleunigung 0–100 km/h	s	18,2	14,0
DIN-Verbrauch	L/100 km	4,5/6,3/9,0	4,9/7,1/9,0
Kraftstofftank	L	80	
Ölwechsel/Inspektion	km	7500/15000	

Audi 80 Diesel und Turbodiesel
(ab 1980)

Zwei- oder viertürige Limousine mit Vierzylinder-Dieselmotor. Ab 1982 auch als Turbodiesel lieferbar. Verschiedene Ausstattungsvarianten stehen zur Wahl. Neu ab 1984: leicht modifizierte Front- und Heckpartie, aufgewertete Innenausstattung.

Fahrzeug-Typ		Audi 80 Diesel (ab 1980)	Audi 80 Turbodiesel (ab 1982)
Zylinderzahl/Bauart/Einbau		4/R/längs	
Hubraum	cm^3	1588	
Bohrung×Hub	mm	76,5×86,4	
Leistung	kW (PS) bei min^{-1}	40 (54)/4800	52 (70)/4500
Spezifische Leistung	kW/L (PS/L)	25,1 (34,3)	32,5 (44,1)
Drehmoment	Nm bei min^{-1}	102/2000	130/2600
Verdichtungsverhältnis		23,0:1	
Verbrennungsverfahren		Wirbelkammer	
Gewicht	kg	120	
Werkstoff Zylinderkopf		Leichtmetall	
Werkstoff Motorgehäuse		Grauguß	
Ventilsteuerung/Nockenwellenantrieb		ohc/Zahnriemen	
Kurbelwellenlager		5	
Einspritzpumpe		VP Bosch	
Turbolader		–	KKK und Garrett
Maximaler Ladedruck	bar	–	0,7
Ölinhalt	L	3,5	
Antrieb		Vorderräder	
Getriebe		4-Gang/5-Gang	5-Gang
Gesamtübersetzung		3,00:1 (5-Gang)	3,00:1
Geschwindigkeit pro 1000/min	km/h	36,4 (5-Gang)	36,4
Leergewicht	kg	980	1000
Höchstgeschwindigkeit	km/h	140	158
Beschleunigung 0–100 km/h	s	20	14,5
DIN-Verbrauch	L/100 km	4,4/6,5/7,0 (5-G.)	4,8/6,8/7,2
Kraftstofftank	L	68	
Ölwechsel/Inspektion	km	7500/15000	

Austin Taxi FX 4

(ab 1958)

Kompromißlos auf den Taxi-Betrieb zugeschnittene viertürige Limousine mit Trennscheibe und bis zu sieben Sitzplätzen. Von BMC (heute Leyland) entwickelter Vierzylindermotor. Robustes Fahrwerk mit 16 Zoll-Rädern und Trommelbremsen. Besonderheit: Wendekreis nur 7,6 Meter.

Fahrzeug-Typ		Austin Taxi FX 4 (1958–1968)	Austin Taxi FX 4 (ab 1968)
Zylinderzahl/Bauart/Einbau		4/R/längs	
Hubraum	cm^3	2178	2520
Bohrung×Hub	mm	82,6×101,6	88,9×101,6
Leistung	kW (PS) bei min^{-1}	41 (55)/3500	45 (61)/3500
Spezifische Leistung	kW/L (PS/L)	18,9 (25,3)	17,9 (24,2)
Drehmoment	Nm bei min^{-1}	120/2800	147/2000
Verdichtungsverhältnis		20,0:1	
Verbrennungsverfahren		Wirbelkammer	
Gewicht	kg	242	258
Werkstoff Zylinderkopf		Grauguß	
Werkstoff Motorgehäuse		Grauguß	
Ventilsteuerung/Nockenwellenantrieb		ohv/Stirnräder	
Kurbelwellenlager		3	
Einspritzpumpe		VP CAV	
Turbolader		–	
Maximaler Ladedruck	bar	–	
Ölinhalt	L	5,7	5,7
Antrieb		Hinterräder	
Getriebe		4-Gang (a. W. Automatik)	
Gesamtübersetzung		5,12:1	3,9:1
Geschwindigkeit pro 1000/min	km/h	32,5	
Leergewicht	kg	1728	1600
Höchstgeschwindigkeit	km/h	95	105
Beschleunigung 0–100 km/h	s	–	–
DIN-Verbrauch	L/100 km	–	–
Kraftstofftank	L	52	
Ölwechsel/Inspektion	km	5000/5000	

Austin Cambridge
(1962 bis 1968)
Morris Oxford
(1962 bis 1968)

Viertürige Mittelklasse-Limousine konservativer Machart. Auch als viertüriger Kombi (Traveller) lieferbar. Austin und Morris unterscheiden sich nur durch kleinere Karosserie-Details und abweichende Innenausstattung. 1,5 Liter-Diesel auf der Basis des 1,6 Liter-Ottomotors der sogenannten B-Serie.

Fahrzeug-Typ		Austin Cambridge / Morris Oxford (1962–1968)
Zylinderzahl/Bauart/Einbau		4/R/längs
Hubraum	cm^3	1489
Bohrung × Hub	mm	73,0×88,9
Leistung	kW (PS) bei min^{-1}	29 (40)/4000
Spezifische Leistung	kW/L (PS/L)	19,5 (26,9)
Drehmoment	Nm bei min^{-1}	86/1900
Verdichtungsverhältnis		23,0:1
Verbrennungsverfahren		Wirbelkammer
Gewicht	kg	ca. 180
Werkstoff Zylinderkopf		Grauguß
Werkstoff Motorgehäuse		Grauguß
Ventilsteuerung/Nockenwellenantrieb		ohv/Stirnrad
Kurbelwellenlager		3
Einspritzpumpe		VP CAV
Turbolader		–
Maximaler Ladedruck	bar	–
Ölinhalt	L	4,3
Antrieb		Hinterräder
Getriebe		4-Gang
Gesamtübersetzung		4,3:1
Geschwindigkeit pro 1000/min	km/h	26,6
Leergewicht	kg	1160
Höchstgeschwindigkeit	km/h	107
Beschleunigung 0–100 km/h	s	43
DIN-Verbrauch	L/100 km	–
Kraftstofftank	L	45
Ölwechsel/Inspektion	km	5000/10000

BMW 524 TD
(ab 1983)

Erster Diesel-Personenwagen von BMW. Viertürige Limousine auf der Basis der Fünfer-Reihe. Sechszylinder-Dieselmotor ausschließlich mit Turboaufladung lieferbar. Wahlweise zum Fünfganggetriebe auch mit 4-Gang-Automatik und Wandlerüberbrückung im obersten Gang erhältlich.

Fahrzeug-Typ		BMW 524 TD (ab 1983)
Zylinderzahl/Bauart/Einbau		6/R/längs
Hubraum	cm^3	2443
Bohrung×Hub	mm	80,0×81,0
Leistung	kW (PS) bei min^{-1}	85 (115)/4800
Spezifische Leistung	kW/L (PS/L)	34,7 (46,9)
Drehmoment	Nm bei min^{-1}	210/2400
Verdichtungsverhältnis		22,0:1
Verbrennungsverfahren		Wirbelkammer
Gewicht	kg	–
Werkstoff Zylinderkopf		Leichtmetall
Werkstoff Motorgehäuse		Grauguß
Ventilsteuerung/Nockenwellenantrieb		ohc/Zahnriemen
Kurbelwellenlager		7
Einspritzpumpe		VP Bosch
Turbolader		Garrett
Maximaler Ladedruck	bar	0,8
Ölinhalt	L	4,5
Antrieb		Hinterräder
Getriebe		5-Gang (a. W. Automatik)
Gesamtübersetzung		2,55:1
Geschwindigkeit pro 1000/min	km/h	45,6
Leergewicht	kg	1300
Höchstgeschwindigkeit	km/h	180
Beschleunigung 0–100 km/h	s	12,9
DIN-Verbrauch	L/100 km	5,2/7,0/9,0
Kraftstofftank	L	70
Ölwechsel/Inspektion	km	nach Serviceintervall-Anzeige

Borgward Hansa 1800 Diesel

(1952 bis 1954)

Erster und einziger Diesel-Personenwagen von Borgward. Wahlweise als zwei- oder viertürige Limousine und als zweitüriger Kombi lieferbar. Dieselmotor als Ableger des gleichgroßen Benziners. Besonderheit: erstes deutsches Auto in Ponton-Form.

Fahrzeug-Typ		Borgward Hansa 1800 Diesel (1952–1954)
Zylinderzahl/Bauart/Einbau		4/R/längs
Hubraum	cm^3	1758
Bohrung × Hub	mm	78×92
Leistung	kW (PS) bei min^{-1}	31 (42)/3700
Spezifische Leistung	kW/L (PS/L)	17,6 (23,9)
Drehmoment	Nm bei min^{-1}	104/2200
Verdichtungsverhältnis		19,8:1
Verbrennungsverfahren		Wirbelkammer
Gewicht	kg	–
Werkstoff Zylinderkopf		Grauguß
Werkstoff Motorgehäuse		Grauguß
Ventilsteuerung/Nockenwellenantrieb		ohv/Stirnräder
Kurbelwellenlager		3
Einspritzpumpe		RP Bosch
Turbolader		–
Maximaler Ladedruck	bar	–
Ölinhalt	L	6
Antrieb		Hinterräder
Getriebe		4-Gang
Gesamtübersetzung		4,28:1
Geschwindigkeit pro 1000/min	km/h	28,9
Leergewicht	kg	1230 (1280 viert.)
Höchstgeschwindigkeit	km/h	105
Beschleunigung 0–100 km/h	s	42
DIN-Verbrauch	L/100 km	–
Kraftstofftank	L	40
Ölwechsel/Inspektion	km	–

Citroen CX 2200 D
(1975 bis 1978)
Citroen CX 2500 D
(ab 1978)

Viertürige Limousine mit Frontantrieb und hydropneumatischer Federung. In verschiedenen Ausstattungs- und Karosserie-Varianten lieferbar, auch als Limousine mit verlängertem Radstand und als Kombi (Break), wahlweise mit drei Sitzreihen (Familiale).

Fahrzeug-Typ		Citroen CX 2200 D (1975–1978)	Citroen CX 2500 D (ab 1978)	Citroen CX 2500 D (ab 1978)
Zylinderzahl/Bauart/Einbau		4/R/quer		
Hubraum	cm^3	2175	2500	2500
Bohrung × Hub	mm	90,0×85,5	93,0 ×92,0	93,0×92,0
Leistung	kW (PS) bei min^{-1}	49 (66)/4500	55 (75) 4250	55 (75)/4250
Spezifische Leistung	kW/L (PS/L)	22 (30)	22 (30)	22 (30)
Drehmoment	Nm bei min^{-1}	126/2750	150/2000	150/2000
Verdichtungsverhältnis		22,3:1		
Verbrennungsverfahren		Wirbelkammer		
Gewicht	kg	183	184	184
Werkstoff Zylinderkopf		Leichtmetall		
Werkstoff Motorgehäuse		Grauguß		
Ventilsteuerung/Nockenwellenantrieb		ohv/Stirnräder		
Kurbelwellenlager		5		
Einspritzpumpe		VP Roto-Diesel		
Turbolader		–		
Maximaler Ladedruck	bar	–		
Ölinhalt	L	4,6	5,8	5,8
Antrieb		Vorderräder		
Getriebe		4-Gang	4-Gang	5-Gang
Gesamtübersetzung		4,77:1	4,54:1	4,54:1
Geschwindigkeit pro 1000/min	km/h	31,0	32,6	35,5
Leergewicht	kg	1340	1345	1345
Höchstgeschwindigkeit	km/h	146	147	156
Beschleunigung 0–100 km/h	s	22,0	18,5	18,5
DIN-Verbrauch	L/100 km	6,3/8,4/10,0	6,5/8,7/8,9	6,1/8,1/8,9
Kraftstofftank	L	68		
Ölwechsel/Inspektion	km	7500/20000		

Citroen CX 25 RD/TRD Turbo

(ab 1983)

Turbo-Version des CX 2500 D. In zwei verschiedenen Ausstattungsvarianten und auch als Limousine mit längerem Radstand und als Kombi (Break/Familiale) lieferbar. Etwas straffer ausgelegtes Fahrwerk entsprechend dem CX 25 GTI mit Benzinmotor.

Fahrzeug-Typ		citroen CX 25 RD/TRD Turbo (ab 1983)
Zylinderzahl/Bauart/Einbau		4/R/quer
Hubraum	cm^3	2500
Bohrung×Hub	mm	93,0×92,0
Leistung	kW (PS) bei min^{-1}	70 (95)/3700
Spezifische Leistung	kW/L (PS/L)	28,2 (38,3)
Drehmoment	Nm bei min^{-1}	216/2000
Verdichtungsverhältnis		22,3:1
Verbrennungsverfahren		Wirbelkammer
Gewicht	kg	190
Werkstoff Zylinderkopf		Leichtmetall
Werkstoff Motorgehäuse		Grauguß
Ventilsteuerung/Nockenwellenantrieb		ohv/Stirnräder
Kurbelwellenlager		5
Einspritzpumpe		VP Roto-Diesel/Bosch
Turbolader		Garrett
Maximaler Ladedruck	bar	0,6
Ölinhalt	L	5,8
Antrieb		Vorderräder
Getriebe		5-Gang
Gesamtübersetzung		2,57:1
Geschwindigkeit pro 1000/min	km/h	46,2
Leergewicht	kg	1405
Höchstgeschwindigkeit	km/h	175
Beschleunigung 0–100 km/h	s	13,3
DIN-Verbrauch	L/100 km	5,7/7,3/8,6
Kraftstofftank	L	68
Ölwechsel/Inspektion	km	5000/20000

Citroen BX 19 RD/TRD

(ab 1983)

Viertürige Mittelklasse-Limousine mit Frontantrieb und hydropneumatischer Federung. Vierzylinder Dieselmotor gemeinsam mit dem Peugeot 305 GRD und Talbot Horizon LD. In zwei Ausstattungsversionen lieferbar, auf Wunsch mit Servolenkung.

Fahrzeug-Typ		Citroen BX 19 RD/TRD (ab 1983)
Zylinderzahl/Bauart/Einbau		4/R/quer
Hubraum	cm^3	1905
Bohrung × Hub	mm	83,0×88,0
Leistung	kW (PS) bei min^{-1}	48 (65)/4600
Spezifische Leistung	kW/L (PS/L)	25,1 (34,1)
Drehmoment	Nm bei min^{-1}	120/2000
Verdichtungsverhältnis		23,5:1
Verbrennungsverfahren		Wirbelkammer
Gewicht	kg	–
Werkstoff Zylinderkopf		Leichtmetall
Werkstoff Motorgehäuse		Grauguß
Ventilsteuerung/Nockenwellenantrieb		ohc/Zahnriemen
Kurbelwellenlager		5
Einspritzpumpe		VP Roto-Diesel
Turbolader		–
Maximaler Ladedruck	bar	–
Ölinhalt	L	5,0
Antrieb		Vorderräder
Getriebe		5-Gang
Gesamtübersetzung		2,98:1
Geschwindigkeit pro 1000/min	km/h	36,1
Leergewicht	kg	990
Höchstgeschwindigkeit	km/h	157
Beschleunigung 0–100 km/h	s	15,5
DIN-Verbrauch	L/100 km	4,7/6,2/6,5
Kraftstofftank	L	52
Ölwechsel/Inspektion	km	7500/20000

Citroen Visa 17 D/RD
(ab 1984)

Viertürige Limousine der unteren Mittelklasse mit Frontantrieb in zwei Ausstattungsvarianten wahlweise mit Vier- und Fünfganggetriebe. Vierzylinder-Dieselmotor wie im Peugeot 205 GLD/GRD, mit 1,7 Liter Hubraum eine kleinere Variante des 1,9 Liter Diesels im Citroen BX.

Fahrzeug-Typ		Citroen Visa 17 RD (ab 1984)
Zylinderzahl/Bauart/Einbau		4/R/quer
Hubraum	cm^3	1769
Bohrung×Hub	mm	80,0×88,0
Leistung	kW (PS) bei min^{-1}	44 (60)/4600
Spezifische Leistung	kW/L (PS/L)	24,9 (33,9)
Drehmoment	Nm bei min^{-1}	110/2000
Verdichtungsverhältnis		23,0:1
Verbrennungsverfahren		Wirbelkammer
Gewicht	kg	–
Werkstoff Zylinderkopf		Leichtmetall
Werkstoff Motorgehäuse		Grauguß
Ventilsteuerung/Nockenwellenantrieb		ohc/Zahnriemen
Kurbelwellenlager		5
Einspritzpumpe		VP Bosch
Turbolader		–
Maximaler Ladedruck	bar	–
Ölinhalt	L	4,6
Antrieb		Vorderräder
Getriebe		4-Gang (a.W. 5-Gang)
Gesamtübersetzung		2,87:1
Geschwindigkeit pro 1000/min	km/h	–
Leergewicht	kg	890
Höchstgeschwindigkeit	km/h	152
Beschleunigung 0–100 km/h	s	15,9
DIN-Verbrauch	L/100 km	4,3/5,9/5,5
Kraftstofftank	L	43
Ölwechsel/Inspektion	km	7500/20000

Datsun/Nissan Cedric
(1968 bis 1979)

Diesel-Version des Topmodells des japanischen Nissankonzerns. Große viertürige Limousine mit Vierzylindermotor. Simple Bauweise und konventionelle Auslegung. 1971 und 1975 neue, formal überarbeitete Karosserien, mechanisch jedoch weitgehend unverändert.

Fahrzeug-Typ		Datsun Cedric Diesel (1968–1979)	Datsun Cedric Diesel (1975–1979)
Zylinderzahl/Bauart/Einbau		4/R/längs	
Hubraum	cm^3	2164	1991
Bohrung × Hub	mm	83,0×100,0	83,0×92,0
Leistung	kW (PS) bei min^{-1}	42 (57)/4000	40 (54)/4000
Spezifische Leistung	kW/L (PS/L)	19,4 (26,3)	20,1 (27,1)
Drehmoment	Nm bei min^{-1}	138/1800	125/1800
Verdichtungsverhältnis		20,8:1	20,0:1
Verbrennungsverfahren		Wirbelkammer	
Gewicht	kg	220	205
Werkstoff Zylinderkopf		Grauguß	
Werkstoff Motorgehäuse		Grauguß	
Ventilsteuerung/Nockenwellenantrieb		ohv/Stirnräder	
Kurbelwellenlager		3	
Einspritzpumpe		VP Kiki	
Turbolader		–	
Maximaler Ladedruck	bar	–	
Ölinhalt	L	6,4	
Antrieb		Hinterräder	
Getriebe		3-Gang (wahlweise 4-Gang)	
Gesamtübersetzung		4,11:1	
Geschwindigkeit pro 1000/min	km/h	29,0	27,2
Leergewicht	kg	1280–1400	1370
Höchstgeschwindigkeit	km/h	120	110
Beschleunigung 0–100 km/h	s	30	32
DIN-Verbrauch	L/100 km	–	–
Kraftstofftank	L	67	
Ölwechsel/Inspektion	km	5000/10000	

Datsun/Nissan Cedric
(ab 1979)

Überarbeitete Version des Nissan-Topmodells. Neue viertürige Karosserie in verschiedenen Ausstattungsvarianten auch als Hardtop-Limousine ohne Mittelpfosten lieferbar. Wahlweise zur Vierzylinder-Version mit Sechszylinder-Diesel auf der Basis eines gleichgroßen Benzinmotors.

Fahrzeug-Typ		Datsun Cedric Diesel (1979–1983)	Datsun Cedric Diesel (1979–1983)	Datsun Cedric Diesel (ab 1979)
Zylinderzahl/Bauart/Einbau		4/R/längs		6/R/längs
Hubraum	cm^3	1991	2164	2792
Bohrung×Hub	mm	83,0×92,0	82,0×100,0	84,5×83,0
Leistung	kW (PS) bei min^{-1}	40 (54)/4000	42 (57)/4000	63 (85)/4600
Spezifische Leistung	kW/L (PS/L)	19,4 (26,3)	20,1 (27,1)	22,6 (30,4)
Drehmoment	Nm bei min^{-1}	125/1800	138/1800	167/2400
Verdichtungsverhältnis		20,0:1	20,8:1	22,0:1
Verbrennungsverfahren		Wirbelkammer		
Gewicht	kg	205	220	217
Werkstoff Zylinderkopf		Grauguß		
Werkstoff Motorgehäuse		Grauguß		
Ventilsteuerung/Nockenwellenantrieb		ohv/Stirnräder		ohc/Kette
Kurbelwellenlager		3	3	7
Einspritzpumpe		VP Kiki	VP Kiki	VP Kiki
Turbolader		–		
Maximaler Ladedruck	bar	–		
Ölinhalt	L	6,4	6,4	–
Antrieb		Hinterräder		
Getriebe		5-Gang (a. W. Automatik)		
Gesamtübersetzung		3,43:1	3,43:1	3,22:1
Geschwindigkeit pro 1000/min	km/h	–	–	35,6
Leergewicht	kg	1380	1400	1390
Höchstgeschwindigkeit	km/h	110	120	130
Beschleunigung 0–100 km/h	s	32	28	20
DIN-Verbrauch	L/100 km	–	–	6,8/9,5/9,5
Kraftstofftank	L	72		
Ölwechsel/Inspektion	km	5000/10000	5000/10000	10000/20000

Datsun/Nissan Bluebird

(1980 bis 1983)

Viertürige Limousine der Mittelklasse, mit Hinterrad-Antrieb in verschiedenen Ausstattungsvarianten lieferbar. Wahlweise als Kombi mit starrer Hinterachse an Stelle der Schräglenker-Konfiguration der Limousine.

Fahrzeug-Typ		Datsun Bluebird Diesel (1980–1983)
Zylinderzahl/Bauart/Einbau		4/R/längs
Hubraum	cm^3	1952
Bohrung × Hub	mm	85,0×86,0
Leistung	kW (PS) bei min^{-1}	48 (65)/4600
Spezifische Leistung	kW/L (PS/L)	24,6 (33,3)
Drehmoment	Nm bei min^{-1}	123/2400
Verdichtungsverhältnis		22,2:1
Verbrennungsverfahren		Wirbelkammer
Gewicht	kg	179
Werkstoff Zylinderkopf		Grauguß
Werkstoff Motorgehäuse		Grauguß
Ventilsteuerung/Nockenwellenantrieb		ohc/Zahnriemen
Kurbelwellenlager		5
Einspritzpumpe		VP Lizenz Bosch
Turbolader		–
Maximaler Ladedruck	bar	–
Ölinhalt	L	4,7
Antrieb		Hinterräder
Getriebe		5-Gang
Gesamtübersetzung		4,14:1
Geschwindigkeit pro 1000/min	km/h	35,8
Leergewicht	kg	1180
Höchstgeschwindigkeit	km/h	140
Beschleunigung 0–100 km/h	s	19
DIN-Verbrauch	L/100 km	5,3/7,8/8,2
Kraftstofftank	L	62
Ölwechsel/Inspektion	km	10000/20000

Datsun/Nissan Bluebird
(ab 1983)

Neues Modell äußerlich nur wenig, mechanisch jedoch grundlegend überarbeitet. Nun mit Frontantrieb und Quermotor. Der Vierzylinder-Dieselmotor blieb unverändert. Zwei Karosserie-Varianten: viertürige Limousine und fünftüriger Kombi.

Fahrzeug-Typ		Datsun Bluebird Diesel (ab 1983)
Zylinderzahl/Bauart/Einbau		4/R/quer
Hubraum	cm^3	1952
Bohrung × Hub	mm	85,0×86,0
Leistung	kW (PS) bei min^{-1}	43 (58)/4600
Spezifische Leistung	kW/L (PS/L)	24,6 (33,3)
Drehmoment	Nm bei min^{-1}	113/2400
Verdichtungsverhältnis		22,2:1
Verbrennungsverfahren		Wirbelkammer
Gewicht	kg	179
Werkstoff Zylinderkopf		Grauguß
Werkstoff Motorgehäuse		Grauguß
Ventilsteuerung/Nockenwellenantrieb		ohc/Zahnriemen
Kurbelwellenlager		5
Einspritzpumpe		VP Kiki
Turbolader		–
Maximaler Ladedruck	bar	–
Ölinhalt	L	4,7
Antrieb		Vorderräder
Getriebe		5-Gang (a. W. Automatik)
Gesamtübersetzung		3,08:1
Geschwindigkeit pro 1000/min	km/h	35,4
Leergewicht	kg	1090
Höchstgeschwindigkeit	km/h	140
Beschleunigung 0–100 km/h	s	18
DIN-Verbrauch	L/100 km	5,8/8,3/8,0
Kraftstofftank	L	60
Ölwechsel/Inspektion	km	10000/20000

Datsun/Nissan Laurel

(ab 1981)

Geräumige viertürige Limousine der Mittelklasse. Sechszylinder-Dieselmotor wie im größeren Cedric Diesel. In Japan in zahlreichen Ausstattungsvarianten, auch als viertürige Hardtop-Limousine lieferbar. Konventionelle Bauart mit Heckantrieb und Starrachse hinten.

Fahrzeug-Typ		Datsun Laurel Diesel (ab 1981)
Zylinderzahl/Bauart/Einbau		6/R/längs
Hubraum	cm^3	2793
Bohrung × Hub	mm	84,5×83,0
Leistung	kW (PS) bei min^{-1}	62 (85)/4600
Spezifische Leistung	kW/L (PS/L)	22,6 (30,4)
Drehmoment	Nm bei min^{-1}	167/2400
Verdichtungsverhältnis		22,0:1
Verbrennungsverfahren		Wirbelkammer
Gewicht	kg	217
Werkstoff Zylinderkopf		Grauguß
Werkstoff Motorgehäuse		Grauguß
Ventilsteuerung/Nockenwellenantrieb		ohc/Kette
Kurbelwellenlager		7
Einspritzpumpe		VP Lizenz Bosch
Turbolader		–
Maximaler Ladedruck	bar	–
Ölinhalt	L	–
Antrieb		Hinterräder
Getriebe		5-Gang (a.W. Automatik)
Gesamtübersetzung		3,89:1
Geschwindigkeit pro 1000/min	km/h	38,8
Leergewicht	kg	1220
Höchstgeschwindigkeit	km/h	155
Beschleunigung 0–100 km/h	s	17
DIN-Verbrauch	L/100 km	6,1/8,8/9,4
Kraftstofftank	L	65
Ölwechsel/Inspektion	km	10000/20000

Datsun/Nissan Cherry
(ab 1983)

Zwei- oder viertüriger Kleinwagen mit neuem, quer eingebautem Vierzylinder-Dieselmotor und Frontantrieb. Wahlweise als Schrägheck-Limousine mit Heckklappe und als Kombi, beide in verschiedenen Ausstattungsvarianten lieferbar.

Fahrzeug-Typ		Datsun Cherry Diesel (ab 1983)
Zylinderzahl/Bauart/Einbau		4/R/quer
Hubraum	cm^3	1681
Bohrung×Hub	mm	80,0×83,6
Leistung	kW (PS) bei min^{-1}	41 (55)/4800
Spezifische Leistung	kW/L (PS/L)	24,1 (32,7)
Drehmoment	Nm bei min^{-1}	102/2800
Verdichtungsverhältnis		22,0:1
Verbrennungsverfahren		Wirbelkammer
Gewicht	kg	137
Werkstoff Zylinderkopf		Leichtmetall
Werkstoff Motorgehäuse		Grauguß
Ventilsteuerung/Nockenwellenantrieb		ohc/Zahnriemen
Kurbelwellenlager		5
Einspritzpumpe		VP Kiki
Turbolader		–
Maximaler Ladedruck	bar	–
Ölinhalt	L	4,1
Antrieb		Vorderräder
Getriebe		5-Gang (a.W. Automatik)
Gesamtübersetzung		3,06:1
Geschwindigkeit pro 1000/min	km/h	31,0
Leergewicht	kg	910
Höchstgeschwindigkeit	km/h	145
Beschleunigung 0–100 km/h	s	18
DIN-Verbrauch	L/100 km	4,7/6,8/6,9
Kraftstofftank	L	50
Ölwechsel/Inspektion	km	10000/20000

Datsun/Nissan Sunny

(ab 1982)

Viertürige Stufenheck-Limousine der unteren Mittelklasse. Seit 1982 mit quer eingebautem Vierzylindermotor und Frontantrieb. Neuentwickelter Dieselmotor wie im kleineren Datsun Cherry.

Fahrzeug-Typ		Datsun Sunny Diesel (ab 1982)
Zylinderzahl/Bauart/Einbau		4/R/quer
Hubraum	cm^3	1681
Bohrung × Hub	mm	80,0×83,6
Leistung	kW (PS) bei min^{-1}	41 (55)/4800
Spezifische Leistung	kW/L (PS/L)	24,1 (32,7)
Drehmoment	Nm bei min^{-1}	102/2800
Verdichtungsverhältnis		22,0:1
Verbrennungsverfahren		Wirbelkammer
Gewicht	kg	137
Werkstoff Zylinderkopf		Leichtmetall
Werkstoff Motorgehäuse		Grauguß
Ventilsteuerung/Nockenwellenantrieb		ohc/Zahnriemen
Kurbelwellenlager		5
Einspritzpumpe		VP Kiki
Turbolader		–
Maximaler Ladedruck	bar	–
Ölinhalt	L	4,1
Antrieb		Vorderräder
Getriebe		5-Gang (a.W. Automatik)
Gesamtübersetzung		2,78:1
Geschwindigkeit pro 1000/min	km/h	31,0
Leergewicht	kg	870
Höchstgeschwindigkeit	km/h	145
Beschleunigung 0–100 km/h	s	18
DIN-Verbrauch	L/100 km	4,6/6,6/6,9
Kraftstofftank	L	50
Ölwechsel/Inspektion	km	10000/20000

Daihatsu Charade Diesel

(ab 1983)

Japanischer Kleinwagen mit dem hubraumkleinsten Dieselmotor auf dem Markt. Dreizylinder-Diesel basiert auf den gleichgroßen Benzinmotoren der anderen Charade-Versionen. Schrägheck-Limousine, wahlweise mit zwei oder vier Türen lieferbar.

Fahrzeug-Typ		Daihatsu Charade Diesel (ab 1983)
Zylinderzahl/Bauart/Einbau		3/R/quer
Hubraum	cm^3	993
Bohrung × Hub	mm	76×73,0
Leistung	kW (PS) bei min^{-1}	27 (37)/4800
Spezifische Leistung	kW/L (PS/L)	27,2 (37,3)
Drehmoment	Nm bei min^{-1}	62/3500
Verdichtungsverhältnis		21,5:1
Verbrennungsverfahren		Wirbelkammer
Gewicht	kg	–
Werkstoff Zylinderkopf		Leichtmetall
Werkstoff Motorgehäuse		Grauguß
Ventilsteuerung/Nockenwellenantrieb		ohc/Zahnriemen
Kurbelwellenlager		4
Einspritzpumpe		VP
Turbolader		–
Maximaler Ladedruck	bar	–
Ölinhalt	L	3,2
Antrieb		Vorderräder
Getriebe		5-Gang
Gesamtübersetzung		3,49:1
Geschwindigkeit pro 1000/min	km/h	30,4
Leergewicht	kg	740
Höchstgeschwindigkeit	km/h	120
Beschleunigung 0–100 km/h	s	26
DIN-Verbrauch	L/100 km	4,0/6,6/5,3
Kraftstofftank	L	35
Ölwechsel/Inspektion	km	–

Fiat 1400 D
(1953 bis 1954)

Erster serienmäßiger Personenwagen Italiens mit Dieselmotor. 1,9 Liter-Triebwerk vom Fiat-Lastwagen 615 N. Viertürige Limousine auf der Basis des Fiat 1400 mit Benzinmotor. Gesamtproduktion: 13 500 Exemplare.

Fahrzeug-Typ		Fiat 1400 D (1953–1954)
Zylinderzahl/Bauart/Einbau		4/R/längs
Hubraum	cm^3	1901
Bohrung × Hub	mm	82×90
Leistung	kW (PS) bei min^{-1}	29 (40)/3200
Spezifische Leistung	kW/L (PS/L)	15,2 (21,0)
Drehmoment	Nm bei min^{-1}	98/2000
Verdichtungsverhältnis		20,0:1
Verbrennungsverfahren		Wirbelkammer
Gewicht	kg	–
Werkstoff Zylinderkopf		Grauguß
Werkstoff Motorgehäuse		Grauguß
Ventilsteuerung/Nockenwellenantrieb		ohv/Stirnräder
Kurbelwellenlager		3
Einspritzpumpe		RP Bosch
Turbolader		–
Maximaler Ladedruck	bar	–
Ölinhalt	L	6,3
Antrieb		Hinterräder
Getriebe		4-Gang
Gesamtübersetzung		4,10:1
Geschwindigkeit pro 1000/min	km/h	–
Leergewicht	kg	1230
Höchstgeschwindigkeit	km/h	102
Beschleunigung 0–100 km/h	s	55
DIN-Verbrauch	L/100 km	–
Kraftstofftank	L	48
Ölwechsel/Inspektion	km	–

Fiat 131 D 2000
(1978 bis 1984)
Fiat 131 D 2500
(1978 bis 1984)

Konventionell konzipierte Limousine der Mittelklasse. Wahlweise zwei- oder viertürig und als viertüriger Kombi (Panorama) lieferbar. Neuentwickelter Dieselmotor als Gemeinschaftsproduktion mit Alfa Romeo und Saviem.

Fahrzeug-Typ		Fiat 131 D 2000 (1978–1984)	Fiat 131 D 2500 (1978–1984)
Zylinderzahl/Bauart/Einbau		4/R/längs	
Hubraum	cm^3	1995	2445
Bohrung × Hub	mm	88,0×82,0	93,0×90,0
Leistung	kW (PS) bei min^{-1}	44 (60)/4400	53 (72)/4200
Spezifische Leistung	kW/L (PS/L)	22,1 (30,1)	21,7 (29,4)
Drehmoment	Nm bei min^{-1}	113/2400	148/2400
Verdichtungsverhältnis		22,0:1	
Verbrennungsverfahren		Wirbelkammer	
Gewicht	kg	245	255
Werkstoff Zylinderkopf		Leichtmetall	
Werkstoff Motorgehäuse		Grauguß	
Ventilsteuerung/Nockenwellenantrieb		ohc/Zahnriemen	
Kurbelwellenlager		5	
Einspritzpumpe		VP Bosch	
Turbolader		–	
Maximaler Ladedruck	bar	–	
Ölinhalt	L	5,5	
Antrieb		Hinterräder	
Getriebe		5-Gang	
Gesamtübersetzung		3,39:1	3,58:1
Geschwindigkeit pro 1000/min	km/h	27,8	35,0
Leergewicht	kg	1600	1200
Höchstgeschwindigkeit	km/h	140	150
Beschleunigung 0–100 km/h	s	24,8	18,0
DIN-Verbrauch	L/100 km	6,0/8,9/9,4	5,8/8,5/9,2
Kraftstofftank	L	50	
Ölwechsel/Inspektion	km	7500/15000	

Fiat 132 D 2000

(1978 bis 1981)

Fiat 132 D 2500

(1978 bis 1981)

Viertürige Limousine der gehobenen Mittelklasse mit Hinterradantrieb. Vierzylinder-Dieselmotor in zwei Hubraumversionen wie im Fiat 131 D. Zweiliter-Variante in Deutschland nicht angeboten.

Fahrzeug-Typ		Fiat 132 D 2000 (1978–1981)	Fiat 132 D 2500 (1978–1981)
Zylinderzahl/Bauart/Einbau		4/R/längs	
Hubraum	cm^3	1995	2445
Bohrung × Hub	mm	88,0×82,0	93,0×90,0
Leistung	kW (PS) bei min^{-1}	44 (60)/4400	53 (72)/4200
Spezifische Leistung	kW/L (PS/L)	22,1 (30,1)	21,7 (29,4)
Drehmoment	Nm bei min^{-1}	113/2400	148/2400
Verdichtungsverhältnis		22,0:1	
Verbrennungsverfahren		Wirbelkammer	
Gewicht	kg	245	255
Werkstoff Zylinderkopf		Leichtmetall	
Werkstoff Motorgehäuse		Grauguß	
Ventilsteuerung/Nockenwellenantrieb		ohc/Zahnriemen	
Kurbelwellenlager		5	
Einspritzpumpe		VP Bosch	
Turbolader		–	
Maximaler Ladedruck	bar	–	
Ölinhalt	L	5,5	
Antrieb		Hinterräder	
Getriebe		5-Gang	
Gesamtübersetzung		3,57:1	3,24:1
Geschwindigkeit pro 1000/min	km/h	31,0	34,0
Leergewicht	kg	1300	1310
Höchstgeschwindigkeit	km/h	135	150
Beschleunigung 0–100 km/h	s	26,5	18,5
DIN-Verbrauch	L/100 km	6,7/9,7/10,2	7,1/9,8/10,2
Kraftstofftank	L	56	
Ölwechsel/Inspektion	km	7500/15000	

Fiat Argenta Diesel
(ab 1981)
Fiat Argenta Turbo D
(ab 1983)

Größtes Modell im Fiat-Programm basierend auf dem Fiat 132. Ausschließlich als viertürige Limousine mit Stufenheck lieferbar. 1983 Karosserie-Retouchen und Einführung einer Turbo-Variante.

Fahrzeug-Typ		Fiat Argenta Diesel (ab 1981)	Fiat Argenta Turbo D (ab 1981)
Zylinderzahl/Bauart/Einbau		4/R/längs	
Hubraum	cm^3	2445	
Bohrung×Hub	mm	93,0×90,0	
Leistung	kW (PS) bei min^{-1}	53 (72)/4200	66 (90)/4100
Spezifische Leistung	kW/L (PS/L)	21,7 (29,4)	27,0 (36,8)
Drehmoment	Nm bei min^{-1}	148/2400	196/2400
Verdichtungsverhältnis		22,0:1	
Verbrennungsverfahren		Wirbelkammer	
Gewicht	kg	255	26370
Werkstoff Zylinderkopf		Leichtmetall	
Werkstoff Motorgehäuse		Grauguß	
Ventilsteuerung/Nockenwellenantrieb		ohc/Zahnriemen	
Kurbelwellenlager		5	
Einspritzpumpe		VP Bosch	
Turbolader		–	KKK
Maximaler Ladedruck	bar	–	0,87
Ölinhalt	L	5,5	
Antrieb		Hinterräder	
Getriebe		5-Gang	
Gesamtübersetzung		3,12:1	2,64:1
Geschwindigkeit pro 1000/min	km/h	35,6	41,4
Leergewicht	kg	1285	1305
Höchstgeschwindigkeit	km/h	150	160
Beschleunigung 0–100 km/h	s	19,0	13,0
DIN-Verbrauch	L/100 km	6,1/9,1/9,1	6,2/8,5/8,2
Kraftstofftank	L	60	
Ölwechsel/Inspektion	km	7500/15 000	

Fiat Ritmo D
(ab 1980)

Schrägheck-Limousine mit Frontantrieb und Quermotor. Wahlweise mit zwei oder vier Türen lieferbar. Ab 1982 mit überarbeiteter Karosserie und mehr Leistung.

Fahrzeug-Typ		Fiat Ritmo Diesel (1980–1982)	Fiat Ritmo Diesel (ab 1982)
Zylinderzahl/Bauart/Einbau		4/R/quer	
Hubraum	cm^3	1714	
Bohrung×Hub	mm	83,0×79,2	
Leistung	kW (PS) bei min^{-1}	41 (55)/4500	43 (58)/4500
Spezifische Leistung	kW/L (PS/L)	23,9 (32,1)	24,8 (33,8)
Drehmoment	Nm bei min^{-1}	98/3500	103/3000
Verdichtungsverhältnis		20,0:1	20,5:1
Verbrennungsverfahren		Wirbelkammer	
Gewicht	kg	135	
Werkstoff Zylinderkopf		Leichtmetall	
Werkstoff Motorgehäuse		Grauguß	
Ventilsteuerung/Nockenwellenantrieb		ohc/Zahnriemen	
Kurbelwellenlager		5	
Einspritzpumpe		VP Bosch	
Turbolader		–	
Maximaler Ladedruck	bar	–	
Ölinhalt	L	5,2	
Antrieb		Vorderräder	
Getriebe		5-Gang	
Gesamtübersetzung		3,52:1	3,11:1
Geschwindigkeit pro 1000/min	km/h	29,9	32,4
Leergewicht	kg	995	920
Höchstgeschwindigkeit	km/h	140	147
Beschleunigung 0–100 km/h	s	18	18
DIN-Verbrauch	L/100 km	5,6/7,9/7,8	5,2/7,3/6,8
Kraftstofftank	L	50	55
Ölwechsel/Inspektion	km	7500/15000	

Fiat Regata D
(ab 1983)
Fiat Regata DS
(ab 1984)

Nachfolger des Fiat 131 auf der Basis des Fiat Ritmo. Viertürige Stufenheck-Limousine der Mittelklasse. Vierzylindermotor im Regata D wie im Ritmo Diesel. Regata DS jedoch mit völlig neuentwickeltem 1,9 Liter Diesel.

Fahrzeug-Typ		Fiat Regata D (ab 1983)	Fiat Regata DS (ab 1984)
Zylinderzahl/Bauart/Einbau		4/R/quer	
Hubraum	cm^3	1714	1929
Bohrung × Hub	mm	83,0×79,2	86,2×90,0
Leistung	kW (PS) bei min^{-1}	43 (58)/4500	48 (65)/4600
Spezifische Leistung	kW/L (PS/L)	24,8 (33,8)	24,9 (33,7)
Drehmoment	Nm bei min^{-1}	103/3000	119/2000
Verdichtungsverhältnis		20,5:1	21,0:1
Verbrennungsverfahren		Wirbelkammer	
Gewicht	kg	135	–
Werkstoff Zylinderkopf		Leichtmetall	
Werkstoff Motorgehäuse		Grauguß	
Ventilsteuerung/Nockenwellenantrieb		ohc/Zahnriemen	
Kurbelwellenlager		5	
Einspritzpumpe		VP Bosch	
Turbolader		–	
Maximaler Ladedruck	bar	–	
Ölinhalt	L	5,2	5,0
Antrieb		Vorderräder	
Getriebe		5-Gang	
Gesamtübersetzung		3,11:1	2,97:1
Geschwindigkeit pro 1000/min	km/h	32,4	35,0
Leergewicht	kg	980	1000
Höchstgeschwindigkeit	km/h	150	155
Beschleunigung 0–100 km/h	s	19	16
DIN-Verbrauch	L/100 km	5,2/7,3/7,1	4,5/6,5/7,1
Kraftstofftank	L	55	
Ölwechsel/Inspektion	km	7500/15000	

Fiat 127 Diesel
(ab 1981)

Ableitung des brasilianischen Fiat 147. Kleinster Dieselmotors Europas. Schrägheck-Limousine mit Quermotor und Frontantrieb, wahlweise auch als zweitüriger Kombi (Panorama) lieferbar. Kein Export nach Deutschland.

Fahrzeug-Typ		Fiat 127 Diesel (ab 1981)
Zylinderzahl/Bauart/Einbau		4/R/quer
Hubraum	cm^3	1302
Bohrung × Hub	mm	76,1×71,5
Leistung	kW (PS) bei min^{-1}	33 (45)/5000
Spezifische Leistung	kW/L (PS/L)	25,4 (34,6)
Drehmoment	Nm bei min^{-1}	74,5/3000
Verdichtungsverhältnis		20,0:1
Verbrennungsverfahren		Vorkammer
Gewicht	kg	113
Werkstoff Zylinderkopf		Grauguß
Werkstoff Motorgehäuse		Grauguß
Ventilsteuerung/Nockenwellenantrieb		ohc/Zahnriemen
Kurbelwellenlager		5
Einspritzpumpe		VP Bosch
Turbolader		–
Maximaler Ladedruck	bar	–
Ölinhalt	L	3,5
Antrieb		Vorderräder
Getriebe		4-Gang
Gesamtübersetzung		3,77:1
Geschwindigkeit pro 1000/min	km/h	28,6
Leergewicht	kg	835 (Panorama: 870)
Höchstgeschwindigkeit	km/h	130
Beschleunigung 0–100 km/h	s	23,5
DIN-Verbrauch	L/100 km	4,8/7,3
Kraftstofftank	L	42 (Panorama: 52)
Ölwechsel/Inspektion	km	7500/15000

Fiat Uno D
(ab 1983)

Nachfolger des Fiat 127 mit identischem Triebwerk. Mit 1,3 Liter Hubraum kleinster Personenwagen-Diesel Europas. Schrägheck-Limousine wahlweise mit zwei oder vier Türen und in zwei Ausstattungsversionen lieferbar.

Fahrzeug-Typ		Fiat Uno D (ab 1983)
Zylinderzahl/Bauart/Einbau		4/R/quer
Hubraum	cm^3	1302
Bohrung × Hub	mm	76,1×71,5
Leistung	kW (PS) bei min^{-1}	33 (45)/5000
Spezifische Leistung	kW/L (PS/L)	25,4 (34,6)
Drehmoment	Nm bei min^{-1}	75/3000
Verdichtungsverhältnis		20,0:1
Verbrennungsverfahren		Vorkammer
Gewicht	kg	113
Werkstoff Zylinderkopf		Grauguß
Werkstoff Motorgehäuse		Grauguß
Ventilsteuerung/Nockenwellenantrieb		ohc/Zahnriemen
Kurbelwellenlager		5
Einspritzpumpe		VP Bosch
Turbolader		–
Maximaler Ladedruck	bar	–
Ölinhalt	L	4,4
Antrieb		Vorderräder
Getriebe		5-Gang
Gesamtübersetzung		3,38:1
Geschwindigkeit pro 1000/min	km/h	29,6
Leergewicht	kg	800
Höchstgeschwindigkeit	km/h	140
Beschleunigung 0–100 km/h	s	21
DIN-Verbrauch	L/100 km	4,7/6,5/6,3
Kraftstofftank	L	42
Ölwechsel/Inspektion	km	7500/15000

Ford Granada 2.1 D
(1978 bis 1982)
Ford Granada 1.9 D
(ab 1978)
Ford Granada 2.5 D
(ab 1982)

Große Limousine mit Hinterradantrieb. Wahlweise als viertürige (bis 1982 auch als zweitürige) Limousine und als viertüriger Kombi (Turnier) lieferbar. Ab 1982 Karosserie-Retouschen und mehr Hubraum. 1,9 Liter Version nur als Export-Variante.
Vierzylindermotoren von Peugeot.

Fahrzeug-Typ		Granada 2.1 D (1978–1982)	Granada 1.9 D (ab 1978)	Granada 2.5 D (ab 1982)
Zylinderzahl/Bauart/Einbau		4/R/längs		
Hubraum	cm^3	2112	1946	2499
Bohrung × Hub	mm	90,0×83,0	88,0×80,0	94,0×90,0
Leistung	kW (PS) bei min^{-1}	46 (63)/4500	40 (54)/4500	51 (69)/4200
Spezifische Leistung	kW/L (PS/L)	21,8 (29,6)	20,5 (27,9)	20,2 (27,6)
Drehmoment	Nm bei min^{-1}	122/2000	111/2200	148/2000
Verdichtungsverhältnis		22,4:1	21,4:1	23,0:1
Verbrennungsverfahren		Wirbelkammer		
Gewicht	kg	180		
Werkstoff Zylinderkopf		Leichtmetall		
Werkstoff Motorgehäuse		Grauguß		
Ventilsteuerung/Nockenwellenantrieb		ohv/Kette		
Kurbelwellenlager		5		
Einspritzpumpe		VP Roto-Diesel		VP Bosch
Turbolader		–		
Maximaler Ladedruck	bar	–		–
Ölinhalt	L	5,3		5,6
Antrieb		Hinterräder		
Getriebe		4-Gang		5-Gang
Gesamtübersetzung		3,89:1		2,97:1
Geschwindigkeit pro 1000/min	km/h	29,6		39,0
Leergewicht	kg	1315		1370
Höchstgeschwindigkeit	km/h	137	129	145
Beschleunigung 0–100 km/h	s	26	31	22
DIN-Verbrauch	L/100 km	9,1/7,0/9,9	8,6/7,4/10,3	6,0/8,8/10,3
Kraftstofftank	L	65		
Ölwechsel/Inspektion	km	5000/20000		

Ford Sierra 2.3 D

(ab 1982)

Mittelklasse-Limousine mit konventionellem Hinterrad-Antrieb. 2,3 Liter-Dieselmotor von Peugeot. Mit zwei oder vier Türen und als viertüriger Kombi (Turnier) lieferbar. Verschiedene Ausstattungsvarianten.

Fahrzeug-Typ		Ford Sierra 2.3 D (ab 1982)
Zylinderzahl/Bauart/Einbau		4/R/längs
Hubraum	cm^3	2304
Bohrung × Hub	mm	94,0×83,0
Leistung	kW (PS) bei min^{-1}	49 (67)/4200
Spezifische Leistung	kW/L (PS/L)	21,3 (29,1)
Drehmoment	Nm bei min^{-1}	139/2000
Verdichtungsverhältnis		22,2:1
Verbrennungsverfahren		Wirbelkammer
Gewicht	kg	180
Werkstoff Zylinderkopf		Leichtmetall
Werkstoff Motorgehäuse		Grauguß
Ventilsteuerung/Nockenwellenantrieb		ohv/Kette
Kurbelwellenlager		5
Einspritzpumpe		VP Bosch
Turbolader		–
Maximaler Ladedruck	bar	–
Ölinhalt	L	5,6
Antrieb		Hinterräder
Getriebe		5-Gang
Gesamtübersetzung		2,57:1
Geschwindigkeit pro 1000/min	km/h	42,2
Leergewicht	kg	1155
Höchstgeschwindigkeit	km/h	155
Beschleunigung 0–100 km/h	s	19
DIN-Verbrauch	L/100 km	5,1/6,7/8,3
Kraftstofftank	L	60
Ölwechsel/Inspektion	km	5000/20000

Ford Fiesta Diesel
(ab 1983)

Zweitüriger Kleinwagen mit dem ersten Ford-eigenen Diesel-Triebwerk für Personenwagen. Quermotor und Frontantrieb. In verschiedenen Ausstattungsvarianten lieferbar.

Fahrzeug-Typ		Ford Fiesta 1.6 D (ab 1983)
Zylinderzahl/Bauart/Einbau		4/R/quer
Hubraum	cm^3	1608
Bohrung × Hub	mm	80,0×80,0
Leistung	kW (PS) bei min^{-1}	40 (54)/4800
Spezifische Leistung	kW/L (PS/L)	24,6 (33,6)
Drehmoment	Nm bei min^{-1}	95/3000
Verdichtungsverhältnis		21,5:1
Verbrennungsverfahren		Wirbelkammer
Gewicht	kg	145
Werkstoff Zylinderkopf		Leichtmetall
Werkstoff Motorgehäuse		Grauguß
Ventilsteuerung/Nockenwellenantrieb		ohc/Zahnriemen
Kurbelwellenlager		5
Einspritzpumpe		VP Bosch
Turbolader		–
Maximaler Ladedruck	bar	–
Ölinhalt	L	5,0
Antrieb		Vorderräder
Getriebe		5-Gang
Gesamtübersetzung		2,52:1
Geschwindigkeit pro 1000/min	km/h	39,8
Leergewicht	kg	835
Höchstgeschwindigkeit	km/h	148
Beschleunigung 0–100 km/h	s	17,5
DIN-Verbrauch	L/100 km	3,8/5,6/6,0
Kraftstofftank	L	40
Ölwechsel/Inspektion	km	5000/20000

Ford Escort Diesel
(ab 1984)

Limousine der unteren Mittelklasse mit Frontantrieb. Vierzylindermotor wie im Fiesta Diesel und Orion Diesel. Wahlweise mit zwei oder vier Türen in verschiedenen Ausstattungsvarianten und auch als Kombi (Turnier) lieferbar.

Fahrzeug-Typ		Ford Escort 1.6 D (ab 1984)
Zylinderzahl/Bauart/Einbau		4/R/quer
Hubraum	cm^3	1608
Bohrung × Hub	mm	80,0×80,0
Leistung	kW (PS) bei min^{-1}	40 (54)/4800
Spezifische Leistung	kW/L (PS/L)	24,6 (33,6)
Drehmoment	Nm bei min^{-1}	95/3000
Verdichtungsverhältnis		21,5:1
Verbrennungsverfahren		Wirbelkammer
Gewicht	kg	145
Werkstoff Zylinderkopf		Leichtmetall
Werkstoff Motorgehäuse		Grauguß
Ventilsteuerung/Nockenwellenantrieb		ohc/Zahnriemen
Kurbelwellenlager		5
Einspritzpumpe		VP Bosch
Turbolader		–
Maximaler Ladedruck	bar	–
Ölinhalt	L	5,0
Antrieb		Vorderräder
Getriebe		5-Gang
Gesamtübersetzung		2,72:1
Geschwindigkeit pro 1000/min	km/h	39,0
Leergewicht	kg	890
Höchstgeschwindigkeit	km/h	146
Beschleunigung 0–100 km/h	s	18
DIN-Verbrauch	L/100 km	4,2/5,8/5,5
Kraftstofftank	L	48
Ölwechsel/Inspektion	km	5000/20000

Ford Escort Diesel/USA

(ab 1984)

Amerikanische Version des Escort Diesel mit mehr Hubraum und teilweise erheblichen Unterschieden im Karosserie-Bereich. Prinzipiell jedoch mit gleicher Technik wie Europa-Ausführung. Wahlweise als zwei- oder viertürige Limousine oder Kombi lieferbar.

Fahrzeug-Typ		Ford (USA) Escort Diesel (ab 1984)
Zylinderzahl/Bauart/Einbau		4/R/quer
Hubraum	cm^3	1998
Bohrung × Hub	mm	86,0×86,0
Leistung	kW (PS) bei min^{-1}	39 (53)/3600
Spezifische Leistung	kW/L (PS/L)	19,5 (26,5)
Drehmoment	Nm bei min^{-1}	111/2400
Verdichtungsverhältnis		22,5:1
Verbrennungsverfahren		Wirbelkammer
Gewicht	kg	151
Werkstoff Zylinderkopf		Leichtmetall
Werkstoff Motorgehäuse		Grauguß
Ventilsteuerung/Nockenwellenantrieb		ohc/Zahnriemen
Kurbelwellenlager		5
Einspritzpumpe		VP Nippondenso
Turbolader		–
Maximaler Ladedruck	bar	–
Ölinhalt	L	5,0
Antrieb		Vorderräder
Getriebe		5-Gang
Gesamtübersetzung		2,61:1
Geschwindigkeit pro 1000/min	km/h	42,6
Leergewicht	kg	1069
Höchstgeschwindigkeit	km/h	145
Beschleunigung 0–100 km/h	s	21
DIN-Verbrauch	L/100 km	–
Kraftstofftank	L	49
Ölwechsel/Inspektion	km	12000/24000

Ford Orion Diesel
(ab 1984)

Viertürige Stufenheck-Limousine auf der Basis des Ford Escort. Identische Motorisierung mit Quermotor und Frontantrieb. Wahlweise in verschiedenen Ausstattungsvarianten.

Fahrzeug-Typ		Ford Orion 1.6 D (ab 1984)
Zylinderzahl/Bauart/Einbau		4/R/quer
Hubraum	cm^3	1608
Bohrung×Hub	mm	80,0×80,0
Leistung	kW (PS) bei min^{-1}	40 (54)/4800
Spezifische Leistung	kW/L (PS/L)	24,6 (33,6)
Drehmoment	Nm bei min^{-1}	95/3000
Verdichtungsverhältnis		21,5:1
Verbrennungsverfahren		Wirbelkammer
Gewicht	kg	145
Werkstoff Zylinderkopf		Leichtmetall
Werkstoff Motorgehäuse		Grauguß
Ventilsteuerung/Nockenwellenantrieb		ohc/Zahnriemen
Kurbelwellenlager		5
Einspritzpumpe		VP Bosch
Turbolader		–
Maximaler Ladedruck	bar	–
Ölinhalt	L	5,0
Antrieb		Vorderräder
Getriebe		5-Gang
Gesamtübersetzung		2,72:1
Geschwindigkeit pro 1000/min	km/h	38,9
Leergewicht	kg	935
Höchstgeschwindigkeit	km/h	150
Beschleunigung 0–100 km/h	s	19
DIN-Verbrauch	L/100 km	3,9/5,4/5,5
Kraftstofftank	L	48
Ölwechsel/Inspektion	km	5000/20000

Ford Tempo Diesel
(ab 1984)

Amerikanische Limousine der unteren Mittelklasse mit Frontantrieb und Quermotor. Wahlweise mit zwei oder vier Türen und in zahlreichen Ausstattungsvarianten lieferbar. Auch als Mercury Topaz mit geringfügigen Karosserie-Retouchen erhältlich.

Fahrzeug-Typ		Ford (USA) Tempo Diesel (ab 1984)
Zylinderzahl/Bauart/Einbau		4/R/quer
Hubraum	cm^3	1998
Bohrung × Hub	mm	86,0×86,0
Leistung	kW (PS) bei min^{-1}	39 (53)/3600
Spezifische Leistung	kW/L (PS/L)	19,5 (26,5)
Drehmoment	Nm bei min^{-1}	111/2400
Verdichtungsverhältnis		22,5:1
Verbrennungsverfahren		Wirbelkammer
Gewicht	kg	151
Werkstoff Zylinderkopf		Leichtmetall
Werkstoff Motorgehäuse		Grauguß
Ventilsteuerung/Nockenwellenantrieb		ohc/Zahnriemen
Kurbelwellenlager		5
Einspritzpumpe		VP Nippondenso
Turbolader		–
Maximaler Ladedruck	bar	–
Ölinhalt	L	5,0
Antrieb		Vorderräder
Getriebe		5-Gang
Gesamtübersetzung		2,73:1
Geschwindigkeit pro 1000/min	km/h	41,7
Leergewicht	kg	1150
Höchstgeschwindigkeit	km/h	145
Beschleunigung 0–100 km/h	s	20
DIN-Verbrauch	L/100 km	–
Kraftstofftank	L	58
Ölwechsel/Inspektion	km	12 000/24 000

GM Oldsmobile Delta 88/Ninety Eight

(1977 bis 1984)

GM Buick Le Sabre, Chevrolet Impala, Pontiac Bonneville

(1980 bis 1984)

Erster amerikanischer Diesel-Personenwagen. V8-Diesel ab 1980 mit reduzierter Leistung und zusätzliche Modellversionen von Buick, Chevrolet und Pontiac, jeweils wahlweise als Limousine oder Kombi. Serienmäßig Dreigang-Automatik.

Fahrzeug-Typ		GM Oldsmobile Delta 88 (1977–1980)	(1980–1984)
Zylinderzahl/Bauart/Einbau		8/V/längs	
Hubraum	cm^3	5737	
Bohrung × Hub	mm	103,1×86,0	
Leistung	kW (PS) bei min^{-1}	90 (122)/3600	78 (106)/3200
Spezifische Leistung	kW/L (PS/L)	15,6 (21,3)	13,6 (18,5)
Drehmoment	Nm bei min^{-1}	298/1600	278/1600
Verdichtungsverhältnis		22,5:1	
Verbrennungsverfahren		Vorkammer	
Gewicht	kg	330	
Werkstoff Zylinderkopf		Grauguß	
Werkstoff Motorgehäuse		Grauguß	
Ventilsteuerung/Nockenwellenantrieb		ohv/Kette	
Kurbelwellenlager		5	
Einspritzpumpe		VP Stanadyne	
Turbolader		–	
Maximaler Ladedruck	bar	–	
Ölinhalt	L	7,7	
Antrieb		Hinterräder	
Getriebe		Automatik	
Gesamtübersetzung		2,73:1	2,41:1
Geschwindigkeit pro 1000/min	km/h	46,8	52,1
Leergewicht	kg	1796	1757
Höchstgeschwindigkeit	km/h	162	150
Beschleunigung 0–100 km/h	s	17,6	18,9
DIN-Verbrauch	L/100 km	–	8,2/11,2/14,3
Kraftstofftank	L	103	80
Ölwechsel/Inspektion	km	8000/24000	

GM Cadillac Seville
(ab 1978)

Diesel-Version der Nobel-Division von General Motors mit 5,7 Liter V8-Motor. Zunächst mit konventionellem Antrieb, ab 1979 als völlig neues Modell mit Frontantrieb wie im Cadillac Eldorado. Viertürige Limousine in verschiedenen Ausstattungsversionen.

Fahrzeug-Typ		GM Cadillac Seville (1978)	GM Cadillac Seville (ab 1979)
Zylinderzahl/Bauart/Einbau		8/V/längs	
Hubraum	cm^3	5737	
Bohrung × Hub	mm	103,1×86,0	
Leistung	kW (PS) bei min^{-1}	90 (122)/3600	78 (106)/3200
Spezifische Leistung	kW/L (PS/L)	15,6 (21,3)	13,6 (18,5)
Drehmoment	Nm bei min^{-1}	298/1600	278/1600
Verdichtungsverhältnis		22,5:1	
Verbrennungsverfahren		Vorkammer	
Gewicht	kg	330	
Werkstoff Zylinderkopf		Grauguß	
Werkstoff Motorgehäuse		Grauguß	
Ventilsteuerung/Nockenwellenantrieb		ohv/Kette	
Kurbelwellenlager		VP Stanadyne	
Einspritzpumpe		–	
Turbolader		–	
Maximaler Ladedruck	bar	–	
Ölinhalt	L	6,6	
Antrieb		Hinterräder	Vorderräder
Getriebe		Automatik	
Gesamtübersetzung		2,56:1	2,41:1
Geschwindigkeit pro 1000/min	km/h	49,4	52,0
Leergewicht	kg	2035	1900
Höchstgeschwindigkeit	km/h	165	155
Beschleunigung 0–100 km/h	s	18,5	22,0
DIN-Verbrauch	L/100 km	–	–
Kraftstofftank	L	79,5	87,0
Ölwechsel/Inspektion	km	8000/24000	

GM Cadillac Eldorado
(ab 1978)
GM Oldsmobile Toronado
(ab 1978)

Zweitürige Coupés mit 5,7 Liter V8-Diesel und Frontantrieb. Cadillac und Oldsmobile unterscheiden sich nur durch Ausstattung und kleinere Karosserie-Details. Serienmäßig mit Dreigang-Automatik.

Fahrzeug-Typ		GM Cadillac Seville (1978)	GM Cadillac Seville (ab 1979)
Zylinderzahl/Bauart/Einbau		8/V/längs	
Hubraum	cm^3	5737	
Bohrung × Hub	mm	103,1×86,0	
Leistung	kW (PS) bei min^{-1}	90 (122)/3600	78 (106)/3200
Spezifische Leistung	kW/L (PS/L)	15,6 (21,3)	13,6 (18,5)
Drehmoment	Nm bei min^{-1}	298/1600	278/1600
Verdichtungsverhältnis		22,5:1	
Verbrennungsverfahren		Vorkammer	
Gewicht	kg	330	
Werkstoff Zylinderkopf		Grauguß	
Werkstoff Motorgehäuse		Grauguß	
Ventilsteuerung/Nockenwellenantrieb		ohv/Kette	
Kurbelwellenlager		VP Stanadyne	
Einspritzpumpe		–	
Turbolader		–	
Maximaler Ladedruck	bar	–	
Ölinhalt	L	6,6	
Antrieb		Hinterräder	Vorderräder
Getriebe		Automatik	
Gesamtübersetzung		2,56:1	2,41:1
Geschwindigkeit pro 1000/min	km/h	49,4	52,0
Leergewicht	kg	2035	1900
Höchstgeschwindigkeit	km/h	165	155
Beschleunigung 0–100 km/h	s	18,5	22,0
DIN-Verbrauch	L/100 km	–	–
Kraftstofftank	L	79,5	87,0
Ölwechsel/Inspektion	km	8000/24000	

GM Buick Regal, Chevrolet Monte Carlo, Oldsmobile Cutlass, Pontiac Bonneville

(ab 1979)

Amerikanisches Mittelklasse-Modell mit Heckantrieb. Oldsmobile wahlweise mit 4,3 oder 5,7 Liter Diesel, andere Modelle nur mit 5,7 Liter-V8 lieferbar. Modell-Unterschiede beschränken sich auf Karosserie-Details. Wahlweise als zweitüriges Coupé, viertürige Limousine und viertüriger Kombi erhältlich.

Fahrzeug-Typ		GM Oldsmobile Cutlass (ab 1979)	GM Oldsmobile Cutlass (ab 1980)
Zylinderzahl/Bauart/Einbau		8/V/längs	
Hubraum	cm³	4269	5737
Bohrung×Hub	mm	88,9×86,0	103,1×86,0
Leistung	kW (PS) bei min⁻¹	67 (91)/3600	78 (106)/3200
Spezifische Leistung	kW/L (PS/L)	15,7 (21,3)	13,6 (18,5)
Drehmoment	Nm bei min⁻¹	218/1600	278/1600
Verdichtungsverhältnis		22,5:1	22,5:1
Verbrennungsverfahren		Vorkammer	
Gewicht	kg	322	330
Werkstoff Zylinderkopf		Grauguß	
Werkstoff Motorgehäuse		Grauguß	
Ventilsteuerung/Nockenwellenantrieb		ohv/Kette	
Kurbelwellenlager		5	
Einspritzpumpe		VP Stanadyne	
Turbolader		–	
Maximaler Ladedruck	bar	–	
Ölinhalt	L	7,1	
Antrieb		Hinterräder	
Getriebe		Automatik	
Gesamtübersetzung		2,29:1	2,29:1
Geschwindigkeit pro 1000/min	km/h	50,4	50,4
Leergewicht	kg	1579	1661
Höchstgeschwindigkeit	km/h	150	158
Beschleunigung 0–100 km/h	s	21,0	18,5
DIN-Verbrauch	L/100 km	–	
Kraftstofftank	L	69	
Ölwechsel/Inspektion	km	8000/24000	

GM Chevrolet Chevette
(ab 1982)
GM Pontiac 1000
(ab 1982)

Amerikanische Kleinwagen ähnlich dem nicht mehr gebauten Opel Kadett C. Dieselmotor von Isuzu. Wahlweise zwei- oder viertürig lieferbar. Pontiac bis auf Karosserie-Details wie Chevrolet.

Fahrzeug-Typ		GM Chevrolet Chevette (ab 1982)	GM Pontiac 1000 (ab 1982)
Zylinderzahl/Bauart/Einbau		4/R/längs	
Hubraum	cm^3	1818	
Bohrung×Hub	mm	84,0×82,0	
Leistung	kW (PS) bei min^{-1}	38 (52)/5000	
Spezifische Leistung	kW/L (PS/L)	21,0 (28,6)	
Drehmoment	Nm bei min^{-1}	98/2000	
Verdichtungsverhältnis		22,0:1	
Verbrennungsverfahren		Wirbelkammer	
Gewicht	kg	–	
Werkstoff Zylinderkopf		Grauguß	
Werkstoff Motorgehäuse		Grauguß	
Ventilsteuerung/Nockenwellenantrieb		ohv/Zahnriemen	
Kurbelwellenlager		5	
Einspritzpumpe		VP Bosch	
Turbolader		–	
Maximaler Ladedruck	bar	–	
Ölinhalt	L	4,7	
Antrieb		Hinterräder	
Getriebe		5-Gang (a.W. Automatik)	
Gesamtübersetzung		2,89:1	
Geschwindigkeit pro 1000/min	km/h	31,4	
Leergewicht	kg	1030	
Höchstgeschwindigkeit	km/h	140	
Beschleunigung 0–100 km/h	s	20	
DIN-Verbrauch	L/100 km	–	
Kraftstofftank	L	47	
Ölwechsel/Inspektion	km	8000/24000	

GM Chevrolet Celebrity, Buick Century, Oldsmobile Cutlass Ciera, Pontiac 6000

(ab 1982)

Diesel-Versionen der A-Body-Modellreihe (Mittelklasse) des General Motor-Konzerns. Quer eingebauter V6-Diesel mit Frontantrieb. Zahlreiche Karosserie- und Ausstattungs-Versionen lieferbar.

Fahrzeug-Typ		GM Buick, Chevrolet, Oldsmobile, Pontiac Celebrity/Century/Cutlass Ciera/6000 (ab 1982)
Zylinderzahl/Bauart/Einbau		6/V/quer
Hubraum	cm^3	4302
Bohrung × Hub	mm	103,1×86,0
Leistung	kW (PS) bei min^{-1}	64 (86)/3600
Spezifische Leistung	kW/L (PS/L)	14,7 (20,0)
Drehmoment	Nm bei min^{-1}	224/1600
Verdichtungsverhältnis		22,8:1
Verbrennungsverfahren		Vorkammer
Gewicht	kg	232
Werkstoff Zylinderkopf		Grauguß
Werkstoff Motorgehäuse		Grauguß
Ventilsteuerung/Nockenwellenantrieb		ohv/Kette
Kurbelwellenlager		4
Einspritzpumpe		VP Stanadyne
Turbolader		–
Maximaler Ladedruck	bar	–
Ölinhalt	L	5,7
Antrieb		Vorderräder
Getriebe		4-Gang (a. W. Automatik)
Gesamtübersetzung		2,15:1
Geschwindigkeit pro 1000/min	km/h	40,2
Leergewicht	kg	1061
Höchstgeschwindigkeit	km/h	145
Beschleunigung 0–100 km/h	s	16
DIN-Verbrauch	L/100 km	5,8/8,5/11,3
Kraftstofftank	L	63
Ölwechsel/Inspektion	km	8000/24000

Hanomag Rekord Diesel

(1938 bis 1940)

Erstmals auf der Berliner Automobilausstellung 1936 gezeigt. Mit 1,9 Liter Hubraum kleinster Diesel-Automobilmotor seiner Zeit. Wahlweise als Limousine oder Kabriolett lieferbar. 1074 Exemplare wurden gebaut.

Fahrzeug-Typ		Hanomag Rekord Diesel (1938–1940)
Zylinderzahl/Bauart/Einbau		4/Reihe/längs
Hubraum	cm^3	1910
Bohrung × Hub	mm	80×95
Leistung	kW (PS) bei min^{-1}	26 (35)/3000
Spezifische Leistung	kW/L (PS/L)	13,4 (18,3)
Drehmoment	Nm bei min^{-1}	–
Verdichtungsverhältnis		20,0:1
Verbrennungsverfahren		Vorkammer
Gewicht	kg	–
Werkstoff Zylinderkopf		Grauguß
Werkstoff Motorgehäuse		Grauguß
Ventilsteuerung/Nockenwellenantrieb		ohv/Stirnräder
Kurbelwellenlager		5
Einspritzpumpe		RP Bosch
Turbolader		–
Maximaler Ladedruck	bar	–
Ölinhalt	L	4,5
Antrieb		Hinterräder
Getriebe		4-Gang
Gesamtübersetzung		4,55:1
Geschwindigkeit pro 1000/min	km/h	27,0
Leergewicht	kg	1250
Höchstgeschwindigkeit	km/h	92
Beschleunigung 0–100 km/h	s	–
DIN-Verbrauch	L/100 km	–
Kraftstofftank	L	54
Ölwechsel/Inspektion	km	–

Innocenti 3 Diesel

(ab 1983)

Italienischer Kleinwagen zunächst auf Austin Mini-Basis, seit 1982 mit neuer Radaufhängung und Dreizylindermotoren von Daihatsu. Diesel-Triebwerk wie im Daihatsu Charade. Nur eine Modellversion lieferbar.

Fahrzeug-Typ		Innocenti 3 Diesel (ab 1983)
Zylinderzahl/Bauart/Einbau		3/R/quer
Hubraum	cm^3	993
Bohrung × Hub	mm	76,0×73,0
Leistung	kW (PS) bei min^{-1}	26,5 (36)/4800
Spezifische Leistung	kW/L (PS/L)	26,7 (36,2)
Drehmoment	Nm bei min^{-1}	62/3500
Verdichtungsverhältnis		21,5:1
Verbrennungsverfahren		Wirbelkammer
Gewicht	kg	–
Werkstoff Zylinderkopf		Leichtmetall
Werkstoff Motorgehäuse		Grauguß
Ventilsteuerung/Nockenwellenantrieb		ohv/Zahnriemen
Kurbelwellenlager		4
Einspritzpumpe		VP
Turbolader		–
Maximaler Ladedruck	bar	–
Ölinhalt	L	3,2
Antrieb		Vorderräder
Getriebe		5-Gang
Gesamtübersetzung		3,92:1
Geschwindigkeit pro 1000/min	km/h	27,9
Leergewicht	kg	700
Höchstgeschwindigkeit	km/h	120
Beschleunigung 0–100 km/h	s	22
DIN-Verbrauch	L/100 km	–
Kraftstofftank	L	40
Ölwechsel/Inspektion	km	–

Isuzu Bellel 2000 Diesel

(1961 bis 1967)

Auf dem japanischen Markt zählt Isuzu zu den Diesel-Pionieren. Der Bellel, eine viertürige Limousine einfachster Machart, machte den Anfang. Wahlweise auch als Kombi (Bellel Express) lieferbar. Der Bellel wurde auch in die USA exportiert.

Fahrzeug-Typ		Isuzu Bellel 2000 Diesel (1961–1967)
Zylinderzahl/Bauart/Einbau		4/Reihe/längs
Hubraum	cm^3	1991
Bohrung × Hub	mm	83×92
Leistung	kW (PS) bei min^{-1}	40 (55)/3800
Spezifische Leistung	kW/L (PS/L)	20,0 (27,6)
Drehmoment	Nm bei min^{-1}	120/2200
Verdichtungsverhältnis		21,0:1
Verbrennungsverfahren		Vorkammer
Gewicht	kg	–
Werkstoff Zylinderkopf		Grauguß
Werkstoff Motorgehäuse		Grauguß
Ventilsteuerung/Nockenwellenantrieb		ohv/Stirnräder
Kurbelwellenlager		3
Einspritzpumpe		RP Lizenz Bosch
Turbolader		–
Maximaler Ladedruck	bar	–
Ölinhalt	L	4,7
Antrieb		Hinterräder
Getriebe		4-Gang
Gesamtübersetzung		4,56:1
Geschwindigkeit pro 1000/min	km/h	25,5
Leergewicht	kg	1370
Höchstgeschwindigkeit	km/h	105
Beschleunigung 0–100 km/h	s	ca. 40
DIN-Verbrauch	L/100 km	–
Kraftstofftank	L	47
Ölwechsel/Inspektion	km	3000/6000

Isuzu Bellett 1800 Diesel
(1965 bis 1967)

Einer der ersten Diesel-Personenwagen der unteren Mittelklasse. Konventioneller Antrieb, Fahrwerk mit Pendel-Hinterachse. Als zwei- oder viertürige Limousine erhältlich. Diesel-Aggregat basiert auf einem 1,5 Liter Benzinmotor.

Fahrzeug-Typ		Isuzu Bellett 1800 Diesel (1965–1967)
Zylinderzahl/Bauart/Einbau		4/R/längs
Hubraum	cm^3	1764
Bohrung × Hub	mm	79×90
Leistung	kW (PS) bei min^{-1}	37 (50)/4000
Spezifische Leistung	kW/L (PS/L)	20,0 (28,3)
Drehmoment	Nm bei min^{-1}	110/2000
Verdichtungsverhältnis		22,0:1
Verbrennungsverfahren		Vorkammer
Gewicht	kg	–
Werkstoff Zylinderkopf		Grauguß
Werkstoff Motorgehäuse		Grauguß
Ventilsteuerung/Nockenwellenantrieb		ohv/Stirnräder
Kurbelwellenlager		3
Einspritzpumpe		RP Lizenz Bosch
Turbolader		–
Maximaler Ladedruck	bar	–
Ölinhalt	L	3,7
Antrieb		Hinterräder
Getriebe		4-Gang
Gesamtübersetzung		4,11:1
Geschwindigkeit pro 1000/min	km/h	24,0
Leergewicht	kg	990
Höchstgeschwindigkeit	km/h	105
Beschleunigung 0–100 km/h	s	35
DIN-Verbrauch	L/100 km	–
Kraftstofftank	L	40
Ölwechsel/Inspektion	km	3000/6000

Isuzu Florian Diesel

(1977 bis 1983)

Viertürige Limousine konventioneller Machart. Auch als Kombi lieferbar. Der Florian wurde nicht nach Deutschland exportiert. In Japan häufig als Firmenwagen oder Taxi eingesetzt.

Fahrzeug-Typ		Isuzu Florian Diesel (1977–1983)
Zylinderzahl/Bauart/Einbau		4/R/längs
Hubraum	cm^3	1952
Bohrung × Hub	mm	86,0×84,0
Leistung	kW (PS) bei min^{-1}	46 (62)/4400
Spezifische Leistung	kW/L (PS/L)	23,3 (31,8)
Drehmoment	Nm bei min^{-1}	123/2200
Verdichtungsverhältnis		20,0:1
Verbrennungsverfahren		Wirbelkammer
Gewicht	kg	–
Werkstoff Zylinderkopf		Grauguß
Werkstoff Motorgehäuse		Grauguß
Ventilsteuerung/Nockenwellenantrieb		ohv/Stirnräder
Kurbelwellenlager		5
Einspritzpumpe		RP Lizenz Bosch
Turbolader		–
Maximaler Ladedruck	bar	–
Ölinhalt	L	–
Antrieb		Hinterräder
Getriebe		5-Gang (a.W. 4-Gang, Automatik)
Gesamtübersetzung		3,07:1
Geschwindigkeit pro 1000/min	km/h	24,4
Leergewicht	kg	1035
Höchstgeschwindigkeit	km/h	145
Beschleunigung 0–100 km/h	s	22,0
DIN-Verbrauch	L/100 km	–
Kraftstofftank	L	46
Ölwechsel/Inspektion	km	–

Isuzu Florian/ Aska Diesel
(ab 1983)

Isuzu Florian/ Aska Turbodiesel
(ab 1983)

Völlig neues Modell ähnlich dem Opel Ascona auf der Basis des J-Car von General Motors. Quermotor und Frontantrieb, eigenes Diesel-Aggregat. Als viertürige Limousine in verschiedenen Ausstattungsvarianten lieferbar.

Fahrzeug-Typ		Mazda 626 Diesel (ab 1983)
Zylinderzahl/Bauart/Einbau		4/R/quer
Hubraum	cm^3	1998
Bohrung × Hub	mm	86,0×86,0
Leistung	kW (PS) bei min^{-1}	53 (72)/4650
Spezifische Leistung	kW/L (PS/L)	26,5 (36,0)
Drehmoment	Nm bei min^{-1}	135/2750
Verdichtungsverhältnis		22,7:1
Verbrennungsverfahren		Wirbelkammer
Gewicht	kg	170
Werkstoff Zylinderkopf		Leichtmetall
Werkstoff Motorgehäuse		Grauguß
Ventilsteuerung/Nockenwellenantrieb		ohc/Zahnriemen
Kurbelwellenlager		5
Einspritzpumpe		VP Kiki
Turbolader		–
Maximaler Ladedruck	bar	–
Ölinhalt	L	6,4
Antrieb		Vorderräder
Getriebe		5-Gang (a.W. Automatik)
Gesamtübersetzung		2,91:1
Geschwindigkeit pro 1000/min	km/h	35,7
Leergewicht	kg	1035
Höchstgeschwindigkeit	km/h	155
Beschleunigung 0–100 km/h	s	18
DIN-Verbrauch	L/100 km	4,7/6,7/7,1
Kraftstofftank	L	60
Ölwechsel/Inspektion	km	10000/20000

Isuzu Gemini Diesel

(ab 1979)

Isuzu Gemini Turbodiesel

(ab 1983)

Ein Abkömmling des nicht mehr gebauten Opel Kadett C von Isuzu, Teil des japanischen Hitachi-Konzerns. Wahlweise als Limousine oder Coupé, jeweils in verschiedenen Ausstattungsversionen lieferbar. Eigene Dieselmotoren.

Fahrzeug-Typ		Isuzu Gemini Diesel (ab 1979)	Isuzu Gemini Turbodiesel (ab 1983)
Zylinderzahl/Bauart/Einbau		4/R/längs	
Hubraum	cm^3	1818	
Bohrung × Hub	mm	84,0×82,0	
Leistung	kW (PS) bei min^{-1}	41 (55)/5000	54 (73)/5000
Spezifische Leistung	kW/L (PS/L)	22,6 (30,3)	29,4 (40,3)
Drehmoment	Nm bei min^{-1}	105/2000	157/2500
Verdichtungsverhältnis		21,0:1	
Verbrennungsverfahren		Wirbelkammer	
Gewicht	kg	–	
Werkstoff Zylinderkopf		Grauguß	
Werkstoff Motorgehäuse		Grauguß	
Ventilsteuerung/Nockenwellenantrieb		ohc/Zahnriemen	
Kurbelwellenlager		5	
Einspritzpumpe		VP	VP
Turbolader		–	Garrett
Maximaler Ladedruck	bar	–	–
Ölinhalt	L	4,7	
Antrieb		Hinterräder	
Getriebe		4-Gang (a. W. 5-Gang, Automatik)	
Gesamtübersetzung		3,15:1 (5-Gang: 3,06:1)	
Geschwindigkeit pro 1000/min	km/h	29,2	
Leergewicht	kg	1050	
Höchstgeschwindigkeit	km/h	120	145
Beschleunigung 0–100 km/h	s	20	15
DIN-Verbrauch	L/100 km	–	
Kraftstofftank	L	52	
Ölwechsel/Inspektion	km	–	

Lancia Prisma Diesel

(ab 1984)

Erstes Diesel-Modell der italienischen Marke. 1,9 Liter-Motor wie im Fiat Regata DS. Viertürige Limousine auf der Basis des Lancia Delta, jedoch mit Stufenheck und separatem Kofferraum.

Fahrzeug-Typ		Lancia Prisma Diesel (ab 1984)
Zylinderzahl/Bauart/Einbau		4/R/quer
Hubraum	cm^3	1929
Bohrung × Hub	mm	86,2×90,0
Leistung	kW (PS) bei min^{-1}	48 (65)/4600
Spezifische Leistung	kW/L (PS/L)	24,9 (33,7)
Drehmoment	Nm bei min^{-1}	119/2000
Verdichtungsverhältnis		21,0:1
Verbrennungsverfahren		Wirbelkammer
Gewicht	kg	–
Werkstoff Zylinderkopf		Leichtmetall
Werkstoff Motorgehäuse		Grauguß
Ventilsteuerung/Nockenwellenantrieb		ohc/Zahnriemen
Kurbelwellenlager		5
Einspritzpumpe		VP Bosch
Turbolader		–
Maximaler Ladedruck	bar	–
Ölinhalt	L	4,4
Antrieb		Vorderräder
Getriebe		5-Gang
Gesamtübersetzung		2,97:1
Geschwindigkeit pro 1000/min	km/h	35,0
Leergewicht	kg	1030
Höchstgeschwindigkeit	km/h	150
Beschleunigung 0–100 km/h	s	16
DIN-Verbrauch	L/100 km	–
Kraftstofftank	L	45
Ölwechsel/Inspektion	km	7500/15 000

Lincoln Mark VII Turbodiesel

(ab 1984)

Neues Spitzenmodell der zur Ford Motor Company gehörenden Marke Lincoln. Als zweitüriges Coupé in verschiedenen Ausstattungs-Varianten lieferbar. Sechszylindermotor von BMW (siehe BMW 524 TD). Ausschließlich in Verbindung mit ZF Viergang-Automatikgetriebe.

Fahrzeug-Typ		Lincoln Mark VII Turbodiesel (ab 1984)
Zylinderzahl/Bauart/Einbau		6/R/längs
Hubraum	cm^3	2443
Bohrung×Hub	mm	80,0×81,0
Leistung	kW (PS) bei min^{-1}	86 (116)/4800
Spezifische Leistung	kW/L (PS/L)	35,0 (47,5)
Drehmoment	Nm bei min^{-1}	210/2400
Verdichtungsverhältnis		22,0:1
Verbrennungsverfahren		Wirbelkammer
Gewicht	kg	197
Werkstoff Zylinderkopf		Leichtmetall
Werkstoff Motorgehäuse		Grauguß
Ventilsteuerung/Nockenwellenantrieb		ohc/Zahnriemen
Kurbelwellenlager		7
Einspritzpumpe		VP Bosch
Turbolader		–
Maximaler Ladedruck	bar	–
Ölinhalt	L	4,7
Antrieb		Hinterräder
Getriebe		Automatik
Gesamtübersetzung		2,72:1
Geschwindigkeit pro 1000/min	km/h	45,8
Leergewicht	kg	1625
Höchstgeschwindigkeit	km/h	165
Beschleunigung 0–100 km/h	s	17
DIN-Verbrauch	L/100 km	–
Kraftstofftank	L	84
Ölwechsel/Inspektion	km	8000/24000

Mazda 626 Diesel

(ab 1983)

Japanische Mittelklasse-Limousine mit Frontantrieb und Quermotor. Wahlweise auch mit Schrägheck und großer Heckklappe lieferbar. In Deutschland nur in einer Ausstattungsversion zu haben.

Fahrzeug-Typ		Mazda 626 Diesel (ab 1983)
Zylinderzahl/Bauart/Einbau		4/R/quer
Hubraum	cm^3	1998
Bohrung × Hub	mm	86,0×86,0
Leistung	kW (PS) bei min^{-1}	53 (72)/4650
Spezifische Leistung	kW/L (PS/L)	26,5 (36,0)
Drehmoment	Nm bei min^{-1}	135/2750
Verdichtungsverhältnis		22,7:1
Verbrennungsverfahren		Wirbelkammer
Gewicht	kg	170
Werkstoff Zylinderkopf		Leichtmetall
Werkstoff Motorgehäuse		Grauguß
Ventilsteuerung/Nockenwellenantrieb		ohc/Zahnriemen
Kurbelwellenlager		5
Einspritzpumpe		VP Kiki
Turbolader		–
Maximaler Ladedruck	bar	–
Ölinhalt	L	6,4
Antrieb		Vorderräder
Getriebe		5-Gang (a. W. Automatik)
Gesamtübersetzung		2,91:1
Geschwindigkeit pro 1000/min	km/h	35,7
Leergewicht	kg	1035
Höchstgeschwindigkeit	km/h	155
Beschleunigung 0–100 km/h	s	18
DIN-Verbrauch	L/100 km	4,7/6,7/7,1
Kraftstofftank	L	60
Ölwechsel/Inspektion	km	10000/20000

Mazda 929 Diesel
(ab 1983)

Viertürige Limousine mit konventionellem Antrieb. Der 929 Diesel wird auch als viertüriger Kombi gebaut, jedoch statt mit Schräglenker-Achse mit starrer Hinterachse.

Fahrzeug-Typ		Mazda 929 Diesel (ab 1983)
Zylinderzahl/Bauart/Einbau		4/R/längs
Hubraum	cm^3	2210
Bohrung × Hub	mm	88,9×89,0
Leistung	kW (PS) bei min^{-1}	52 (70)/4000
Spezifische Leistung	kW/L (PS/L)	23,3 (31,7)
Drehmoment	Nm bei min^{-1}	142/2400
Verdichtungsverhältnis		22,0:1
Verbrennungsverfahren		Wirbelkammer
Gewicht	kg	–
Werkstoff Zylinderkopf		Grauguß
Werkstoff Motorgehäuse		Grauguß
Ventilsteuerung/Nockenwellenantrieb		ohv/Kette
Kurbelwellenlager		5
Einspritzpumpe		VP Bosch
Turbolader		–
Maximaler Ladedruck	bar	–
Ölinhalt	L	6,0
Antrieb		Hinterräder
Getriebe		5-Gang
Gesamtübersetzung		3,09:1
Geschwindigkeit pro 1000/min	km/h	37,5
Leergewicht	kg	1170
Höchstgeschwindigkeit	km/h	140
Beschleunigung 0–100 km/h	s	19
DIN-Verbrauch	L/100 km	–
Kraftstofftank	L	65
Ölwechsel/Inspektion	km	10000/20000

Mercedes-Benz 260 D
(1936 bis 1940)

Erster Diesel-Personenwagen in Serie. Zunächst nur mit sechssitziger Landaulett-Karosserie, ab 1937 auch in anderen Karosserie-Versionen lieferbar. 1967 Exemplare wurden bis zum Ausbruch des zweiten Weltkriegs gebaut.

Fahrzeug-Typ		Mercedes-Benz 260 D (1936–1937)	Mercedes-Benz 260 D (1937–1940)
Zylinderzahl/Bauart/Einbau		4/R/längs	
Hubraum	cm^3	2545	
Bohrung × Hub	mm	90×100	
Leistung	kW (PS) bei min^{-1}	33 (45)/3000	
Spezifische Leistung	kW/L (PS/L)	13 (17,7)	
Drehmoment	Nm bei min^{-1}	–	
Verdichtungsverhältnis		20,5:1	
Verbrennungsverfahren		Vorkammer	
Gewicht	kg	–	
Werkstoff Zylinderkopf		Grauguß	
Werkstoff Motorgehäuse		Grauguß	
Ventilsteuerung/Nockenwellenantrieb		ohv/Stirnräder	
Kurbelwellenlager		5	
Einspritzpumpe		RP Bosch	
Turbolader		–	
Maximaler Ladedruck	bar	–	
Ölinhalt	L	6	
Antrieb		Hinterräder	
Getriebe		4-Gang	
Gesamtübersetzung		4,03:1	
Geschwindigkeit pro 1000/min	km/h	31,6	
Leergewicht	kg	1600	1750
Höchstgeschwindigkeit	km/h	94	97
Beschleunigung 0–100 km/h	s	–	
DIN-Verbrauch	L/100 km	9,55	
Kraftstofftank	L	50	
Ölwechsel/Inspektion	km	–	

Mercedes-Benz 170 D

(1949 bis 1953)

Erster Nachkriegs-Diesel von Daimler-Benz. Die Konstruktion des 170 D stammte jedoch noch aus der Vorkriegs-Zeit. In verschiedenen Entwicklungsstufen ab 1950 als 170 Da und ab 1952 als 170 Db gebaut. Insgesamt 33 823 Exemplare.

Fahrzeug-Typ		Mercedes-Benz 170 D (1949–1952)	Mercedes-Benz 170 D (1952–1953)
Zylinderzahl/Bauart/Einbau		4/R/längs	
Hubraum	cm^3	1697	1767
Bohrung × Hub	mm	73,5×100	75×100
Leistung	kW (PS) bei min^{-1}	28 (38)/3200	29 (40)/3200
Spezifische Leistung	kW/L (PS/L)	16,4 (22,4)	16,1 (22,2)
Drehmoment	Nm bei min^{-1}	98/2000	101/2000
Verdichtungsverhältnis		19:1	19:1
Verbrennungsverfahren		Vorkammer	
Gewicht	kg	185	
Werkstoff Zylinderkopf		Grauguß	
Werkstoff Motorgehäuse		Grauguß	
Ventilsteuerung/Nockenwellenantrieb		ohv/Stirnräder	
Kurbelwellenlager		3	
Einspritzpumpe		RP Bosch	
Turbolader		–	
Maximaler Ladedruck	bar	–	
Ölinhalt	L	4	
Antrieb		Hinterräder	
Getriebe		4-Gang	
Gesamtübersetzung		4,125:1	
Geschwindigkeit pro 1000/min	km/h	29,8	
Leergewicht	kg	1250	
Höchstgeschwindigkeit	km/h	100	105
Beschleunigung 0–100 km/h	s	60	50
DIN-Verbrauch	L/100 km	–	
Kraftstofftank	L	37	
Ölwechsel/Inspektion	km	3000/6000	

Mercedes-Benz 170 DS
(1952 bis 1953)

Mercedes-Benz 170 S-D
(1953 bis 1955)

Modernere, größere Karosserie als beim 170 D. Verbessertes Fahrwerk mit Doppelquerlenker-Vorderachse, beim einfacheren 170 S-D jedoch wieder wie beim170 D (Doppelquerblattfedern vorn). Gesamtproduktion: 27 872 Exemplare.

Fahrzeug-Typ		Mercedes-Benz 170 DS (1952–1953)	Mercedes-Benz 170 S-D (1953–1955)
Zylinderzahl/Bauart/Einbau		4/R/längs	
Hubraum	cm^3	1767	
Bohrung × Hub	mm	75×100	
Leistung	kW (PS) bei min^{-1}	29 (40)/3200	
Spezifische Leistung	kW/L (PS/L)	16,1 (22,2)	
Drehmoment	Nm bei min^{-1}	101/2000	
Verdichtungsverhältnis		19:1	
Verbrennungsverfahren		Vorkammer	
Gewicht	kg	185	
Werkstoff Zylinderkopf		Grauguß	
Werkstoff Motorgehäuse		Grauguß	
Ventilsteuerung/Nockenwellenantrieb		ohv/Stirnräder	
Kurbelwellenlager		3	
Einspritzpumpe		RP Bosch	
Turbolader		–	
Maximaler Ladedruck	bar	–	
Ölinhalt	L	4	
Antrieb		Hinterräder	
Getriebe		4-Gang	
Gesamtübersetzung		4,125:1	
Geschwindigkeit pro 1000/min	km/h	29,8	
Leergewicht	kg	1275	1300
Höchstgeschwindigkeit	km/h	105	
Beschleunigung 0–100 km/h	s	56	
DIN-Verbrauch	L/100 km	–	
Kraftstofftank	L	47	
Ölwechsel/Inspektion	km	3000/6000	

Mercedes-Benz 180 D
(1953 bis 1962)
Mercedes-Benz 190 D
(1958 bis 1961)

Erster Mercedes mit selbsttragender Ponton-Karosserie. Dieselmotor im Prinzip wie beim 170 D. 190 D mit besserer Ausstattung und völlig neuem 1,9 Liter-Dieselmotor. Ab 1961 neuer D-Motor mit mehr Hubraum, aber weniger Leistung auch im 180 D.

Fahrzeug-Typ		Mercedes-Benz 180 D (1953–1961)	Mercedes-Benz 180 D (1961–1962)	Mercedes-Benz 190 D (1958–1961)
Zylinderzahl/Bauart/Einbau			4/R/längs	
Hubraum	cm^3	1767	1988	1897
Bohrung × Hub	mm	75,0×100	87,0×83,6	85,0×83,6
Leistung	kW (PS) bei min^{-1}	29 (40)/3200	35 (48)/3800	37 (50)/4000
Spezifische Leistung	kW/L (PS/L)	16,4 (22,6)	17,6 (24,1)	19,5 (26,3)
Drehmoment	Nm bei min^{-1}	10,3/2000	11,0/2200	11,0/2200
Verdichtungsverhältnis		19:1	21:1	21:1
Verbrennungsverfahren			Vorkammer	
Gewicht	kg	185	202	202
Werkstoff Zylinderkopf			Grauguß	
Werkstoff Motorgehäuse			Grauguß	
Ventilsteuerung/Nockenwellenantrieb		ohv/Stirnräder	ohc/Kette	ohc/Kette
Kurbelwellenlager		3	3	3
Einspritzpumpe			RP Bosch	
Turbolader			–	
Maximaler Ladedruck	bar		–	
Ölinhalt	L		4	
Antrieb			Hinterräder	
Getriebe			4-Gang	
Gesamtübersetzung			3,7:1	
Geschwindigkeit pro 1000/min	km/h		31	
Leergewicht	kg	1220	1220	1250
Höchstgeschwindigkeit	km/h	112 (43 PS: 115)	120	126
Beschleunigung 0–100 km/h	s	39 (43 PS: 37)	36	29
DIN-Verbrauch	L/100 km	–	–	–
Kraftstofftank	L		56	
Ölwechsel/Inspektion	km		3000/6000	

Mercedes-Benz 190 D
(1961 bis 1965)

Mercedes-Benz 200 D
(1965 bis 1968)

Neue, größere Karosserie ähnlich den seit 1959 gebauten Flossenheck-Benzinern 220 und 300. Zweiliter-Diesel wie im 180 D, aber mit mehr Leistung. Kombis als Sonderaufbauten von drei verschiedenen Karosseriewerken. 200 D mit verbesserter Ausstattung.

Fahrzeug-Typ		Mercedes-Benz 190 D (1961–1965)	Mercedes-Benz 200 D (1965–1968)
Zylinderzahl/Bauart/Einbau		4/R/längs	
Hubraum	cm^3	1988	
Bohrung×Hub	mm	87×83,6	
Leistung	kW (PS) bei min^{-1}	40,5 (55)/4200	
Spezifische Leistung	kW/L (PS/L)	20,3 (27,7)	
Drehmoment	Nm bei min^{-1}	113/2400	
Verdichtungsverhältnis		21:1	
Verbrennungsverfahren		Vorkammer	
Gewicht	kg	202	
Werkstoff Zylinderkopf		Grauguß	
Werkstoff Motorgehäuse		Grauguß	
Ventilsteuerung/Nockenwellenantrieb		ohc/Kette	
Kurbelwellenlager		3	5
Einspritzpumpe		RP Bosch	
Turbolader		–	
Maximaler Ladedruck	bar	–	
Ölinhalt	L	4	
Antrieb		Hinterräder	
Getriebe		4-Gang (a.W. Automatik)	
Gesamtübersetzung		3,92:1	
Geschwindigkeit pro 1000/min	km/h	29,3	
Leergewicht	kg	1800	1825
Höchstgeschwindigkeit	km/h	130 (127 Automatik)	
Beschleunigung 0–100 km/h	s	29 (30 Automatik)	
DIN-Verbrauch	L/100 km	–	–
Kraftstofftank	L	51	65
Ölwechsel/Inspektion	km	5000/10000	

Mercedes-Benz 200 D
(1968 bis 1976)
Mercedes-Benz 220 D
(1968 bis 1976)

Neue Modell-Generation mit kompakterer Karosserie. Erstmals mit Schräglenker-Hinterachse statt Pendelachse. Diesel mit neuem Motorblock als Zweiliter und, mit größerer Bohrung, als 2,2 Liter. Wahlweise auch als Achtsitzer mit längerem Radstand lieferbar.

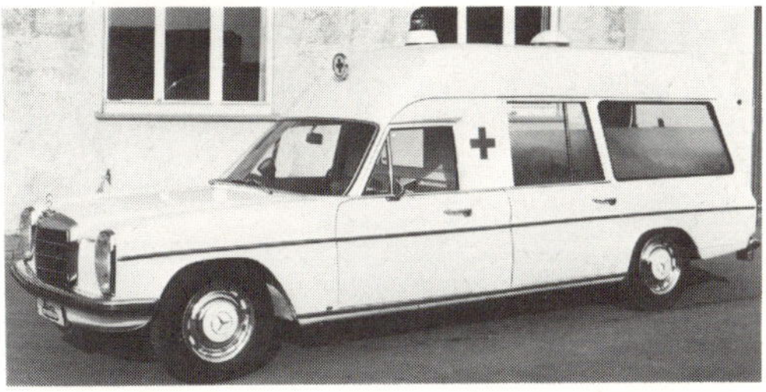

Fahrzeug-Typ		Mercedes-Benz 200 D (1968–1976)	Mercedes-Benz 220 D (1968–1976)
Zylinderzahl/Bauart/Einbau		4/R/längs	
Hubraum	cm^3	1988	2197
Bohrung × Hub	mm	87×83,6	87×92,4
Leistung	kW (PS) bei min^{-1}	40 (55)/4200	44 (60)/4200
Spezifische Leistung	kW/L (PS/L)	20,1 (27,6)	22,1 (30,2)
Drehmoment	Nm bei min^{-1}	113/2400	125/2400
Verdichtungsverhältnis		21:1	
Verbrennungsverfahren		Vorkammer	
Gewicht	kg	195	197
Werkstoff Zylinderkopf		Grauguß	
Werkstoff Motorgehäuse		Grauguß	
Ventilsteuerung/Nockenwellenantrieb		ohc/Kette	
Kurbelwellenlager		5	
Einspritzpumpe		RP Bosch	
Turbolader		–	
Maximaler Ladedruck	bar	–	
Ölinhalt	L	4 (ab 1970: 5)	
Antrieb		Hinterräder	
Getriebe		4-Gang (a. W. Automatik)	
Gesamtübersetzung		3,92:1	
Geschwindigkeit pro 1000/min	km/h	29,1	
Leergewicht	kg	1410	
Höchstgeschwindigkeit	km/h	130 (125 Automatik)	134 (129 Automatik)
Beschleunigung 0–100 km/h	s	31,0	29,0
DIN-Verbrauch	L/100 km	–	–
Kraftstofftank	L	65	
Ölwechsel/Inspektion	km	5000/10000	

Mercedes-Benz 240 D
(1973 bis 1976)
Mercedes-Benz 240 D 3.0
(1974 bis 1976)

Neue Vierzylinder-Version mit 2,4 Liter Hubraum. 1974 zusätzlich völlig neuer Fünfzylinder mit drei Liter Hubraum. Grundabmessungen dieses Motors wie beim Vierzylinder. Ab 1983 leichte Karosserie-Retouchen in der gesamten Modellreihe.

Fahrzeug-Typ		Mercedes-Benz 240 D (1973–1976)	Mercedes-Benz 240 D 3.0 (1974–1976)
Zylinderzahl/Bauart/Einbau		4/R/längs	5/R/längs
Hubraum	cm^3	2404	3005
Bohrung × Hub	mm	91,0×92,4	91,0×92,4
Leistung	kW (PS) bei min^{-1}	48 (65)/4200	59 (80)/4000
Spezifische Leistung	kW/L (PS/L)	19,9 (27,1)	19,6 (26,7)
Drehmoment	Nm bei min^{-1}	137/2400	172/2400
Verdichtungsverhältnis		21:1	
Verbrennungsverfahren		Vorkammer	
Gewicht	kg	203	234
Werkstoff Zylinderkopf		Grauguß	
Werkstoff Motorgehäuse		Grauguß	
Ventilsteuerung/Nockenwellenantrieb		ohc/Kette	
Kurbelwellenlager		5	6
Einspritzpumpe		RP Bosch	
Turbolader		–	
Maximaler Ladedruck	bar	–	
Ölinhalt	L	5,0	5,5
Antrieb		Hinterräder	
Getriebe		4-Gang (a. W. Automatik)	
Gesamtübersetzung		3,69:1	3,46:1
Geschwindigkeit pro 1000/min	km/h	30,9	32,9
Leergewicht	kg	1425	1465
Höchstgeschwindigkeit	km/h	138 (133 Automatik)	149 (144 Automatik)
Beschleunigung 0–100 km/h	s	24,6	19,9
DIN-Verbrauch	L/100 km	–	–
Kraftstofftank	L	65	
Ölwechsel/Inspektion	km	5000/10000	

Mercedes-Benz 200 D
(1976 bis 1985)
Mercedes-Benz 220 D
(1976 bis 1979)

Neue Modellreihe (W 123) gleicher Grundkonzeption aber mit neuer Karosserie und neuer Vorderachse. Unveränderte Dieselmotoren, ab 1979 beim Zweiliter mit mehr Leistung und zahlreichen Änderungen im Detail.

Fahrzeug-Typ		Mercedes-Benz 200 D (ab 1976)	Mercedes-Benz 220 D (1976–1979)	Mercedes Benz 200 D (ab 1979)
Zylinderzahl/Bauart/Einbau			4/R/längs	
Hubraum	cm^3	1988	2197	1988
Bohrung×Hub	mm	87,0×83,6	87,0×92,4	87,0×83,6
Leistung	kW (PS) bei min^{-1}	40 (55)/4200	44 (60)/4200	44 (60)/4400
Spezifische Leistung	kW/L (PS/L)	20,1 (27,7)	20,0 (27,3)	22,1 (30,2)
Drehmoment	Nm bei min^{-1}	113/2400	125/2400	113/2400
Verdichtungsverhältnis			21,0:1	
Verbrennungsverfahren			Vorkammer	
Gewicht	kg	195	197	195
Werkstoff Zylinderkopf			Grauguß	
Werkstoff Motorgehäuse			Grauguß	
Ventilsteuerung/Nockenwellenantrieb			ohc/Kette	
Kurbelwellenlager			5	
Einspritzpumpe			RP Bosch	
Turbolader			–	
Maximaler Ladedruck	bar		–	
Ölinhalt	L	5,0	5,0	6,5
Antrieb			Hinterräder	
Getriebe			4-Gang (a.W. 5-Gang, Automatik)	
Gesamtübersetzung			3,92:1	
Geschwindigkeit pro 1000/min	km/h		29,1	
Leergewicht	kg	1375	1380	1375
Höchstgeschwindigkeit	km/h	130	135	135
Beschleunigung 0–100 km/h	s	31,0	29,0	30,0
DIN-Verbrauch	L/100 km	–	–	7,1/10,2/9,5
Kraftstofftank	L		65	
Ölwechsel/Inspektion	km	5000/10 000	5000/10 000	7500/15 000

Mercedes-Benz 240 D
(1976 bis 1985)

2,4 Liter-Dieselversion der Baureihe W 123. Zunächst unveränderter Motor, ab 1978 aus Steuergründen geringfügig weniger Hubraum, gleichzeitig aber mehr Leistung. Wahlweise auch als Achtsitzer mit längerem Radstand lieferbar.

Fahrzeug-Typ		Mercedes-Benz 240 D (1976–1978)	Mercedes-Benz 240 D (1978–1985)
Zylinderzahl/Bauart/Einbau		4/R/längs	
Hubraum	cm^3	2404	2399
Bohrung × Hub	mm	91,0×92,4	90,9×92,4
Leistung	kW (PS) bei min^{-1}	48 (65)/4200	55 (72)/4400
Spezifische Leistung	kW/L (PS/L)	19,9 (27,2)	22,9 (31,2)
Drehmoment	Nm bei min^{-1}	137/2400	137/2400
Verdichtungsverhältnis		21:1	
Verbrennungsverfahren		Vorkammer	
Gewicht	kg	203	
Werkstoff Zylinderkopf		Grauguß	
Werkstoff Motorgehäuse		Grauguß	
Ventilsteuerung/Nockenwellenantrieb		ohc/Kette	
Kurbelwellenlager		5	
Einspritzpumpe		RP Bosch	
Turbolader		–	
Maximaler Ladedruck	bar	–	
Ölinhalt	L	5,0	6,5
Antrieb		Hinterräder	
Getriebe		4-Gang (a. W. 5-Gang, Automatik)	
Gesamtübersetzung		3,69:1	
Geschwindigkeit pro 1000/min	km/h	30,9	
Leergewicht	kg	1385	
Höchstgeschwindigkeit	km/h	138	143
Beschleunigung 0–100 km/h	s	24,0	22,0
DIN-Verbrauch	L/100 km	–	7,4/10,9/9,5
Kraftstofftank	L	65	
Ölwechsel/Inspektion	km	5000/10000	7500/15000

Mercedes-Benz 300 D

(1976 bis 1985)

Dreiliter-Diesel mit Fünfzylindermotor wie beim Vormodell 240 D 3.0. Ab 1979 aus Steuergründen geringfügig weniger Hubraum bei gleichzeitiger Leistungserhöhung. Wahlweise auch als Achtsitzer mit längerem Radstand und in den USA auch als Coupé (300 CD) lieferbar.

Fahrzeug-Typ		Mercedes-Benz 300 D (1976–1979)	Mercedes-Benz 300 D (1979–1985)	Mercedes-Benz 300 CD (USA) (1979–1985)
Zylinderzahl/Bauart/Einbau			5/R/längs	
Hubraum	cm^3	3005	2998	2998
Bohrung × Hub	mm	91,0×92,4	90,9×92,4	90,0×92,4
Leistung	kW (PS) bei min^{-1}	59 (80)/4000	65 (88)/4400	61 (83)/4200
Spezifische Leistung	kW/L (PS/L)	19,6 (26,7)	21,9 (29,5)	20,3 (27,7)
Drehmoment	Nm bei min^{-1}	172/2400		167/2400
Verdichtungsverhältnis			21:1	
Verbrennungsverfahren			Vorkammer	
Gewicht	kg		234	
Werkstoff Zylinderkopf			Grauguß	
Werkstoff Motorgehäuse			Grauguß	
Ventilsteuerung/Nockenwellenantrieb			ohc/Kette	
Kurbelwellenlager			6	
Einspritzpumpe			RP Bosch	
Turbolader			–	
Maximaler Ladedruck	bar		–	
Ölinhalt	L	6,0	6,5	6,5
Antrieb			Hinterräder	
Getriebe		4-Gang (a.W. 5-Gang, Automatik)		Automatik
Gesamtübersetzung			3,46:1	
Geschwindigkeit pro 1000/min	km/h		32,9	
Leergewicht	kg	1445	1445	1430
Höchstgeschwindigkeit	km/h	148	155	155
Beschleunigung 0–100 km/h	s	19,5	17,8	19,5
DIN-Verbrauch	L/100 km	–	7,8/11,5/10,3	–
Kraftstofftank	L		65	
Ölwechsel/Inspektion	km	5000/10 000	7500/15 000	8000/24 000

Mercedes-Benz 240 TD
(1977 bis 1985)

Erster Mercedes-Serienkombi nach dem zweiten Weltkrieg. Vierzylinder-Dieselmotor wie in der Limousine, jedoch nicht als 2,0 und 2,2 Liter erhältlich. Hinterachse serienmäßig mit automatischer Niveauregulierung.

Fahrzeug-Typ		Mercedes-Benz 240 TD (1977–1978)	Mercedes-Benz 240 TD (1978–1985)
Zylinderzahl/Bauart/Einbau		4/R/längs	
Hubraum	cm^3	2404	2399
Bohrung × Hub	mm	91,0×92,4	90,9×92,4
Leistung	kW (PS) bei min^{-1}	48 (65)/4200	55 (72)/4400
Spezifische Leistung	kW/L (PS/L)	19,9 (27,2)	22,9 (31,2)
Drehmoment	Nm bei min^{-1}	137/2400	
Verdichtungsverhältnis		21:1	
Verbrennungsverfahren		Vorkammer	
Gewicht	kg	203	
Werkstoff Zylinderkopf		Grauguß	
Werkstoff Motorgehäuse		Grauguß	
Ventilsteuerung/Nockenwellenantrieb		ohc/Kette	
Kurbelwellenlager		5	
Einspritzpumpe		RP Bosch	
Turbolader		–	
Maximaler Ladedruck	bar	–	
Ölinhalt	L	6,5	
Antrieb		Hinterräder	
Getriebe		4-Gang (a. W. 5-Gang, Automatik)	
Gesamtübersetzung		3,69:1	
Geschwindigkeit pro 1000/min	km/h	30,9	
Leergewicht	kg	1485	1505
Höchstgeschwindigkeit	km/h	138	143
Beschleunigung 0–100 km/h	s	25,4	23,2
DIN-Verbrauch	L/100 km	–	7,8/11,0/9,9
Kraftstofftank	L	70	
Ölwechsel/Inspektion	km	5000/10 000	7500/15 000

Mercedes-Benz 300 TD
(1977 bis 1985)
Mercedes 300 TD Turbodiesel
(1980 bis 1985)

Viertürige Kombiversion mit Dreiliter-Fünfzylindermotor wie in der Limousine.
Ab 1980 auch mit Turboaufladung lieferbar, jedoch ausschließlich in Verbindung mit Viergang-Automatikgetriebe.

Fahrzeug-Typ		Mercedes-Benz 300 TD (1977–1979)	Mercedes-Benz 300 TD (1979–1985)	Mercedes-Benz 300 TD Turbodiesel (1980–1985)
Zylinderzahl/Bauart/Einbau		5/R/längs		
Hubraum	cm^3	3005	2998	2998
Bohrung × Hub	mm	91,0×92,4	90,9×92,4	90,9×92,4
Leistung	kW (PS) bei min^{-1}	59 (80)/4000	65 (88)/4400	92 (125)/4350
Spezifische Leistung	kW/L (PS/L)	19,6 (26,7)	21,7 (29,5)	30,7 (41,7)
Drehmoment	Nm bei min^{-1}	172/2400	172/2400	250/2400
Verdichtungsverhältnis		21,0:1	21,0:1	21,5:1
Verbrennungsverfahren		Vorkammer		
Gewicht	kg	234	234	244
Werkstoff Zylinderkopf		Grauguß		
Werkstoff Motorgehäuse		Grauguß		
Ventilsteuerung/Nockenwellenantrieb		ohc/Kette		
Kurbelwellenlager		6,0		
Einspritzpumpe		RP Bosch		
Turbolader		–	–	Garrett TA 03
Maximaler Ladedruck	bar	–	–	0,76
Ölinhalt	L	6,0	6,5	7,5
Antrieb		Hinterräder		
Getriebe		4-Gang (a. W. 5-Gang, Automatik)		Automatik
Gesamtübersetzung		3,46:1	3,46:1	3,07:1
Geschwindigkeit pro 1000/min	km/h	32,9	32,9	37,6
Leergewicht	kg	1545	1565	1610
Höchstgeschwindigkeit	km/h	148	155	165
Beschleunigung 0–100 km/h	s	20,5	18,9	15,0
DIN-Verbrauch	L/100 km	–	8,0/11,3/10,3	8,0/11,1/10,5
Kraftstofftank	L	70		
Ölwechsel/Inspektion	km	5000/10000	7500/15000	7500/15000

Mercedes-Benz 300 SD Turbodiesel
(1978 bis 1980)

Dieselversion der Mercedes S-Klasse ausschließlich für den amerikanischen Markt. Fünfzylinder erstmals als Turbodiesel. Nur mit Dreigang-Automatikgetriebe lieferbar.

Fahrzeug-Typ		Mercedes-Benz 300 SD Turbodiesel (1978–1980)
Zylinderzahl/Bauart/Einbau		5/R/längs
Hubraum	cm^3	2998
Bohrung × Hub	mm	90,9×92,4
Leistung	kW (PS) bei min^{-1}	85 (115)/4200
Spezifische Leistung	kW/L (PS/L)	28,3 (38,3)
Drehmoment	Nm bei min^{-1}	235/2400
Verdichtungsverhältnis		21,5:1
Verbrennungsverfahren		Vorkammer
Gewicht	kg	244
Werkstoff Zylinderkopf		Grauguß
Werkstoff Motorgehäuse		Grauguß
Ventilsteuerung/Nockenwellenantrieb		ohc/Kette
Kurbelwellenlager		6
Einspritzpumpe		RP Bosch
Turbolader		Garrett TA 03
Maximaler Ladedruck	bar	0,76
Ölinhalt	L	8,5
Antrieb		Hinterräder
Getriebe		Automatik
Gesamtübersetzung		3,07:1
Geschwindigkeit pro 1000/min	km/h	38,4
Leergewicht	kg	1765
Höchstgeschwindigkeit	km/h	165
Beschleunigung 0–100 km/h	s	17,0
DIN-Verbrauch	L/100 km	–
Kraftstofftank	L	82
Ölwechsel/Inspektion	km	8000/24000

Mercedes-Benz 300 SD Turbodiesel
(ab 1980)

S-Klasse der neuen Modellgeneration mit Dieselmotor. Wieder ausschließlich für den USA-Export bestimmt. Fünfzylinder-Turbodiesel mit erhöhter Leistung und serienmäßig mit Viergang-Automatikgetriebe.

Fahrzeug-Typ		Mercedes-Benz 300 SD Turbodiesel (ab 1980)
Zylinderzahl/Bauart/Einbau		5/R/längs
Hubraum	cm^3	2998
Bohrung × Hub	mm	90,9×92,4
Leistung	kW (PS) bei min^{-1}	92 (125)/4350
Spezifische Leistung	kW/L (PS/L)	30,7 (41,7)
Drehmoment	Nm bei min^{-1}	250/2400
Verdichtungsverhältnis		21,5:1
Verbrennungsverfahren		Vorkammer
Gewicht	kg	244
Werkstoff Zylinderkopf		Grauguß
Werkstoff Motorgehäuse		Grauguß
Ventilsteuerung/Nockenwellenantrieb		ohc/Kette
Kurbelwellenlager		6
Einspritzpumpe		RP Bosch
Turbolader		Garrett TA 03
Maximaler Ladedruck	bar	0,76
Ölinhalt	L	7,5
Antrieb		Hinterräder
Getriebe		Automatik
Gesamtübersetzung		3,07:1
Geschwindigkeit pro 1000/min	km/h	37,6
Leergewicht	kg	1705
Höchstgeschwindigkeit	km/h	170
Beschleunigung 0–100 km/h	s	15,2
DIN-Verbrauch	L/100 km	–
Kraftstofftank	L	77
Ölwechsel/Inspektion	km	8000/24000

Mercedes-Benz 200 D
(ab 1985)
Mercedes-Benz 250 D
(ab 1985)
Mercedes-Benz 300 D
(ab 1985)

Neue Modellreihe der Mittelklasse (W 124) mit strömungsgünstiger Karosserie, neuer Hinterachse und neuen Motoren. 200 D mit Vierzylindermotor wie im 190 D, 250 D mit fünf Zylindern, 300 D mit sechs Zylindern. Vorläufig ausschließlich als viertürige Limousine lieferbar. Kombi-Version jedoch in Vorbereitung.

Fahrzeug-Typ		Mercedes-Benz 200 D	Mercedes-Benz 250 D	Mercedes-Benz 300 D
Zylinderzahl/Bauart/Einbau		4/R/längs	5/R/längs	6/R/längs
Hubraum	cm³	1997	2497	2996
Bohrung × Hub	mm	87,0×84,0	87,0×84,0	87,0×84,0
Leistung	kW (PS) bei min^{-1}	53 (72)/4600	66 (90)/4600	80 (109)/4600
Spezifische Leistung	kW/L (PS/L)	26,5 (36,1)	26,4 (36,0)	26,7 (36,4)
Drehmoment	Nm bei min^{-1}	123/2800	154/2800	185/2800
Verdichtungsverhältnis			22,0:1	
Verbrennungsverfahren			Vorkammer	
Gewicht	kg	166	185	203
Werkstoff Zylinderkopf			Leichtmetall	
Werkstoff Motorgehäuse			Grauguß	
Ventilsteuerung/Nockenwellenantrieb			ohc/Zahnriemen	
Kurbelwellenlager		5	6	7
Einspritzpumpe			RP Bosch	
Turbolader			–	
Maximaler Ladedruck	bar		–	
Ölinhalt	L		–	
Antrieb			Hinterräder	
Getriebe		4-Gang (a.W. 5-Gang, Automatik)		5-Gang (a.W. Automatik)
Gesamtübersetzung		3,42:1	3,42:1	3,46:1
Geschwindigkeit pro 1000/min	km/h	–	–	–
Leergewicht	kg	1280	1320	1370
Höchstgeschwindigkeit	km/h	160	175	190
Beschleunigung 0–100 km/h	s	20,0	16,3	13,8
DIN-Verbrauch	L/100 km	5,3/7,0/7,9	5,4/7,0/8,9	5,4/7,0/9,5
Kraftstofftank	L		–	
Ölwechsel/Inspektion	km		7500/15000	

Mercedes-Benz 190 D
(ab 1983)

Neue Modell-Reihe mit Kompakt-Karosserie und völlig neuem Dieselmotor. Ausschließlich als viertürige Limousine lieferbar. USA-Version mit 2,2 Liter statt 2,0 Liter Hubraum aber nahezu identischer Leistung.

Fahrzeug-Typ		Mercedes-Benz 190 D (ab 1983) W 201	Mercedes-Benz 190 D (USA) (ab 1983)
Zylinderzahl/Bauart/Einbau		4/R/längs	
Hubraum	cm^3	1997	2197
Bohrung×Hub	mm	87,0×84,0	87,0×92,4
Leistung	kW (PS) bei min^{-1}	53 (72)/4600	54 (73)/4200
Spezifische Leistung	kW/L (PS/L)	26,5 (36,0)	24,6 (33,2)
Drehmoment	Nm bei min^{-1}	123/2800	130/2800
Verdichtungsverhältnis		22,0:1	
Verbrennungsverfahren		Vorkammer	
Gewicht	kg	166	
Werkstoff Zylinderkopf		Leichtmetall	
Werkstoff Motorgehäuse		Grauguß	
Ventilsteuerung/Nockenwellenantrieb		ohc/Zahnriemen	
Kurbelwellenlager		5	
Einspritzpumpe		VP Bosch	
Turbolader		–	
Maximaler Ladedruck	bar	–	
Ölinhalt	L	6,0	
Antrieb		Hinterräder	
Getriebe		4-Gang (a.W. 5-Gang, Automatik)	
Gesamtübersetzung		3,23:1 (5-Gang: 2,71:1)	
Geschwindigkeit pro 1000/min	km/h	34,4	
Leergewicht	kg	1110	
Höchstgeschwindigkeit	km/h	160	
Beschleunigung 0–100 km/h	s	18,1	
DIN-Verbrauch	L/100 km	5,3/6,9/7,5	–
Kraftstofftank	L	55	
Ölwechsel/Inspektion	km	7500/15000	8000/24000

Mitsubishi Galant Turbodiesel

(1980 bis 1984)

Erstes japanisches Serienauto mit Turbodieselmotor. Einscheiben-Trockenkupplung mit vorgeschalteter Flüssigkeitskupplung. Konventioneller Antrieb. Ausschließlich als viertürige Limousine lieferbar.

Fahrzeug-Typ		Mitsubishi Galant Turbodiesel (1980 21984)
Zylinderzahl/Bauart/Einbau		4/R/längs
Hubraum	cm^3	2346
Bohrung × Hub	mm	91,1×90,0
Leistung	kW (PS) bei min^{-1}	62 (84)/4200
Spezifische Leistung	kW/L (PS/L)	26,4 (35,8)
Drehmoment	Nm bei min^{-1}	175/2500
Verdichtungsverhältnis		21,0:1
Verbrennungsverfahren		Wirbelkammer
Gewicht	kg	–
Werkstoff Zylinderkopf		Leichtmetall
Werkstoff Motorgehäuse		Grauguß
Ventilsteuerung/Nockenwellenantrieb		ohc/Zahnriemen
Kurbelwellenlager		5
Einspritzpumpe		VP Kiki
Turbolader		Mitsubishi
Maximaler Ladedruck	bar	0,8
Ölinhalt	L	5,1
Antrieb		Hinterräder
Getriebe		5-Gang
Gesamtübersetzung		3,55:1
Geschwindigkeit pro 1000/min	km/h	37,3
Leergewicht	kg	1230
Höchstgeschwindigkeit	km/h	155
Beschleunigung 0–100 km/h	s	14,5
DIN-Verbrauch	L/100 km	6,3/8,3/9,0
Kraftstofftank	L	60
Ölwechsel/Inspektion	km	5000/20000

Mitsubishi Galant 1800 GLX Turbodiesel

(ab 1984)

Völlig neue viertürige Limousine mit Quermotor und Frontantrieb. Turbo-Vierzylindermotor wie beim Vormodell mit Ausgleichswellen und Ladeluftkühlung. Nur in einer Ausstattungsvariante lieferbar.

Fahrzeug-Typ		Mitsubishi Galant 1800 GLX Turbodiesel (ab 1984)
Zylinderzahl/Bauart/Einbau		4/R/quer
Hubraum	cm^3	1779
Bohrung × Hub	mm	80,6×88,0
Leistung	kW (PS) bei min^{-1}	60 (82)/4500
Spezifische Leistung	kW/L (PS/L)	33,7 (46,1)
Drehmoment	Nm bei min^{-1}	165/2250
Verdichtungsverhältnis		21,5:1
Verbrennungsverfahren		Wirbelkammer
Gewicht	kg	–
Werkstoff Zylinderkopf		Leichtmetall
Werkstoff Motorgehäuse		Grauguß
Ventilsteuerung/Nockenwellenantrieb		ohc/Zahnriemen
Kurbelwellenlager		5
Einspritzpumpe		VP Kiki
Turbolader		Mitsubishi
Maximaler Ladedruck	bar	0,8
Ölinhalt	L	5,0
Antrieb		Vorderräder
Getriebe		5-Gang
Gesamtübersetzung		2,96:1
Geschwindigkeit pro 1000/min	km/h	–
Leergewicht	kg	1170
Höchstgeschwindigkeit	km/h	166
Beschleunigung 0–100 km/h	s	14,5
DIN-Verbrauch	L/100 km	5,0/6,6/7,7
Kraftstofftank	L	60
Ölwechsel/Inspektion	km	5000/20000

Mitsubishi Colt 1800 D

(ab 1984)

Neue Modellgeneration des Colt mit größerer Karosserie, wahlweise mit zwei oder vier Türen. Quermotor und Frontantrieb. Neuer 1,8 Liter Dieselmotor.

Fahrzeug-Typ		Mitsubishi Colt 1800 D (ab 1983)
Zylinderzahl/Bauart/Einbau		4/R/quer
Hubraum	cm^3	1796
Bohrung × Hub	mm	80,6×88,0
Leistung	kW (PS) bei min^{-1}	43 (58)/4500
Spezifische Leistung	kW/L (PS/L)	23,9 (32,3)
Drehmoment	Nm bei min^{-1}	108/2500
Verdichtungsverhältnis		21,5:1
Verbrennungsverfahren		Wirbelkammer
Gewicht	kg	–
Werkstoff Zylinderkopf		Leichtmetall
Werkstoff Motorgehäuse		Grauguß
Ventilsteuerung/Nockenwellenantrieb		ohc/Zahnriemen
Kurbelwellenlager		5
Einspritzpumpe		VP Kiki
Turbolader		–
Maximaler Ladedruck	bar	–
Ölinhalt	L	4,8
Antrieb		Vorderräder
Getriebe		5-Gang
Gesamtübersetzung		2,71:1
Geschwindigkeit pro 1000/min	km/h	39,1
Leergewicht	kg	910
Höchstgeschwindigkeit	km/h	145
Beschleunigung 0–100 km/h	s	17
DIN-Verbrauch	L/100 km	6,9/4,6/6,6
Kraftstofftank	L	45
Ölwechsel/Inspektion	km	5000/20000

Mitsubishi Lancer 1800 D

(ab 1984)

Viertürige Limousine, abgeleitet vom Colt der zweiten Generation aber mit Stufenheck. Frontantrieb mit Ouermotor. Diesel-Aggregat wie beim Colt 1800 D.

Fahrzeug-Typ		Mitsubishi Lancer 1800 D (ab 1983)
Zylinderzahl/Bauart/Einbau		4/R/quer
Hubraum	cm^3	1796
Bohrung × Hub	mm	80,6×88,0
Leistung	kW (PS) bei min^{-1}	43 (58)/4500
Spezifische Leistung	kW/L (PS/L)	23,9 (32,3)
Drehmoment	Nm bei min^{-1}	108/2500
Verdichtungsverhältnis		21,5:1
Verbrennungsverfahren		Wirbelkammer
Gewicht	kg	–
Werkstoff Zylinderkopf		Leichtmetall
Werkstoff Motorgehäuse		Grauguß
Ventilsteuerung/Nockenwellenantrieb		ohc/Zahnriemen
Kurbelwellenlager		5
Einspritzpumpe		VP Kiki
Turbolader		–
Maximaler Ladedruck	bar	–
Ölinhalt	L	4,8
Antrieb		Vorderräder
Getriebe		5-Gang
Gesamtübersetzung		2,71:1
Geschwindigkeit pro 1000/min	km/h	39,1
Leergewicht	kg	930
Höchstgeschwindigkeit	km/h	145
Beschleunigung 0–100 km/h	s	18
DIN-Verbrauch	L/100 km	6,9/4,6/6,6
Kraftstofftank	L	45
Ölwechsel/Inspektion	km	5000/20 000

Moskvich 2138/2140
(ab 1967)

Russische Mittelklasse-Limousine mit Vierzylinder-Diesel des britischen Motorenherstellers Perkins. Auch als viertüriger Kombi lieferbar. Verschiedene Ausstattungsversionen.

Fahrzeug-Typ		Moskvich 2138/2140 (ab 1967)
Zylinderzahl/Bauart/Einbau		4/R/längs
Hubraum	cm^3	1760
Bohrung×Hub	mm	79,4×88,9
Leistung	kW (PS) bei min^{-1}	37 (50)/4000
Spezifische Leistung	kW/L (PS/L)	21,0 (28,4)
Drehmoment	Nm bei min^{-1}	108/2200
Verdichtungsverhältnis		22,0:1
Verbrennungsverfahren		Wirbelkammer
Gewicht	kg	150
Werkstoff Zylinderkopf		Grauguß
Werkstoff Motorgehäuse		Grauguß
Ventilsteuerung/Nockenwellenantrieb		ohv
Kurbelwellenlager		5
Einspritzpumpe		VP CAV
Turbolader		–
Maximaler Ladedruck	bar	–
Ölinhalt	L	6,0
Antrieb		Hinterräder
Getriebe		4-Gang
Gesamtübersetzung		3,39:1
Geschwindigkeit pro 1000/min	km/h	26,0
Leergewicht	kg	1060
Höchstgeschwindigkeit	km/h	120
Beschleunigung 0–100 km/h	s	28
DIN-Verbrauch	L/100 km	–
Kraftstofftank	L	46
Ölwechsel/Inspektion	km	–

Opel Rekord 2100 D

(1972 bis 1977)

Erster Diesel-Personenwagen von Opel. Neuer 2,1 Liter Dieselmotor mit vier Zylindern, für Exportzwecke auch mit zwei Liter Hubraum. Wahlweise als Limousine oder Kombi, zwei- oder viertürig lieferbar.

Fahrzeug-Typ		Opel Rekord 2,1 D (1972–1977)	Opel Rekord 2,0 D (1972–1977)
Zylinderzahl/Bauart/Einbau		4/R/längs	
Hubraum	cm^3	2068	1998
Bohrung × Hub	mm	88,0×85,0	86,5×85,0
Leistung	kW (PS) bei min^{-1}	44 (60)/4400	41 (55)/4200
Spezifische Leistung	kW/L (PS/L)	21,3 (29,0)	20,2 (27,5)
Drehmoment	Nm bei min^{-1}	120/2500	115/2400
Verdichtungsverhältnis		22,0:1	
Verbrennungsverfahren		Wirbelkammer	
Gewicht	kg	196	197
Werkstoff Zylinderkopf		Grauguß	
Werkstoff Motorgehäuse		Grauguß	
Ventilsteuerung/Nockenwellenantrieb		ohc/Kette	
Kurbelwellenlager		5	
Einspritzpumpe		VP Bosch	
Turbolader		–	
Maximaler Ladedruck	bar	–	
Ölinhalt	L	5,5	
Antrieb		Hinterräder	
Getriebe		4-Gang (a. W. Automatik)	
Gesamtübersetzung		3,89:1	
Geschwindigkeit pro 1000/min	km/h	29,6	
Leergewicht	kg	1210 (1230, 4-türig)	
Höchstgeschwindigkeit	km/h	135	131
Beschleunigung 0–100 km/h	s	23,5	25,0
DIN-Verbrauch	L/100 km	–	–
Kraftstofftank	L	70	
Ölwechsel/Inspektion	km	5000/10000	

Opel Rekord 2.1 D
(1977 bis 1978)
Opel Rekord 2.3 D
(1979 bis 1982)

Neue Modellreihe mit anderer Karosserie und neuer Federbein-Vorderachse. Ab 1978 Vierzylinder-Diesel mit mehr Hubraum (2,3 Liter). Alle Karosserie- und Ausstattungs-Versionen auch als Diesel lieferbar.

Fahrzeug-Typ		Opel Rekord 2.1 D (1977–1978)	Opel Rekord 2.3 D (1978–1982)	Opel Rekord 2.0 D (Export)
Zylinderzahl/Bauart/Einbau			4/R/längs	
Hubraum	cm^3	2068	2260	1998
Bohrung × Hub	mm	88,0×85,0	92,0×85,0	86,5×85,0
Leistung	kW (PS) bei min^{-1}	44 (60)/4400	48 (65)/4200	43 (58)/4200
Spezifische Leistung	kW/L (PS/L)	21,3 (29,0)	21,2 (28,9)	21,5 (29,3)
Drehmoment	Nm bei min^{-1}	120/2500	127/2500	115/2200
Verdichtungsverhältnis			22,0:1	
Verbrennungsverfahren			Wirbelkammer	
Gewicht	kg	196	199	197
Werkstoff Zylinderkopf			Grauguß	
Werkstoff Motorgehäuse			Grauguß	
Ventilsteuerung/Nockenwellenantrieb			ohc/Kette	
Kurbelwellenlager			5	
Einspritzpumpe			VP Bosch	
Turbolader			–	
Maximaler Ladedruck	bar		–	
Ölinhalt	L		5,5	
Antrieb			Hinterräder	
Getriebe			4-Gang (a. W. Automatik)	
Gesamtübersetzung		3,89:1	3,67:1	3,89:1
Geschwindigkeit pro 1000/min	km/h	29,6	31,4	29,6
Leergewicht	kg		1235 (1255 4-türig)	
Höchstgeschwindigkeit	km/h	135	142	137
Beschleunigung 0–100 km/h	s	23,5	22,3	24,0
DIN-Verbrauch	L/100 km	–	6,2/9,0/8,6	6,3/9,1/8,9
Kraftstofftank	L		65	
Ölwechsel/Inspektion	km		5000/10000	

Opel Rekord 2.3 D
(ab 1982)
Opel Rekord 2.3 Turbodiesel
(ab 1984)

Modifizierte Karosserie, prinzipiell jedoch unverändert. 2,3 Liter-Diesel mit mehr Leistung. Ab 1984 erstmals auch mit Turboaufladung lieferbar. Nur noch viertürig, wahlweise als Limousine oder Kombi.

Fahrzeug-Typ		Opel Rekord 2.3 D (ab 1982)	Rekord 2.3 Turbodiesel (ab 1984)
Zylinderzahl/Bauart/Einbau		4/R/längs	
Hubraum	cm^3	2260	
Bohrung×Hub	mm	92,0×85,0	
Leistung	kW (PS) bei min^{-1}	52 (70)/4400	64 (86)/4200
Spezifische Leistung	kW/L (PS/L)	22,8 (31,0)	28,0 (38,0)
Drehmoment	Nm bei min^{-1}	135/2400	189/2200
Verdichtungsverhältnis		22,0:1	23,0:1
Verbrennungsverfahren		Wirbelkammer	
Gewicht	kg	199	206
Werkstoff Zylinderkopf		Grauguß	
Werkstoff Motorgehäuse		Grauguß	
Ventilsteuerung/Nockenwellenantrieb		ohc/Kette	
Kurbelwellenlager		5	
Einspritzpumpe		VP Bosch	
Turbolader		–	Garrett
Maximaler Ladedruck	bar	–	–
Ölinhalt	L	5,5	
Antrieb		Hinterräder	
Getriebe		4-Gang (a.W. 5-Gang, Automatik)	5-Gang
Gesamtübersetzung		3,45 (5-Gang: 2,98:1)	2,98:1
Geschwindigkeit pro 1000/min	km/h	33,7 (5-Gang)	
Leergewicht	kg	1250	
Höchstgeschwindigkeit	km/h	160	168
Beschleunigung 0–100 km/h	s	20	16
DIN-Verbrauch	L/100 km	5,4/7,5/7,7	5,4/7,5/7,9
Kraftstofftank	L	65	
Ölwechsel/Inspektion	km	5000/10000	

Opel Ascona 2.0 D
(1978 bis 1981)

Limousine konventioneller Bauart, wahlweise zwei- oder viertürig lieferbar. Dieselmotor wie im Opel Rekord, jedoch nur zwei Liter Hubraum. Verschiedene Ausstattungsversionen.

Fahrzeug-Typ		Opel Ascona 2.0 D (1978–1981)
Zylinderzahl/Bauart/Einbau		4/R/längs
Hubraum	cm^3	1998
Bohrung × Hub	mm	86,5×85,0
Leistung	kW (PS) bei min^{-1}	43 (58)/4200
Spezifische Leistung	kW/L (PS/L)	21,5 (29,3)
Drehmoment	Nm bei min^{-1}	115/2400
Verdichtungsverhältnis		22,0:1
Verbrennungsverfahren		Wirbelkammer
Gewicht	kg	197
Werkstoff Zylinderkopf		Grauguß
Werkstoff Motorgehäuse		Grauguß
Ventilsteuerung/Nockenwellenantrieb		ohc/Kette
Kurbelwellenlager		5
Einspritzpumpe		VP Bosch
Turbolader		–
Maximaler Ladedruck	bar	–
Ölinhalt	L	5,5
Antrieb		Hinterräder
Getriebe		4-Gang (a.W. Automatik)
Gesamtübersetzung		3,67:1
Geschwindigkeit pro 1000/min	km/h	29,4
Leergewicht	kg	1060 (1080 4-türig)
Höchstgeschwindigkeit	km/h	137 (132, Automatik)
Beschleunigung 0–100 km/h	s	21,0 (24,5, Automatik)
DIN-Verbrauch	L/100 km	6,4/9,2/8,7
Kraftstofftank	L	50
Ölwechsel/Inspektion	km	5000/10000

Opel Ascona 1.6 D
(ab 1981)

Neue Modellgeneration mit Quermotor und Frontantrieb. Völlig neuer Dieselmotor basierend auf dem 1,6 Liter-Benziner der Fronttriebler Kadett/Ascona. Als zwei- und viertürige Stufenheck- oder viertürige Schrägheck-Limousine lieferbar. Für Großbritannien unter der Bezeichnung Vauxhall Cavalier laufend.

Fahrzeug-Typ		Opel Ascona 1.6 D (ab 1981)
Zylinderzahl/Bauart/Einbau		4/R/quer
Hubraum	cm^3	1598
Bohrung × Hub	mm	80,0×79,5
Leistung	kW (PS) bei min^{-1}	40 (54)/4600
Spezifische Leistung	kW/L (PS/L)	24,8 (33,8)
Drehmoment	Nm bei min^{-1}	96/2400
Verdichtungsverhältnis		23,0:1
Verbrennungsverfahren		Wirbelkammer
Gewicht	kg	–
Werkstoff Zylinderkopf		Leichtmetall
Werkstoff Motorgehäuse		Grauguß
Ventilsteuerung/Nockenwellenantrieb		ohc/Zahnriemen
Kurbelwellenlager		5
Einspritzpumpe		VP Bosch
Turbolader		–
Maximaler Ladedruck	bar	–
Ölinhalt	L	3,8
Antrieb		Vorderräder
Getriebe		4-Gang (a. W. 5-Gang, Automatik)
Gesamtübersetzung		3,83:1 (5-Gang: 2,80:1)
Geschwindigkeit pro 1000/min	km/h	36,0 (5-Gang)
Leergewicht	kg	1020
Höchstgeschwindigkeit	km/h	143
Beschleunigung 0–100 km/h	s	21
DIN-Verbrauch	L/100 km	5,4/7,7/7,4 (5-Gang: 4,4/7,1/7,4)
Kraftstofftank	L	61
Ölwechsel/Inspektion	km	7500/15000

Opel Kadett 1.6 D

(1982 bis 1984)

Erste Dieselversion des Kadett. Vierzylindermotor wie beim Ascona, basierend auf dem 1,6 Liter-Benziner der Modellreihe. Drei Karosserie-Varianten: zwei- oder viertürige Schrägheck-Limousine, viertüriger Kombi.

Fahrzeug-Typ		Opel Kadett 1.6 D (1982–1984)
Zylinderzahl/Bauart/Einbau		4/R/quer
Hubraum	cm^3	1598
Bohrung × Hub	mm	80,0×79,5
Leistung	kW (PS) bei min^{-1}	40 (54)/4600
Spezifische Leistung	kW/L (PS/L)	24,8 (33,8)
Drehmoment	Nm bei min^{-1}	96/2400
Verdichtungsverhältnis		23,0:1
Verbrennungsverfahren		Wirbelkammer
Gewicht	kg	–
Werkstoff Zylinderkopf		Leichtmetall
Werkstoff Motorgehäuse		Grauguß
Ventilsteuerung/Nockenwellenantrieb		ohc/Zahnriemen
Kurbelwellenlager		5
Einspritzpumpe		VP Bosch
Turbolader		–
Maximaler Ladedruck	bar	–
Ölinhalt	L	3,8
Antrieb		Vorderräder
Getriebe		4-Gang (a. W. 5-Gang, Automatik)
Gesamtübersetzung		3,33:1 (5-Gang: 2,66:1)
Geschwindigkeit pro 1000/min	km/h	37,7 (5-Gang)
Leergewicht	kg	950
Höchstgeschwindigkeit	km/h	143
Beschleunigung 0–100 km/h	s	19,5
DIN-Verbrauch	L/100 km	5,1/7,3/7,1 (5-Gang: 4,6/6,8/7,1)
Kraftstofftank	L	42
Ölwechsel/Inspektion	km	7500/15000

Opel Kadett 1.6 D

(ab 1984)

Fünfte Generation des Opel Kadett. Neue Karosserie, aber mechanisch wie Vormodell. Unveränderter Dieselmotor, aber dank niedrigem Luftwiderstand bessere Fahrleistungen. Als zwei- oder viertürige Limousine und viertüriger Kombi lieferbar.

Fahrzeug-Typ		Opel Kadett 1.6 D (ab 1984)
Zylinderzahl/Bauart/Einbau		4/R/quer
Hubraum	cm^3	1598
Bohrung × Hub	mm	80,0×79,5
Leistung	kW (PS) bei min^{-1}	40 (54)/4600
Spezifische Leistung	kW/L (PS/L)	24,8 (33,8)
Drehmoment	Nm bei min^{-1}	96/2400
Verdichtungsverhältnis		23,0:1
Verbrennungsverfahren		Wirbelkammer
Gewicht	kg	–
Werkstoff Zylinderkopf		Leichtmetall
Werkstoff Motorgehäuse		Grauguß
Ventilsteuerung/Nockenwellenantrieb		ohc/Zahnriemen
Kurbelwellenlager		5
Einspritzpumpe		VP Bosch
Turbolader		–
Maximaler Ladedruck	bar	–
Ölinhalt	L	3,8
Antrieb		Vorderräder
Getriebe		4-Gang (a.W. 5-Gang, Automatik)
Gesamtübersetzung		3,33 (5-Gang: 2,80)
Geschwindigkeit pro 1000/min	km/h	35,8 (5-Gang)
Leergewicht	kg	930
Höchstgeschwindigkeit	km/h	152
Beschleunigung 0–100 km/h	s	19,5
DIN-Verbrauch	L/100 km	4,7/6,7/7,1 (5-Gang: 4,5/6,4/7,4)
Kraftstofftank	L	42
Ölwechsel/Inspektion	km	7500/15 000

Peugeot 403 Diesel

(1959 bis 1963)

Erster serienmäßiger Diesel-Personenwagen des Diesel-Pioniers Peugeot. Motor basiert auf dem Triebwerk des 403 Benziners. Zahlreiche Karosserie-Varianten: viertürige Limousine, viertüriger Kombi mit längerem Radstand (Break, Familial), Kastenwagen, Pick Up.

Fahrzeug-Typ		Peugeot 403 D (1959–1960)	Peugeot 403 D (1960–1963)	Peugeot 403 D Fam. (1959–1962)
Zylinderzahl/Bauart/Einbau		4/R/längs		
Hubraum	cm^3	1816		
Bohrung × Hub	mm	85×80		
Leistung	kW (PS) bei min^{-1}	35 (48)/4000	37 (50)/4000	35 (48)/4000
Spezifische Leistung	kW/L (PS/L)	19,3 (26,4)	20,4 (27,5)	19,3 (26,4)
Drehmoment	Nm bei min^{-1}	108/2250	110/2250	108/2250
Verdichtungsverhältnis		21,0:1		
Verbrennungsverfahren		Wirbelkammer		
Gewicht	kg	160		
Werkstoff Zylinderkopf		Grauguß		
Werkstoff Motorgehäuse		Grauguß		
Ventilsteuerung/Nockenwellenantrieb		ohv/Stirnräder		
Kurbelwellenlager		5		
Einspritzpumpe		VP Silto		
Turbolader		–		
Maximaler Ladedruck	bar	–		
Ölinhalt	L	4		
Antrieb		Hinterräder		
Getriebe		4-Gang		
Gesamtübersetzung		5,74:1	4,20:1	6,25:1
Geschwindigkeit pro 1000/min	km/h	–	–	–
Leergewicht	kg	1100	1130	1280
Höchstgeschwindigkeit	km/h	120	120	105
Beschleunigung 0–100 km/h	s	30	29	35
DIN-Verbrauch	L/100 km	–	–	–
Kraftstofftank	L	50	50	50
Ölwechsel/Inspektion	km	3000/6000		

Peugeot 404 Diesel

(1962 bis 1975)

Nachfolger des 403 mit neuer Karosserie und modifizierter Technik (Federbein-Vorderachse). Zahlreiche Karosserie-Versionen (viertürige Limousine, viertüriger Kombi/Break mit fünf oder als Familial mit sieben Sitzen, Pick Up). Ab 1975 Produktion nur noch in Argentinien.

Fahrzeug-Typ		Peugeot 404 D Break (1962–1963)	Peugeot 404 D Break (1964–1967)	Peugeot 404 D Break (1968–1975)
Zylinderzahl/Bauart/Einbau			4/R/längs	
Hubraum	cm^3	1816	1948	1948
Bohrung × Hub	mm	85×80	88×80	88×80
Leistung	kW (PS) bei min^{-1}	37 (50)/4000	44 (60)/4500	47 (64)/4500
Spezifische Leistung	kW/L (PS/L)	20,4 (27,5)	22,6 (30,8)	24,1 (32,9)
Drehmoment	Nm bei min^{-1}	120/2250	119/2250	119/2250
Verdichtungsverhältnis			21,0:1	
Verbrennungsverfahren			Wirbelkammer	
Gewicht	kg		160	
Werkstoff Zylinderkopf			Grauguß	
Werkstoff Motorgehäuse			Grauguß	
Ventilsteuerung/Nockenwellenantrieb			ohv/Stirnräder	
Kurbelwellenlager			5	
Einspritzpumpe		VP Silto	VP Bosch	VP Roto-Diesel (DPA)
Turbolader			–	
Maximaler Ladedruck	bar		–	
Ölinhalt	L		4,0	
Antrieb			Hinterräder	
Getriebe			4-Gang	
Gesamtübersetzung		4,76	4,20	4,20
Geschwindigkeit pro 1000/min	km/h	–	28,6	28,6
Leergewicht	kg	1250	1150	
Höchstgeschwindigkeit	km/h	110	128	130
Beschleunigung 0–100 km/h	s	30	27	26,6
DIN-Verbrauch	L/100 km	–	–	–
Kraftstofftank	L	50	50	50
Ölwechsel/Inspektion	km		5000/10000	

Peugeot 204 GL Diesel

(1968 bis 1976)

Erster modern konzipierter Personenwagen der unteren Mittelklasse mit quer eingebautem Dieselmotor. Leichtmetall-Triebwerk ab 1974 mit mehr Leistung. Wahlweise als viertürige Limousine oder viertüriger Kombi (Break) lieferbar.

Fahrzeug-Typ		Peugeot 204 GL D (1974–1976)	Peugeot 204 Break Diesel (1968–1974)	(1974–1976)
Zylinderzahl/Bauart/Einbau		4/R/quer	4/R/quer	4/R/quer
Hubraum	cm^3	1357	1225	1357
Bohrung × Hub	mm	78×71	75×71	78×71
Leistung	kW (PS) bei min^{-1}	33 (45)/5000	29 (40)/5000	33 (45)/5000
Spezifische Leistung	kW/L (PS/L)	24,3 (33,2)	23,7 (32,7)	24,3 (33,2)
Drehmoment	Nm bei min^{-1}	76/2500	71/3000	75/3000
Verdichtungsverhältnis		23,3:1	22,3:1	23,3:1
Verbrennungsverfahren			Wirbelkammer	
Gewicht	kg		100	
Werkstoff Zylinderkopf			Leichtmetall	
Werkstoff Motorgehäuse			Leichtmetall	
Ventilsteuerung/Nockenwellenantrieb			ohc/Kette	
Kurbelwellenlager			5	
Einspritzpumpe			VP Bosch	
Turbolader			–	
Maximaler Ladedruck	bar		–	
Ölinhalt	L	5,0	4,5	5,0
Antrieb			Vorderräder	
Getriebe			4-Gang	
Gesamtübersetzung		4,06:1	4,06:1	4,06:1
Geschwindigkeit pro 1000/min	km/h	26,3	26,3	26,3
Leergewicht	kg	910	935	935
Höchstgeschwindigkeit	km/h	130	122	130
Beschleunigung 0–100 km/h	s	28	31	29
DIN-Verbrauch	L/100 km	6,8	6,7	6,5
Kraftstofftank	L	42	42	42
Ölwechsel/Inspektion	km		5000/10000	

Peugeot 504 Diesel
(ab 1971)

Nachfolger des 404 in drei Karosserie-Varianten: viertürige Limousine, viertüriger Kombi mit längerem Radstand als Break oder Familial und Pick Up. 504 LD, ab 1979 GRD/SRD, wie Break mit starrer Hinterachse statt Schräglenker. Dieselmotor in verschiedenen Hubraum-Varianten.

Fahrzeug-Typ		504 GLD (1971–1973)	504 GLD (1974–1976)	504 GLD (1976–1979)
Zylinderzahl/Bauart/Einbau		4/R/längs		
Hubraum	cm^3	2112	2112	2304
Bohrung × Hub	mm	90×83	90×83	94×83
Leistung	kW (PS) bei min^{-1}	48 (65)/4500	48 (65)/4500	51 (70)/4500
Spezifische Leistung	kW/L (PS/L)	22,7 (30,8)	22,7 (30,8)	22,1 (30,4)
Drehmoment	Nm bei min^{-1}	126/2000	119/2500	132/2000
Verdichtungsverhältnis		22,2:1		
Verbrennungsverfahren		Wirbelkammer		
Gewicht	kg	160		
Werkstoff Zylinderkopf		Grauguß		
Werkstoff Motorgehäuse		Grauguß		
Ventilsteuerung/Nockenwellenantrieb		ohv/Kette		
Kurbelwellenlager		5		
Einspritzpumpe		VP Silto	VP Bosch	VP Roto-Diesel
Turbolader		–		
Maximaler Ladedruck	bar	–		
Ölinhalt	L	5,0		
Antrieb		Hinterräder		
Getriebe		4-Gang (ab 1976 a.W. 3-Gang-Automatik)		
Gesamtübersetzung		3,89:1	3,63:1	3,74:1
Geschwindigkeit pro 1000/min	km/h	29,2	32,8	31,3
Leergewicht	kg	1280	1280	1300
Höchstgeschwindigkeit	km/h	134	135	141
Beschleunigung 0–100 km/h	s	23,6	23,6	20,2
DIN-Verbrauch	L/100 km	–		
Kraftstofftank	L	56		
Ölwechsel/Inspektion	km	5000/10000		

Peugeot 304 GL Diesel

(1976 bis 1980)

Nachfolger des 204 zunächst mit gleicher Mechanik, ab 1979 mit mehr Hubraum und Leistung wie im Nachfolger 305. Als viertürige Limousine oder viertüriger Kombi (Break) lieferbar.

Fahrzeug-Typ		Peugeot 304 GL D	Peugeot 304 GLD	
		(1976–1979)	(1976–1979)	(1979–1980)
Zylinderzahl/Bauart/Einbau		4/R/quer	4/R/quer	4/R/quer
Hubraum	cm³	1357	1357	1548
Bohrung × Hub	mm	78×71	78×71	80×77
Leistung	kW (PS) bei min⁻¹	34 (45)/5000	34 (45)/5000	35 (47)/4650
Spezifische Leistung	kW/L (PS/L)	25,1 (33,2)	25,1 (33,2)	22,6 (30,4)
Drehmoment	Nm bei min⁻¹	76/2500	76/2500	85/2500
Verdichtungsverhältnis		23,3:1	23,3:1	22,5:1
Verbrennungsverfahren			Wirbelkammer	
Gewicht	kg	100	100	105
Werkstoff Zylinderkopf			Leichtmetall	
Werkstoff Motorgehäuse			Leichtmetall	
Ventilsteuerung/Nockenwellenantrieb			ohc	
Kurbelwellenlager			5	
Einspritzpumpe			VP Bosch	
Turbolader			–	
Maximaler Ladedruck	bar		–	
Ölinhalt	L	5,0	5,0	5,0
Antrieb			Vorderräder	
Getriebe			4-Gang	
Gesamtübersetzung		4,06:1	4,06:1	4,06:1
Geschwindigkeit pro 1000/min	km/h	26,3	26,3	26,3
Leergewicht	kg	935	970	970
Höchstgeschwindigkeit	km/h	130	130	132
Beschleunigung 0–100 km/h	s	29	30	28
DIN-Verbrauch	L/100 km	–	–	–
Kraftstofftank	L	42	42	42
Ölwechsel/Inspektion	km		5000/10000	

Peugeot 305 GL Diesel

(1979 bis 1983)

Nachfolger des 304 mit völlig neuer Karosserie. Technik ähnlich 304 mit quer eingebautem Motor und Frontantrieb. Als viertürige Limousine oder viertüriger Kombi (Break) lieferbar. Nur eine Ausstattungsvariante.

Fahrzeug-Typ		Peugeot 305 GL D (1979–1983)	Peugeot 305 Break GL D (1980–1983)
Zylinderzahl/Bauart/Einbau		4/R/quer	
Hubraum	cm^3	1548	
Bohrung×Hub	mm	80,0×70,0	
Leistung	kW (PS) bei min^{-1}	36 (49)/5000	
Spezifische Leistung	kW/L (PS/L)	23,3 (31,7)	
Drehmoment	Nm bei min^{-1}	85/2500	
Verdichtungsverhältnis		22,5:1	
Verbrennungsverfahren		Wirbelkammer	
Gewicht	kg	105	
Werkstoff Zylinderkopf		Leichtmetall	
Werkstoff Motorgehäuse		Leichtmetall	
Ventilsteuerung/Nockenwellenantrieb		ohc	
Kurbelwellenlager		5	
Einspritzpumpe		VP Bosch	
Turbolader		–	
Maximaler Ladedruck	bar	–	
Ölinhalt	L	5	
Antrieb		Vorderräder	
Getriebe		4-Gang	
Gesamtübersetzung		4,06:1	
Geschwindigkeit pro 1000/min	km/h	27,0	
Leergewicht	kg	1000	
Höchstgeschwindigkeit	km/h	134	
Beschleunigung 0–100 km/h	s	23,5	
DIN-Verbrauch	L/100 km	5,3/7,7/7,0	
Kraftstofftank	L	43	
Ölwechsel/Inspektion	km	5000/10000	

Peugeot 305 GLD/SRD
(ab 1983)

Völlig neuer Dieselmotor wie im Citroen BX 19 TRD und im Talbot Horizon LD. Karosserie leicht überarbeitet. SRD-Version mit besserer Ausstattung und serienmäßigem Fünfganggetriebe. Als Kombi (Break) und Limousine lieferbar.

Fahrzeug-Typ		Peugeot 305 GLD/SRD (ab 1983)
Zylinderzahl/Bauart/Einbau		4/R/quer
Hubraum	cm^3	1905
Bohrung × Hub	mm	83,0×88,0
Leistung	kW (PS) bei min^{-1}	48 (65)/4600
Spezifische Leistung	kW/L (PS/L)	25,1 (34,1)
Drehmoment	Nm bei min^{-1}	120/2000
Verdichtungsverhältnis		23,5:1
Verbrennungsverfahren		Wirbelkammer
Gewicht	kg	–
Werkstoff Zylinderkopf		Leichtmetall
Werkstoff Motorgehäuse		Grauguß
Ventilsteuerung/Nockenwellenantrieb		ohc/Zahnriemen
Kurbelwellenlager		5
Einspritzpumpe		VP
Turbolader		–
Maximaler Ladedruck	bar	–
Ölinhalt	L	5,0
Antrieb		Vorderräder
Getriebe		4-Gang (SRD: 5-Gang)
Gesamtübersetzung		3,25:1 (5-Gang: 3,17:1)
Geschwindigkeit pro 1000/min	km/h	35,0 (5-Gang)
Leergewicht	kg	985
Höchstgeschwindigkeit	km/h	152
Beschleunigung 0–100 km/h	s	16,5
DIN-Verbrauch	L/100 km	4,6/6,4/6,8 (5-Gang)
Kraftstofftank	L	56
Ölwechsel/Inspektion	km	7500/15000

Peugeot 604 GTD Turbo

(ab 1979)

Spitzenmodell der Peugeot-Baureihe. Aufgeladene Version des Vierzylinder-Dieselmotors aus den Modellen 504/505. Ab 1983 mit mehr Hubraum und Leistung. Nur als viertürige Limousine in einer Ausstattungsvariante lieferbar. Auf Wunsch mit Dreigang-Automatik.

Fahrzeug-Typ		Peugeot 604 D Turbo (1979–1983)	Peugeot 604 GTD Turbo (ab 1983)
Zylinderzahl/Bauart/Einbau		4/R/längs	
Hubraum	cm^3	2304	2498
Bohrung × Hub	mm	94×83	94×90
Leistung	kW (PS) bei min^{-1}	59 (80)/4150	70 (95)/4150
Spezifische Leistung	kW/L (PS/L)	25,6 (34,7)	28,0 (38,0)
Drehmoment	Nm bei min^{-1}	184/2000	206/2000
Verdichtungsverhältnis		21,0:1	
Verbrennungsverfahren		Wirbelkammer	
Gewicht	kg	165	175
Werkstoff Zylinderkopf		Grauguß	
Werkstoff Motorgehäuse		Grauguß	
Ventilsteuerung/Nockenwellenantrieb		ohv/Kette	
Kurbelwellenlager		5	
Einspritzpumpe		VP Bosch	
Turbolader		Garrett T03	
Maximaler Ladedruck	bar	0,6	
Ölinhalt	L	5,4	
Antrieb		Hinterräder	
Getriebe		4-Gang (a. W. 5-Gang, Autom.)	5-Gang (a. W. Autom.)
Gesamtübersetzung		3,308	2,79
Geschwindigkeit pro 1000/min	km/h	35,0	40,2
Leergewicht	kg	1465	
Höchstgeschwindigkeit	km/h	150	165
Beschleunigung 0–100 km/h	s	19	15,2
DIN-Verbrauch	L/100 km	6,6/9,2/9,2	6,4/8,8/8,4
Kraftstofftank	L	70	
Ölwechsel/Inspektion	km	7500/15000	

Peugeot 505 GLD/GRD/SRD

(ab 1979)

Nachfolger des 504, wahlweise als viertürige Limousine oder viertüriger Kombi (Break, Familial) mit längerem Radstand lieferbar. Technisch vom 504 abgeleitet. Ab 1982 mit mehr Hubraum und mehr Leistung.

Fahrzeug-Typ		Peugeot 505 GRD/SRD (1979–1982)	Peugeot 505 GTD/GLD/SRD (ab 1982)
Zylinderzahl/Bauart/Einbau		4/R/längs	
Hubraum	cm^3	2304	2498
Bohrung×Hub	mm	94×83	94×90
Leistung	kW (PS) bei min^{-1}	51 (70)/4500	56 (76)/4500
Spezifische Leistung	kW/L (PS/L)	22,0 (30,4)	22,4 (30,9)
Drehmoment	Nm bei min^{-1}	131/2000	150/2000
Verdichtungsverhältnis		22,2:1	23,0:1
Verbrennungsverfahren		Wirbelkammer	
Gewicht	kg	160	170
Werkstoff Zylinderkopf		Grauguß	
Werkstoff Motorgehäuse		Grauguß	
Ventilsteuerung/Nockenwellenantrieb		ohv/Kette	
Kurbelwellenlager		5	
Einspritzpumpe		VP Bosch	
Turbolader		–	
Maximaler Ladedruck	bar	–	
Ölinhalt	L	5,0	
Antrieb		Hinterräder	
Getriebe		4-Gang	4-Gang (a.W. 5-Gang)
Gesamtübersetzung		3,70:1	3,20 (5-Gang)
Geschwindigkeit pro 1000/min	km/h	31,3	33,5 (5-Gang)
Leergewicht	kg	1285	1295
Höchstgeschwindigkeit	km/h	141	150
Beschleunigung 0–100 km/h	s	20,0	18,2
DIN-Verbrauch	L/100 km	6,9/9,6/8,7	5,9/8,2/8,7 (5-Gang)
Kraftstofftank	L	56	
Ölwechsel/Inspektion	km	7500/15000	

Peugeot 505 SRD Turbo
(ab 1980)
Peugeot 505 GTD Turbo
(ab 1983)

Stärkere Version des 505 Diesel mit Turbomotor wie im 604 D Turbo. Ab 1983 zusätzliche Turbo-Variante mit mehr Hubraum und mehr Leistung. Nur als viertürige Limousine mit gehobener Ausstattung lieferbar.
Auf Wunsch mit Dreigang-Automatik.

Fahrzeug-Typ		Peugeot 505 SRD Turbo (ab 1980)	Peugeot 505 GTD Turbo (ab 1983)
Zylinderzahl/Bauart/Einbau		4/R/längs	
Hubraum	cm^3	2304	2498
Bohrung×Hub	mm	94×83	94×90
Leistung	kW (PS) bei min^{-1}	59 (80)/4150	70 (95)/4150
Spezifische Leistung	kW/L (PS/L)	25,5 (34,7)	28,0 (38,0)
Drehmoment	Nm bei min^{-1}	184/2000	206/2000
Verdichtungsverhältnis		21,0:1	
Verbrennungsverfahren		Wirbelkammer	
Gewicht	kg	165	175
Werkstoff Zylinderkopf		Grauguß	
Werkstoff Motorgehäuse		Grauguß	
Ventilsteuerung/Nockenwellenantrieb		ohv/Kette	
Kurbelwellenlager		5	
Einspritzpumpe		VP Bosch	
Turbolader		Garrett T03	
Maximaler Ladedruck	bar	0,6	
Ölinhalt	L	5,0	
Antrieb		Hinterräder	
Getriebe		5-Gang (a. W. Automatik)	
Gesamtübersetzung		2,92:1	2,79:1
Geschwindigkeit pro 1000/min	km/h	38,9	40,7
Leergewicht	kg	1295	
Höchstgeschwindigkeit	km/h	160	170
Beschleunigung 0–100 km/h	s	16,8	14,0
DIN-Verbrauch	L/100 km	6,0/8,6/9,4	5,8/8,5/8,4
Kraftstofftank	L	70	
Ölwechsel/Inspektion	km	7500/15000	

Peugeot 205 GLD/GRD/SRD
(ab 1983)

Kompakte Schrägheck-Limousine mit Frontantrieb und Quermotor. Nachfolger des 104. Wahlweise mit zwei (205 XLD) oder vier Türen lieferbar. GRD mit besserer Ausstattung und serienmäßigem Fünfganggetriebe.

Fahrzeug-Typ		Peugeot 205 GLD/GRD/SRD (ab 1983)
Zylinderzahl/Bauart/Einbau		4/R/quer
Hubraum	cm^3	1769
Bohrung × Hub	mm	80,0×88,0
Leistung	kW (PS) bei min^{-1}	44 (60)/4600
Spezifische Leistung	kW/L (PS/L)	24,9 (33,9)
Drehmoment	Nm bei min^{-1}	108/2000
Verdichtungsverhältnis		23,0:1
Verbrennungsverfahren		Wirbelkammer
Gewicht	kg	–
Werkstoff Zylinderkopf		Leichtmetall
Werkstoff Motorgehäuse		Grauguß
Ventilsteuerung/Nockenwellenantrieb		ohc/Zahnriemen
Kurbelwellenlager		5
Einspritzpumpe		VP
Turbolader		–
Maximaler Ladedruck	bar	–
Ölinhalt	L	5,0
Antrieb		Vorderräder
Getriebe		4-Gang (GRD/SRD: 5-Gang)
Gesamtübersetzung		2,87:1 (5-Gang: 2,72:1)
Geschwindigkeit pro 1000/min	km/h	38,5 (5-Gang)
Leergewicht	kg	870
Höchstgeschwindigkeit	km/h	155
Beschleunigung 0–100 km/h	s	15,5
DIN-Verbrauch	L/100 km	3,9/5,2/5,4 (5-Gang)
Kraftstofftank	L	40
Ölwechsel/Inspektion	km	7500/15000

Renault 20 TD/GTD
(1980 bis 1984)
Renault 30 Turbodiesel
(1981 bis 1984)

Erster Diesel-Personenwagen von Renault. Viertürige Schrägheck-Limousine mit Frontantrieb und Quermotor aus Leichtmetall. Renault 30 mit gehobener Ausstattung und Turbodieselmotor, sonst wie Renault 20.

Fahrzeug-Typ		Renault 20 TD/GTD (1980–1984)	Renault 30 Turbodiesel (1981–1984)
Zylinderzahl/Bauart/Einbau		4/R/quer	
Hubraum	cm^3	2068	
Bohrung × Hub	mm	86,0×89,0	
Leistung	kW (PS) bei min^{-1}	47 (64)/4500	63 (85)/4250
Spezifische Leistung	kW/L (PS/L)	22,7 (30,9)	30,2 (41,1)
Drehmoment	Nm bei min^{-1}	127/2250	181/2000
Verdichtungsverhältnis		21,5:1	
Verbrennungsverfahren		Wirbelkammer	
Gewicht	kg	150	160
Werkstoff Zylinderkopf		Leichtmetall	
Werkstoff Motorgehäuse		Leichtmetall	
Ventilsteuerung/Nockenwellenantrieb		ohc/Zahnriemen	
Kurbelwellenlager		5	
Einspritzpumpe		VP Bosch	
Turbolader		–	Garrett T03
Maximaler Ladedruck	bar	–	0,6
Ölinhalt	L	6,0	
Antrieb		Vorderräder	
Getriebe		5-Gang	
Gesamtübersetzung		3,25:1	3,06:1
Geschwindigkeit pro 1000/min	km/h	33,4	39,8
Leergewicht	kg	1250	1260
Höchstgeschwindigkeit	km/h	146	160
Beschleunigung 0–100 km/h	s	20,6	15,5
DIN-Verbrauch	L/100 km	6,1/8,9/8,7	5,6/8,3/8,4
Kraftstofftank	L	67	
Ölwechsel/Inspektion	km	5000/20000	

Renault 25 TD/GTD
(ab 1984)
Renault 25 Turbo D / Turbo DX
(ab 1984)

Nachfolger des Renault 20/30. Technisch davon abgeleitet, jedoch mit völlig neuer, aerodynamisch günstiger, viertüriger Schrägheck-Karosserie. Leichtmetall-Dieselmotor vom Vorgänger übernommen. Wahlweise auch in Turbo-Version lieferbar.

Fahrzeug-Typ		Renault 25 TD/GTD (ab 1984)	Renault 25 Turbo D / Turbo DX (ab 1984)
Zylinderzahl/Bauart/Einbau		4/R/quer	
Hubraum	cm^3	2068	
Bohrung×Hub	mm	86,0×89,0	
Leistung	kW (PS) bei min^{-1}	47 (64)/4500	63 (85)/4250
Spezifische Leistung	kW/L (PS/L)	22,7 (30,9)	30,2 (41,1)
Drehmoment	Nm bei min^{-1}	127/2250	181/2000
Verdichtungsverhältnis		21,5:1	
Verbrennungsverfahren		Wirbelkammer	
Gewicht	kg	150	160
Werkstoff Zylinderkopf		Leichtmetall	
Werkstoff Motorgehäuse		Leichtmetall	
Ventilsteuerung/Nockenwellenantrieb		ohc/Zahnriemen	
Kurbelwellenlager		5	
Einspritzpumpe		VP Bosch	
Turbolader		–	Garrett T03
Maximaler Ladedruck	bar	–	0,6
Ölinhalt	L	6,0	
Antrieb		Vorderräder	
Getriebe		5-Gang	
Gesamtübersetzung		3,25:1	2,79:1
Geschwindigkeit pro 1000/min	km/h	35,0	40,1
Leergewicht	kg	1180	1230
Höchstgeschwindigkeit	km/h	155	172
Beschleunigung 0–100 km/h	s	18,3	13,1
DIN-Verbrauch	L/100 km	5,2/7,1/8,8	5,2/6,9/8,5
Kraftstofftank	L	67	
Ölwechsel/Inspektion	km	5000/20000	

Renault 18 TD/GTD

(ab 1980)

Renault 18 GTD Turbo

(ab 1983)

Viertürige Mittelklasse-Limousine mit Stufenheck, Frontantrieb und längs eingebautem Leichtmetall-Dieselmotor. Wahlweise auch als Kombi (Break) lieferbar. GTD mit besserer Ausstattung und Fünfganggetriebe. Auf Wunsch auch Dreigang-Automatik erhältlich. Ab 1983 zusätzliche Turbodiesel-Version.

Fahrzeug-Typ		Renault 18 TD/GTD (ab 1980)	Renault 18 GTD Turbo (ab 1983)
Zylinderzahl/Bauart/Einbau		4/R/längs	
Hubraum	cm^3	2068	
Bohrung × Hub	mm	86,0×89,0	
Leistung	kW (PS) bei min^{-1}	50 (67)/4500	66 (88)/4200
Spezifische Leistung	kW/L (PS/L)	24,0 (32,0)	31,0 (43,0)
Drehmoment	Nm bei min^{-1}	127/2250	181/2000
Verdichtungsverhältnis		21,5:1	
Verbrennungsverfahren		Wirbelkammer	
Gewicht	kg	150	160
Werkstoff Zylinderkopf		Leichtmetall	
Werkstoff Motorgehäuse		Leichtmetall	
Ventilsteuerung/Nockenwellenantrieb		ohc/Zahnriemen	
Kurbelwellenlager		5	
Einspritzpumpe		VP Bosch	
Turbolader		–	Garrett T03
Maximaler Ladedruck	bar	–	0,6
Ölinhalt	L	5,0	
Antrieb		Vorderräder	
Getriebe		4-Gang (GTD: 5-Gang, a. W. Autom.)	5-Gang
Gesamtübersetzung		3,55:1(5-Gang: 2,97:1)	2,79:1
Geschwindigkeit pro 1000/min	km/h	36,8	40,3
Leergewicht	kg	1015	1100
Höchstgeschwindigkeit	km/h	160	170
Beschleunigung 0–100 km/h	s	16,3	14,0
DIN-Verbrauch	L/100 km	5,6/8,0/7,4	4,8/6,7/8,1
Kraftstofftank	L	53	
Ölwechsel/Inspektion	km	5000/20000	

Renault Fuego Turbodiesel

(ab 1982)

Zweitüriges Coupé mit Frontantrieb basierend auf dem Renault 18 GTD Turbo. Turbodieselmotor aus Leichtmetall wie auch im Renault 30 und 25. In Deutschland vorläufig nicht erhältlich.

Fahrzeug-Typ		Renault Fuego Turbodiesel (ab 1982)
Zylinderzahl/Bauart/Einbau		4/R/längs
Hubraum	cm^3	2068
Bohrung × Hub	mm	86,0×89,0
Leistung	kW (PS) bei min^{-1}	66 (88)/4200
Spezifische Leistung	kW/L (PS/L)	31,0 (43,0)
Drehmoment	Nm bei min^{-1}	181/2000
Verdichtungsverhältnis		21,5:1
Verbrennungsverfahren		Wirbelkammer
Gewicht	kg	160
Werkstoff Zylinderkopf		Leichtmetall
Werkstoff Motorgehäuse		Leichtmetall
Ventilsteuerung/Nockenwellenantrieb		ohc/Zahnriemen
Kurbelwellenlager		5
Einspritzpumpe		VP Bosch
Turbolader		Garrett T03
Maximaler Ladedruck	bar	0,6
Ölinhalt	L	5,0
Antrieb		Vorderräder
Getriebe		5-Gang
Gesamtübersetzung		2,97:1
Geschwindigkeit pro 1000/min	km/h	40,3
Leergewicht	kg	1150
Höchstgeschwindigkeit	km/h	175
Beschleunigung 0–100 km/h	s	13,2
DIN-Verbrauch	L/100 km	4,8/6,7/8,1
Kraftstofftank	L	57
Ölwechsel/Inspektion	km	5000/20000

Renault 9 TD/GTD/TDE

(ab 1983)

Viertürige Stufenheck-Limousine der unteren Mittelklasse. Quer eingebauter, völlig neuentwickelter Dieselmotor, Frontantrieb. In drei verschiedenen Ausstattungsvarianten (TD, GTD, TDE) lieferbar.

Fahrzeug-Typ		Renault 9 TD/GTD/TDE (ab 1983)
Zylinderzahl/Bauart/Einbau		4/R/quer
Hubraum	cm^3	1596
Bohrung × Hub	mm	78,0×83,5
Leistung	kW (PS) bei min^{-1}	41 (55)/4800
Spezifische Leistung	kW/L (PS/L)	25,3 (34,5)
Drehmoment	Nm bei min^{-1}	102/2250
Verdichtungsverhältnis		22,5:1
Verbrennungsverfahren		Wirbelkammer
Gewicht	kg	132
Werkstoff Zylinderkopf		Leichtmetall
Werkstoff Motorgehäuse		Grauguß
Ventilsteuerung/Nockenwellenantrieb		ohc/Zahnriemen
Kurbelwellenlager		5
Einspritzpumpe		VP Bosch
Turbolader		–
Maximaler Ladedruck	bar	–
Ölinhalt	L	5,5
Antrieb		Vorderräder
Getriebe		5-Gang
Gesamtübersetzung		2,82:1
Geschwindigkeit pro 1000/min	km/h	37,4
Leergewicht	kg	915
Höchstgeschwindigkeit	km/h	146
Beschleunigung 0–100 km/h	s	19,0
DIN-Verbrauch	L/100 km	4,4/6,3/6,9
Kraftstofftank	L	47
Ölwechsel/Inspektion	km	5000/20000

Renault 11 GTD
(ab 1983)

Schrägheck-Limousine der unteren Mittelklasse vom Renault 9 abgeleitet. Wahlweise mit zwei oder vier Türen, jedoch nur in einer Ausstattungsvariante lieferbar. Motor wie im Renault 9 Diesel.

Fahrzeug-Typ		Renault 11 GTD (ab 1983)
Zylinderzahl/Bauart/Einbau		4/R/quer
Hubraum	cm^3	1596
Bohrung × Hub	mm	78,0×83,5
Leistung	kW (PS) bei min^{-1}	41 (55)/4800
Spezifische Leistung	kW/L (PS/L)	25,3 (34,5)
Drehmoment	Nm bei min^{-1}	102/2250
Verdichtungsverhältnis		22,5:1
Verbrennungsverfahren		Wirbelkammer
Gewicht	kg	132
Werkstoff Zylinderkopf		Leichtmetall
Werkstoff Motorgehäuse		Grauguß
Ventilsteuerung/Nockenwellenantrieb		ohc/Zahnriemen
Kurbelwellenlager		5
Einspritzpumpe		VP Bosch
Turbolader		–
Maximaler Ladedruck	bar	–
Ölinhalt	L	5,5
Antrieb		Vorderräder
Getriebe		5-Gang
Gesamtübersetzung		2,82:1
Geschwindigkeit pro 1000/min	km/h	37,4
Leergewicht	kg	945
Höchstgeschwindigkeit	km/h	146
Beschleunigung 0–100 km/h	s	19,0
DIN-Verbrauch	L/100 km	4,4/6,3/6,9
Kraftstofftank	L	47
Ölwechsel/Inspektion	km	5000/20000

Rover 2400 SD Turbo

(ab 1982)

Viertürige Schrägheck-Limousine der oberen Mittelklasse. Konventioneller Antrieb. Italienischer VM-Dieselmotor. Nur in einer Ausstattungs-Version lieferbar. In Deutschland nicht erhältlich.

Fahrzeug-Typ		Rover 2400 SD Turbo (ab 1982)
Zylinderzahl/Bauart/Einbau		4/R/längs
Hubraum	cm^3	2393
Bohrung × Hub	mm	92,0×90,0
Leistung	kW (PS) bei min^{-1}	67 (91)/4200
Spezifische Leistung	kW/L (PS/L)	28,0 (38,0)
Drehmoment	Nm bei min^{-1}	193/2350
Verdichtungsverhältnis		22,0:1
Verbrennungsverfahren		Wirbelkammer
Gewicht	kg	–
Werkstoff Zylinderkopf		Leichtmetall
Werkstoff Motorgehäuse		Grauguß
Ventilsteuerung/Nockenwellenantrieb		ohv/Zahnriemen
Kurbelwellenlager		5
Einspritzpumpe		VP Bosch
Turbolader		KKK
Maximaler Ladedruck	bar	0,6
Ölinhalt	L	6,1
Antrieb		Hinterräder
Getriebe		5-Gang
Gesamtübersetzung		3,0:1
Geschwindigkeit pro 1000/min	km/h	38,5
Leergewicht	kg	1350
Höchstgeschwindigkeit	km/h	165
Beschleunigung 0–100 km/h	s	14,0
DIN-Verbrauch	L/100 km	6,0/8,6/9,4
Kraftstofftank	L	66
Ölwechsel/Inspektion	km	7500/20000

Standart Diesel

(1954 bis 1955)

Erster britischer Personenwagen mit Dieselmotor, basierend auf dem Standart Vanguard. Vierzylinder-Dieselmotor aus dem Ferguson-Traktor. Konventioneller Antrieb, wahlweise als viertürige Limousine oder viertüriger Kombi lieferbar.

Fahrzeug-Typ		Standart Diesel (1953–1954)
Zylinderzahl/Bauart/Einbau		4/R/längs
Hubraum	cm^3	2092
Bohrung × Hub	mm	81,0×101,6
Leistung	kW (PS) bei min^{-1}	29 (40)/3000
Spezifische Leistung	kW/L (PS/L)	14,1 (19,1)
Drehmoment	Nm bei min^{-1}	82/1050
Verdichtungsverhältnis		17,0:1
Verbrennungsverfahren		Vorkammer
Gewicht	kg	–
Werkstoff Zylinderkopf		Grauguß
Werkstoff Motorgehäuse		Grauguß
Ventilsteuerung/Nockenwellenantrieb		ohv/Stirnräder
Kurbelwellenlager		3
Einspritzpumpe		VP CAV
Turbolader		–
Maximaler Ladedruck	bar	–
Ölinhalt	L	6,8
Antrieb		Hinterräder
Getriebe		4-Gang
Gesamtübersetzung		4,20:1
Geschwindigkeit pro 1000/min	km/h	24,0
Leergewicht	kg	1340
Höchstgeschwindigkeit	km/h	90
Beschleunigung 0–100 km/h	s	–
DIN-Verbrauch	L/100 km	–
Kraftstofftank	L	54,5
Ölwechsel/Inspektion	km	–

Seat 132 Diesel

(1974 bis 1982)

Spanische Lizenz-Produktion des Fiat 132 jedoch mit Daimler-Benz-Dieselmotor, wahlweise mit 2,0 oder 2,2 Liter Hubraum. Nur als viertürige Limousine lieferbar.

Fahrzeug-Typ	Seat 132 Diesel (1974–1978)	Seat 132 Diesel (1978–1982)
Zylinderzahl/Bauart/Einbau	4/R/längs	
Hubraum cm³	1987	2196
Bohrung × Hub mm	87,0×83,6	87,0×92,4
Leistung kW (PS) bei min⁻¹	40 (55)/4200	44 (60)/4200
Spezifische Leistung kW/L (PS/L)	20,2 (27,6)	20,1 (27,3)
Drehmoment Nm bei min⁻¹	113/2400	126/2400
Verdichtungsverhältnis	21,0:1	
Verbrennungsverfahren	Vorkammer	
Gewicht kg	180	185
Werkstoff Zylinderkopf	Grauguß	
Werkstoff Motorgehäuse	Grauguß	
Ventilsteuerung/Nockenwellenantrieb	ohc/Kette	
Kurbelwellenlager	5	
Einspritzpumpe	RP Bosch	
Turbolader	–	
Maximaler Ladedruck bar	–	
Ölinhalt L	6,0	
Antrieb	Hinterräder	
Getriebe	4-Gang	5-Gang
Gesamtübersetzung	3,9:1	3,7:1
Geschwindigkeit pro 1000/min km/h	28,4	31,5
Leergewicht kg	1100	1215
Höchstgeschwindigkeit km/h	130	140
Beschleunigung 0–100 km/h s	26	24
DIN-Verbrauch L/100 km	–	
Kraftstofftank L	56	
Ölwechsel/Inspektion km	5000/10000	

Seat 131 Diesel
(ab 1979)

Spanische Lizenz-Produktion des Fiat 131. Zunächst wurde ein britischer Perkins-Dieselmotor mit 1,8 Liter Hubraum eingebaut, ab 1982 der 2,5 Liter Diesel des entsprechenden Fiat-Dieselmodells übernommen. Interessant beim Perkins-Motor: Flammstart-Anlage statt Glühkerzen.

Fahrzeug-Typ		Seat 131 Diesel (1979–1982)	Seat 131 Diesel (ab 1982)
Zylinderzahl/Bauart/Einbau		4/R/längs	
Hubraum	cm^3	1760	2445
Bohrung × Hub	mm	79,4×88,9	93,0×90,0
Leistung	kW (PS) bei min^{-1}	36 (49)/4000	53 (72)/4200
Spezifische Leistung	kW/L (PS/L)	20,5 (27,8)	21,7 (29,4)
Drehmoment	Nm bei min^{-1}	104/2200	148/2400
Verdichtungsverhältnis		22,0:1	
Verbrennungsverfahren		Wirbelkammer	
Gewicht	kg	150	255
Werkstoff Zylinderkopf		Grauguß	Leichtmetall
Werkstoff Motorgehäuse		Grauguß	Grauguß
Ventilsteuerung/Nockenwellenantrieb		ohv	ohc/Zahnriemen
Kurbelwellenlager		3	5
Einspritzpumpe		VP CAV	VP Bosch
Turbolader		–	–
Maximaler Ladedruck	bar	–	–
Ölinhalt	L	6,0	5,5
Antrieb		Hinterräder	
Getriebe		5-Gang	
Gesamtübersetzung		3,70:1	3,58:1
Geschwindigkeit pro 1000/min	km/h	29,2	35,0
Leergewicht	kg	1070	1200
Höchstgeschwindigkeit	km/h	140	150
Beschleunigung 0–100 km/h	s	28,0	18,0
DIN-Verbrauch	L/100 km	–	5,8/8,5/9,2
Kraftstofftank	L	50	
Ölwechsel/Inspektion	km	5000/10 000	

Seat Ronda Diesel
(ab 1982)

Spanische Lizenz-Produktion des Fiat Ritmo mit leicht modifizierter Karosserie. Motor wie im Ritmo Diesel bis 1982. Der Ronda wird im Gegensatz zu den anderen Seat Diesel-Modellen seit 1983 auch nach Deutschland exportiert.

Fahrzeug-Typ		Seat Ronda Diesel (ab 1982)
Zylinderzahl/Bauart/Einbau		4/R/quer
Hubraum	cm^3	1714
Bohrung × Hub	mm	83,0×79,2
Leistung	kW (PS) bei min^{-1}	41 (55)/4500
Spezifische Leistung	kW/L (PS/L)	23,6 (32,1)
Drehmoment	Nm bei min^{-1}	100/3000
Verdichtungsverhältnis		20,0:1
Verbrennungsverfahren		Wirbelkammer
Gewicht	kg	135
Werkstoff Zylinderkopf		Leichtmetall
Werkstoff Motorgehäuse		Grauguß
Ventilsteuerung/Nockenwellenantrieb		ohc/Zahnriemen
Kurbelwellenlager		5
Einspritzpumpe		VP Bosch
Turbolader		–
Maximaler Ladedruck	bar	–
Ölinhalt	L	5,2
Antrieb		Vorderräder
Getriebe		5-Gang
Gesamtübersetzung		3,52:1
Geschwindigkeit pro 1000/min	km/h	29,9
Leergewicht	kg	950
Höchstgeschwindigkeit	km/h	140
Beschleunigung 0–100 km/h	s	19,1
DIN-Verbrauch	L/100 km	5,0/7,4/8,8
Kraftstofftank	L	50
Ölwechsel/Inspektion	km	7500/15000

Chrysler Diesel
(1976 bis 1979)
Talbot Simca Diesel
(1979 bis 1982)

Diesel-Version des Chrysler 2 Liter für den spanischen Markt. Produktion in Spanien mit modifiziertem Nutzfahrzeug-Dieselmotor von Barreiros. Als viertürige Limousine in zwei Ausstattungs-Varianten lieferbar.

Fahrzeug-Typ		Talbot Simca Diesel (1976–1982)
Zylinderzahl/Bauart/Einbau		4/R/längs
Hubraum	cm^3	1918
Bohrung × Hub	mm	82,0×90,8
Leistung	kW (PS) bei min^{-1}	44 (60)/4000
Spezifische Leistung	kW/L (PS/L)	22,9 (31,3)
Drehmoment	Nm bei min^{-1}	126/2100
Verdichtungsverhältnis		21,0:1
Verbrennungsverfahren		Wirbelkammer
Gewicht	kg	–
Werkstoff Zylinderkopf		Grauguß
Werkstoff Motorgehäuse		Grauguß
Ventilsteuerung/Nockenwellenantrieb		ohv/Stirnrad
Kurbelwellenlager		5
Einspritzpumpe		VP Condiesel (Lizenz CAV)
Turbolader		–
Maximaler Ladedruck	bar	–
Ölinhalt	L	5,0
Antrieb		Hinterräder
Getriebe		4-Gang
Gesamtübersetzung		3,9:1
Geschwindigkeit pro 1000/min	km/h	20,6
Leergewicht	kg	1225
Höchstgeschwindigkeit	km/h	130
Beschleunigung 0–100 km/h	s	31
DIN-Verbrauch	L/100 km	–
Kraftstofftank	L	65
Ölwechsel/Inspektion	km	5000/10000

Talbot Tagora DT

(1980 bis 1983)

Große, viertürige Limousine, als Nachfolger des Chrysler 2 Liter gedacht, jedoch nach Übernahme von Chrysler Simca durch Peugeot schon nach kurzer Zeit zu Gunsten des konkurrierenden Peugeot 604 aufgegeben. Turbodieselmotor wie im 604 D Turbo.

Fahrzeug-Typ		Talbot Tagora DT (1980–1983)
Zylinderzahl/Bauart/Einbau		4/R/längs
Hubraum	cm^3	2304
Bohrung × Hub	mm	94,0×83,0
Leistung	kW (PS) bei min^{-1}	59 (80)/4150
Spezifische Leistung	kW/L (PS/L)	25,5 (34,7)
Drehmoment	Nm bei min^{-1}	189/2000
Verdichtungsverhältnis		21,0:1
Verbrennungsverfahren		Wirbelkammer
Gewicht	kg	165
Werkstoff Zylinderkopf		Grauguß
Werkstoff Motorgehäuse		Grauguß
Ventilsteuerung/Nockenwellenantrieb		ohv/Kette
Kurbelwellenlager		5
Einspritzpumpe		VP Bosch
Turbolader		Garrett T03
Maximaler Ladedruck	bar	0,6
Ölinhalt	L	5,0
Antrieb		Hinterräder
Getriebe		5-Gang (a. W. Automatik)
Gesamtübersetzung		2,92:1
Geschwindigkeit pro 1000/min	km/h	39,7
Leergewicht	kg	1365
Höchstgeschwindigkeit	km/h	155
Beschleunigung 0–100 km/h	s	17,0
DIN-Verbrauch	L/100 km	6,3/8,7/8,9
Kraftstofftank	L	70
Ölwechsel/Inspektion	km	5000/10000

Talbot Horizon LD/EXD
(ab 1982)

Viertürige Schrägheck-Limousine der unteren Mittelklasse mit Quermotor und Frontantrieb. Debut 1977, doch erst seit 1982 mit Dieselmotor. Triebwerk wie im Citroen BX 19 TRD und Peugeot 305 GLD/SRD, zwei Ausstattungsvarianten.

Fahrzeug-Typ		Talbot Horizon LD/EXD (ab 1982)
Zylinderzahl/Bauart/Einbau		4/R/quer
Hubraum	cm^3	1905
Bohrung × Hub	mm	83,0×88,0
Leistung	kW (PS) bei min^{-1}	48 (65)/4600
Spezifische Leistung	kW/L (PS/L)	25,1 (34,1)
Drehmoment	Nm bei min^{-1}	120/2000
Verdichtungsverhältnis		23,5:1
Verbrennungsverfahren		Wirbelkammer
Gewicht	kg	–
Werkstoff Zylinderkopf		Leichtmetall
Werkstoff Motorgehäuse		Grauguß
Ventilsteuerung/Nockenwellenantrieb		ohc/Zahnriemen
Kurbelwellenlager		5
Einspritzpumpe		VP Rotodiesel
Turbolader		–
Maximaler Ladedruck	bar	–
Ölinhalt	L	5,0
Antrieb		Vorderräder
Getriebe		4-Gang (a.W. 5-Gang)
Gesamtübersetzung		3,05:1 (5-Gang: 2,98:1)
Geschwindigkeit pro 1000/min	km/h	33,8 (5-Gang: 34,6)
Leergewicht	kg	1020
Höchstgeschwindigkeit	km/h	156
Beschleunigung 0–100 km/h	s	17,9
DIN-Verbrauch	L/100 km	4,6/6,5/6,5 (5-Gang: 4,5/6,4/7,1)
Kraftstofftank	L	45
Ölwechsel/Inspektion	km	7500/15000

Toyota Crown Diesel
(ab 1978)
Toyota Crown Turbodiesel
(ab 1982)

Spitzenmodell der Toyota-Baureihe. Konventioneller Antrieb mit Vierzylinder-Dieselmotor wie im Cressida Turbodiesel, jedoch wahlweise auch in Saug-Version lieferbar. Verschiedene Karosserie-Varianten: Limousine viertürig, Hardtop viertürig und Kombi (Station Wagon).

Fahrzeug-Typ		Toyota Crown Diesel (ab 1978)	Toyota Crown Turbodiesel (ab 1982)
Zylinderzahl/Bauart/Einbau		4/R/längs	
Hubraum	cm^3	2446	
Bohrung×Hub	mm	92,0×92,0	
Leistung	kW (PS) bei min^{-1}	61 (83)/4000	71 (96)/4000
Spezifische Leistung	kW/L (PS/L)	25,0 (33,9)	28,9 (39,2)
Drehmoment	Nm bei min^{-1}	167/2400	191/2400
Verdichtungsverhältnis		22,3:1	20,0:1
Verbrennungsverfahren		Wirbelkammer	
Gewicht	kg	210	220
Werkstoff Zylinderkopf		Grauguß	
Werkstoff Motorgehäuse		Grauguß	
Ventilsteuerung/Nockenwellenantrieb		ohc/Zahnriemen	
Kurbelwellenlager		5	
Einspritzpumpe		VP	
Turbolader		–	Toyota
Maximaler Ladedruck	bar	–	0,48
Ölinhalt	L	6,0	6,5
Antrieb		Hinterräder	
Getriebe		4-Gang (a.W. 5-Gang, Autom.)	5-Gang (a.W. Autom.)
Gesamtübersetzung		3,65:1	3,49:1
Geschwindigkeit pro 1000/min	km/h	34,2 (5-Gang)	
Leergewicht	kg	1410	
Höchstgeschwindigkeit	km/h	140	155
Beschleunigung 0–100 km/h	s	22,0	18,0
DIN-Verbrauch	L/100 km	7,6/–/10,1	–
Kraftstofftank	L	–	
Ölwechsel/Inspektion	km	72	

Toyota Mark II/ Cressida Diesel
(ab 1981)

Toyota Mark II/ Cressida Turbodiesel
(ab 1982)

Viertürige Limousine der gehobenen Mittelklasse. Konventionelle Bauart mit Hinterradantrieb. Wahlweise als Turbodiesel mit mehr Hubraum und als viertüriger Kombi lieferbar. Auf Wunsch Dreigang-Automatik mit Overdrive.

Fahrzeug-Typ		Toyota Mark II/Cressida Diesel (ab 1981)	Toyota Mark II/Cressida Turbodiesel (ab 1982)
Zylinderzahl/Bauart/Einbau		4/R/längs	
Hubraum	cm^3	2188	2446
Bohrung × Hub	mm	90,0×86,0	92,0
Leistung	kW (PS) bei min^{-1}	49 (66)/4200	71 (96)/4000
Spezifische Leistung	kW/L (PS/L)	22,2 (30,2)	28,9 (39,2)
Drehmoment	Nm bei min^{-1}	132/2400	191/2400
Verdichtungsverhältnis		21,5:1	20,0:1
Verbrennungsverfahren		Wirbelkammer	
Gewicht	kg	203	220
Werkstoff Zylinderkopf		Grauguß	
Werkstoff Motorgehäuse		Grauguß	
Ventilsteuerung/Nockenwellenantrieb		ohc/Zahnriemen	
Kurbelwellenlager		5	
Einspritzpumpe		VP	
Turbolader		–	Toyota
Maximaler Ladedruck	bar	–	0,48
Ölinhalt	L	5,0	6,5
Antrieb		Hinterräder	
Getriebe		5-Gang (a. W. 5-Gang, Autom.)	Automatik
Gesamtübersetzung		3,32:1	2,69:1
Geschwindigkeit pro 1000/min	km/h	–	29,7
Leergewicht	kg	1230	1270
Höchstgeschwindigkeit	km/h	140	155
Beschleunigung 0–100 km/h	s	20,4	17,0
DIN-Verbrauch	L/100 km	6,6/9,1/9,3	–
Kraftstofftank	L	65	
Ölwechsel/Inspektion	km	5000/20000	

Toyota Carina 1800 Diesel
(ab 1982)

Viertürige Mittelklasse-Limousine mit konventionellem Antrieb. Diesel-Version mit neuentwickeltem Triebwerk, jedoch nicht auf dem deutschen Markt lieferbar. Auf Wunsch Dreigang-Automatik mit Overdrive.

Fahrzeug-Typ		Toyota Carina 1800 Diesel (ab 1982)
Zylinderzahl/Bauart/Einbau		4/R/längs
Hubraum	cm^3	1840
Bohrung × Hub	mm	83,0×85,0
Leistung	kW (PS) bei min^{-1}	43 (58)/4500
Spezifische Leistung	kW/L (PS/L)	23,4 (31,5)
Drehmoment	Nm bei min^{-1}	113/3000
Verdichtungsverhältnis		22,5:1
Verbrennungsverfahren		Wirbelkammer
Gewicht	kg	156
Werkstoff Zylinderkopf		Leichtmetall
Werkstoff Motorgehäuse		Grauguß
Ventilsteuerung/Nockenwellenantrieb		ohc/Zahnriemen
Kurbelwellenlager		5
Einspritzpumpe		VP
Turbolader		–
Maximaler Ladedruck	bar	–
Ölinhalt	L	4,2
Antrieb		Hinterräder
Getriebe		5-Gang (a. W. Automatik)
Gesamtübersetzung		2,87:1
Geschwindigkeit pro 1000/min	km/h	–
Leergewicht	kg	1160
Höchstgeschwindigkeit	km/h	150
Beschleunigung 0–100 km/h	s	22,0
DIN-Verbrauch	L/100 km	–
Kraftstofftank	L	61
Ölwechsel/Inspektion	km	5000/20000

Toyota Corona FF/ Carina II Diesel

(ab 1983)

Neues Mittelklasse-Modell mit Frontantrieb. Wahlweise als viertürige Schrägheck- oder Stufenheck-Limousine lieferbar. Bezeichnung in Japan Corona FF, auf verschiedenen Export-Märkten jedoch Carina II. Auf Wunsch Dreigang-Automatik mit Overdrive.

Fahrzeug-Typ		Toyota Corona FF/Carina II (ab 1983)
Zylinderzahl/Bauart/Einbau		4/R/quer
Hubraum	cm^3	1974
Bohrung×Hub	mm	86,0×85,0
Leistung	kW (PS) bei min^{-1}	50 (68)/4500
Spezifische Leistung	kW/L (PS/L)	25,3 (34,4)
Drehmoment	Nm bei min^{-1}	121/3000
Verdichtungsverhältnis		22,5:1
Verbrennungsverfahren		Wirbelkammer
Gewicht	kg	159
Werkstoff Zylinderkopf		Leichtmetall
Werkstoff Motorgehäuse		Grauguß
Ventilsteuerung/Nockenwellenantrieb		ohc/Zahnriemen
Kurbelwellenlager		5
Einspritzpumpe		VP
Turbolader		–
Maximaler Ladedruck	bar	–
Ölinhalt	L	4,8
Antrieb		Vorderräder
Getriebe		5-Gang (a.W. Automatik)
Gesamtübersetzung		2,88:1
Geschwindigkeit pro 1000/min	km/h	37,9
Leergewicht	kg	1000
Höchstgeschwindigkeit	km/h	155
Beschleunigung 0–100 km/h	s	17,0
DIN-Verbrauch	L/100 km	4,4/6,4/6,7
Kraftstofftank	L	55
Ölwechsel/Inspektion	km	5000/20000

Toyota Camry Turbodiesel
(ab 1983)

Viertürige Limousine mit Frontantrieb und Quermotor oberhalb des Toyota Carina angesiedelt. Wahlweise mit Stufenheck oder Schrägheck lieferbar. Neuentwikkelter Dieselmotor wie in den Modellen Corolla/Carina jedoch mit Turboaufladung.

Fahrzeug-Typ		Toyota Camry Turbodiesel (ab 1983)
Zylinderzahl/Bauart/Einbau		4/R/quer
Hubraum	cm^3	1840
Bohrung×Hub	mm	83,0×85,0
Leistung	kW (PS) bei min^{-1}	54 (73)/4500
Spezifische Leistung	kW/L (PS/L)	29,3 (39,7)
Drehmoment	Nm bei min^{-1}	145/2600
Verdichtungsverhältnis		22,5:1
Verbrennungsverfahren		Wirbelkammer
Gewicht	kg	170
Werkstoff Zylinderkopf		Leichtmetall
Werkstoff Motorgehäuse		Grauguß
Ventilsteuerung/Nockenwellenantrieb		ohc/Zahnriemen
Kurbelwellenlager		5
Einspritzpumpe		VP
Turbolader		Toyota
Maximaler Ladedruck	bar	0,5
Ölinhalt	L	5,0
Antrieb		Vorderräder
Getriebe		5-Gang (a.W. Automatik)
Gesamtübersetzung		2,88:1
Geschwindigkeit pro 1000/min	km/h	37,8
Leergewicht	kg	1065
Höchstgeschwindigkeit	km/h	165
Beschleunigung 0–100 km/h	s	14,2
DIN-Verbrauch	L/100 km	5,0/7,3/7,0
Kraftstofftank	L	55
Ölwechsel/Inspektion	km	5000/20000

Toyota Corolla 1800 Diesel
(ab 1983)

Erfolgreichste Limousine des japanischen Konzerns. Seit 1983 mit Frontantrieb, Quermotor und neuentwickeltem Dieseltriebwerk. Viertürige Limousine, wahlweise mit Stufenheck oder Schrägheck lieferbar. Auf Wunsch Dreigang-Automatikgetriebe.

Fahrzeug-Typ		Toyota Corolla 1800 Diesel (ab 1983)
Zylinderzahl/Bauart/Einbau		4/R/quer
Hubraum	cm^3	1840
Bohrung × Hub	mm	83,0×85,0
Leistung	kW (PS) bei min^{-1}	44 (60)/4500
Spezifische Leistung	kW/L (PS/L)	26,0 (35,2)
Drehmoment	Nm bei min^{-1}	106/3000
Verdichtungsverhältnis		22,0:1
Verbrennungsverfahren		Wirbelkammer
Gewicht	kg	156
Werkstoff Zylinderkopf		Leichtmetall
Werkstoff Motorgehäuse		Grauguß
Ventilsteuerung/Nockenwellenantrieb		ohc/Zahnriemen
Kurbelwellenlager		5
Einspritzpumpe		VP
Turbolader		–
Maximaler Ladedruck	bar	–
Ölinhalt	L	4,2
Antrieb		Vorderräder
Getriebe		5-Gang (a. W. Automatik)
Gesamtübersetzung		2,73:1
Geschwindigkeit pro 1000/min	km/h	–
Leergewicht	kg	920
Höchstgeschwindigkeit	km/h	150
Beschleunigung 0–100 km/h	s	18,0
DIN-Verbrauch	L/100 km	4,2/6,1/6,8
Kraftstofftank	L	50
Ölwechsel/Inspektion	km	5000/20000

Volga GAZ-24
(ab 1973)

Geräumige russische Mittelklasse-Limousine. Einfache Bauweise mit konventionellem Antrieb. Wahlweise auch als viertüriger Kombi lieferbar. In Belgien mit Peugeot Vierzylinder-Dieselmotoren bestückt.

Fahrzeug-Typ		Volga GAZ-24 Indénor-Diesel (ab 1973)
Zylinderzahl/Bauart/Einbau		4/R/längs
Hubraum	cm^3	2304
Bohrung × Hub	mm	94,0×83,0
Leistung	kW (PS) bei min^{-1}	52 (70)/4500
Spezifische Leistung	kW/L (PS/L)	22,3 (30,4)
Drehmoment	Nm bei min^{-1}	131/2200
Verdichtungsverhältnis		22,2:1
Verbrennungsverfahren		Wirbelkammer
Gewicht	kg	160
Werkstoff Zylinderkopf		Grauguß
Werkstoff Motorgehäuse		Grauguß
Ventilsteuerung/Nockenwellenantrieb		ohv/Kette
Kurbelwellenlager		5
Einspritzpumpe		VP Rotodiesel
Turbolader		–
Maximaler Ladedruck	bar	–
Ölinhalt	L	5,0
Antrieb		Hinterräder
Getriebe		4-Gang
Gesamtübersetzung		3,54:1
Geschwindigkeit pro 1000/min	km/h	29,0
Leergewicht	kg	1480
Höchstgeschwindigkeit	km/h	135
Beschleunigung 0–100 km/h	s	22,0
DIN-Verbrauch	L/100 km	–
Kraftstofftank	L	55
Ölwechsel/Inspektion	km	–

Volvo 244 GL D6
(ab 1979)
Volvo 245 GL D6
(ab 1979)

Diesel-Version des Volvo Mitttelklasse-Modells mit Sechszylinder-Triebwerk von VW. Motor mit reduzierter Leistung auch im Lieferwagen VW LT eingesetzt. Wahlweise als viertürige Limousine (244) oder viertüriger Kombi (245) lieferbar.

Fahrzeug-Typ		Volvo 244 GL D6 (ab 1979)
Zylinderzahl/Bauart/Einbau		6/R/längs
Hubraum	cm^3	2383
Bohrung × Hub	mm	76,5×86,4
Leistung	kW (PS) bei min^{-1}	60 (82)/4800
Spezifische Leistung	kW/L (PS/L)	25,2 (34,4)
Drehmoment	Nm bei min^{-1}	140/2800
Verdichtungsverhältnis		23,5:1
Verbrennungsverfahren		Wirbelkammer
Gewicht	kg	198
Werkstoff Zylinderkopf		Leichtmetall
Werkstoff Motorgehäuse		Grauguß
Ventilsteuerung/Nockenwellenantrieb		ohc/Zahnriemen
Kurbelwellenlager		7
Einspritzpumpe		VP Bosch
Turbolader		–
Maximaler Ladedruck	bar	–
Ölinhalt	L	6,5
Antrieb		Hinterräder
Getriebe		4-Gang mit Overdrive
Gesamtübersetzung		3,73:1
Geschwindigkeit pro 1000/min	km/h	38,9
Leergewicht	kg	1370
Höchstgeschwindigkeit	km/h	150
Beschleunigung 0–100 km/h	s	17,5
DIN-Verbrauch	L/100 km	6,8/9,8/9,3
Kraftstofftank	L	60
Ölwechsel/Inspektion	km	7500/15000

Volvo 740 GLE Diesel
(ab 1984)
Volvo 760 GLE Turbodiesel
(ab 1982)

Große, viertürige Limousine mit konventionellem Antrieb. Sechszylinder-Dieselmotor wie im 244 GL D6, jedoch wahlweise auch in Turbo-Version lieferbar. Kombi-Variante in Vorbereitung.

Fahrzeug-Typ		Volvo 740 GLE Diesel (ab 1984)	Volvo 760 GLE Turbodiesel (ab 1982)
Zylinderzahl/Bauart/Einbau		6/R/längs	
Hubraum	cm^3	2383	
Bohrung×Hub	mm	76,5×86,4	
Leistung	kW (PS) bei min^{-1}	60 (82)/4800	80 (109)/4800
Spezifische Leistung	kW/L (PS/L)	25,4 (34,4)	33,6 (45,7)
Drehmoment	Nm bei min^{-1}	140/2800	190/2000
Verdichtungsverhältnis		23,0:1	
Verbrennungsverfahren		Wirbelkammer	
Gewicht	kg	198	210
Werkstoff Zylinderkopf		Leichtmetall	
Werkstoff Motorgehäuse		Grauguß	
Ventilsteuerung/Nockenwellenantrieb		ohc/Zahnriemen	
Kurbelwellenlager		7	
Einspritzpumpe		VP Bosch	
Turbolader		–	Garrett T03
Maximaler Ladedruck	bar	–	0,7
Ölinhalt	L	6,5	
Antrieb		Hinterräder	
Getriebe		4-Gang mit Overdrive	
Gesamtübersetzung		2,95:1	2,80:1
Geschwindigkeit pro 1000/min	km/h	30,2	40,3
Leergewicht	kg	1340	1400
Höchstgeschwindigkeit	km/h	155	175
Beschleunigung 0–100 km/h	s	17,5	13,0
DIN-Verbrauch	L/100 km	6,1/8,3/9,4	6,4/8,8/9,0
Kraftstofftank	L	82	
Ölwechsel/Inspektion	km	7500/15000	

VW Golf Diesel
(1976 bis 1983)

Erster Diesel-Personenwagen von VW. Triebwerk als Dieselversion des gleichgroßen Vierzylinder-Benzinmotors. Kompakte Schrägheck-Limousine mit Frontantrieb und Quermotor, wahlweise mit zwei oder vier Türen, jeweils in verschiedenen Ausstattungsvarianten. Ab 1980 mehr Hubraum und mehr Leistung.

Fahrzeug-Typ		VW Golf D 1,5 (1976–1980)	VW Golf D 1,6 (1980–1983)
Zylinderzahl/Bauart/Einbau		4/R/quer	
Hubraum	cm^3	1471	1588
Bohrung×Hub	mm	76,5×80,0	76,5×86,4
Leistung	kW (PS) bei min^{-1}	37 (50)/5000	40 (54)/4800
Spezifische Leistung	kW/L (PS/L)	25,1 (34,2)	25,4 (34,5)
Drehmoment	Nm bei min^{-1}	82/3000	102/2000
Verdichtungsverhältnis		23,5:1	
Verbrennungsverfahren		Wirbelkammer	
Gewicht	kg	120	
Werkstoff Zylinderkopf		Leichtmetall	
Werkstoff Motorgehäuse		Grauguß	
Ventilsteuerung/Nockenwellenantrieb		ohc/Zahnriemen	
Kurbelwellenlager		5	
Einspritzpumpe		VP Bosch, CAV	VP Bosch
Turbolader		–	
Maximaler Ladedruck	bar	–	
Ölinhalt	L	3,5	
Antrieb		Vorderräder	
Getriebe		4-Gang	4-Gang (a.W. 5-Gang)
Gesamtübersetzung		3,77:1	3,54:1 (5-Gang: 2,76:1)
Geschwindigkeit pro 1000/min	km/h	27,4	29,7 (5-Gang: 38,7)
Leergewicht	kg	805	820
Höchstgeschwindigkeit	km/h	140	143
Beschleunigung 0–100 km/h	s	18,0	16,8
DIN-Verbrauch	L/100 km	6,8/5,3/7,8	6,8/5,3/8,0 (5-G.: 6,8/4,8/7,0)
Kraftstofftank	L	40	
Ölwechsel/Inspektion	km	7500/15000	

VW Golf GTD
(1982 bis 1983)

Erstes Turbomodell von VW. Turbo-Version des 1,6 Liter-Diesel zunächst nur im sportlichen Sondermodell GTD, später in allen Karosserie- und Ausstattungs-Varianten lieferbar.

Fahrzeug-Typ		VW Golf GTD (1982–1983)
Zylinderzahl/Bauart/Einbau		4/R/quer
Hubraum	cm^3	1588
Bohrung × Hub	mm	76,5×84,4
Leistung	kW (PS) bei min^{-1}	52 (70)/4500
Spezifische Leistung	kW/L (PS/L)	32,5 (44,1)
Drehmoment	Nm bei min^{-1}	133/2600
Verdichtungsverhältnis		23,0:1
Verbrennungsverfahren		Wirbelkammer
Gewicht	kg	130
Werkstoff Zylinderkopf		Leichtmetall
Werkstoff Motorgehäuse		Grauguß
Ventilsteuerung/Nockenwellenantrieb		ohc/Zahnriemen
Kurbelwellenlager		5
Einspritzpumpe		VP Bosch
Turbolader		Garrett/KKK
Maximaler Ladedruck	bar	0,7
Ölinhalt	L	3,5
Antrieb		Vorderräder
Getriebe		5-Gang
Gesamtübersetzung		2,76:1
Geschwindigkeit pro 1000/min	km/h	38,3
Leergewicht	kg	865
Höchstgeschwindigkeit	km/h	155
Beschleunigung 0–100 km/h	s	13,5
DIN-Verbrauch	L/100 km	4,5/6,7/6,6
Kraftstofftank	L	80
Ölwechsel/Inspektion	km	7500/15000

VW Golf Diesel
(ab 1983)
VW Golf Turbodiesel
(ab 1983)

Neues Modell mit größerer Karosserie und überarbeiteter Technik, Motoren jedoch wie beim Vorgänger. Schrägheck-Limousine mit zwei oder vier Türen in verschiedenen Ausstattungsvarianten. Turbodiesel auch als sportlich aufgemachter GTD lieferbar.

Fahrzeug-Typ		VW Golf Diesel (ab 1983)	VW Golf Turbodiesel (ab 1983)
Zylinderzahl/Bauart/Einbau		4/R/quer	
Hubraum	cm^3	1588	
Bohrung × Hub	mm	76,5×86,4	
Leistung	kW (PS) bei min^{-1}	40 (54)/4800	52 (70)/4500
Spezifische Leistung	kW/L (PS/L)	24,9 (34,0)	32,5 (44,1)
Drehmoment	Nm bei min^{-1}	100/2300	133/2600
Verdichtungsverhältnis		23,0:1	
Verbrennungsverfahren		Wirbelkammer	
Gewicht	kg	120	130
Werkstoff Zylinderkopf		Leichtmetall	
Werkstoff Motorgehäuse		Grauguß	
Ventilsteuerung/Nockenwellenantrieb		ohc/Zahnriemen	
Kurbelwellenlager		5	
Einspritzpumpe		VP Bosch	
Turbolader		–	Garrett/KKK
Maximaler Ladedruck	bar	–	0,7
Ölinhalt	L	3,5	
Antrieb		Vorderräder	
Getriebe		4-G. (a.W. 5-G., Autom.)	5-Gang
Gesamtübersetzung		3,47:1 (5-Gang: 2,95:1)	2,76:1
Geschwindigkeit pro 1000/min	km/h	30,5	38,5
Leergewicht	kg	900	920
Höchstgeschwindigkeit	km/h	148	160
Beschleunigung 0–100 km/h	s	18,7	14,5
DIN-Verbrauch	L/100 km	4,8/6,8/6,3 (5-G.: 4,4/6,2/6,3)	4,3/6,1/6,1
Kraftstofftank	L	55	
Ölwechsel/Inspektion	km	7500/15000	

VW Passat Diesel
(1979 bis 1980)

Mittelklasse-Modell mit Frontantrieb. Vierzylinder-Dieselmotor wie im VW Golf, hier jedoch längs eingebaut. Wahlweise als zwei- oder viertürige Schrägheck-Limousine und viertüriger Kombi (Variant) lieferbar.

Fahrzeug-Typ		VW Passat Diesel (1979–1980)
Zylinderzahl/Bauart/Einbau		4/R/längs
Hubraum	cm^3	1471
Bohrung × Hub	mm	76,5×80,0
Leistung	kW (PS) bei min^{-1}	37 (50)/5000
Spezifische Leistung	kW/L (PS/L)	25,1 (34,2)
Drehmoment	Nm bei min^{-1}	82/3000
Verdichtungsverhältnis		23,5:1
Verbrennungsverfahren		Wirbelkammer
Gewicht	kg	120
Werkstoff Zylinderkopf		Leichtmetall
Werkstoff Motorgehäuse		Grauguß
Ventilsteuerung/Nockenwellenantrieb		ohc/Zahnriemen
Kurbelwellenlager		5
Einspritzpumpe		VP Bosch, CAV
Turbolader		–
Maximaler Ladedruck	bar	–
Ölinhalt	L	3,5
Antrieb		Vorderräder
Getriebe		4-Gang
Gesamtübersetzung		3,74:1
Geschwindigkeit pro 1000/min	km/h	28,1
Leergewicht	kg	885
Höchstgeschwindigkeit	km/h	142
Beschleunigung 0–100 km/h	s	21,5
DIN-Verbrauch	L/100 km	7,1/5,4/7,9
Kraftstofftank	L	45
Ölwechsel/Inspektion	km	7500/15 000

VW Jetta Diesel
(1980 bis 1984)
VW Jetta Turbodiesel
(1982 bis 1984)

Variante des VW Golf mit Stufenheck und separatem Kofferraum. Technisch jedoch unverändert mit gleicher Motorisierung. Wahlweise mit zwei oder vier Türen und in verschiedenen Ausstattungs-Varianten lieferbar.

Fahrzeug-Typ		VW Jetta Diesel (1979–1984)	VW Jetta Turbodiesel (1982–1984)
Zylinderzahl/Bauart/Einbau		4/R/quer	
Hubraum	cm^3	1588	
Bohrung × Hub	mm	76,5×84,4	
Leistung	kW (PS) bei min^{-1}	40 (54)/4800	52 (70)/4500
Spezifische Leistung	kW/L (PS/L)	24,9 (34,0)	32,5 (44,1)
Drehmoment	Nm bei min^{-1}	100/2300	133/2600
Verdichtungsverhältnis		23,0:1	
Verbrennungsverfahren		Wirbelkammer	
Gewicht	kg	120	130
Werkstoff Zylinderkopf		Leichtmetall	
Werkstoff Motorgehäuse		Grauguß	
Ventilsteuerung/Nockenwellenantrieb		ohc/Zahnriemen	
Kurbelwellenlager		5	
Einspritzpumpe		VP Bosch	
Turbolader		–	Garrett/KKK
Maximaler Ladedruck	bar	–	0,7
Ölinhalt	L	3,5	
Antrieb		Vorderräder	
Getriebe		4-Gang (a.W. 5-G., Autom.)	5-Gang
Gesamtübersetzung		3,54:1 (5-Gang: 2.76:1)	2,76:1
Geschwindigkeit pro 1000/min	km/h	29,8	38,3
Leergewicht	kg	865	890
Höchstgeschwindigkeit	km/h	141	153
Beschleunigung 0–100 km/h	s	17,8	14,0
DIN-Verbrauch	L/100 km	5,1/7,7/6,6 (5-G.: 4,6/6,9/6,6)	4,6/6,9/6,6
Kraftstofftank	L	40	
Ölwechsel/Inspektion	km	7500/15000	

VW Passat Diesel
(ab 1980)
VW Passat Turbodiesel
(ab 1982)

Neues Modell mit deutlich größeren Abmessungen. Technisch ähnlich dem Vorgänger, jedoch mit neuer Hinterachse. 1,6 Liter-Dieselmotor, ab 1982 auch in Turbodiesel-Version. Wahlweise als zwei- oder viertürige Schrägheck-Limousine oder viertüriger Kombi (Variant) in verschiedenen Ausstattungen lieferbar.

Fahrzeug-Typ		VW Passat Diesel (ab 1980)	VW Passat Turbodiesel (ab 1982)
Zylinderzahl/Bauart/Einbau		4/R/längs	
Hubraum	cm^3	1588	
Bohrung × Hub	mm	76,5×86,4	
Leistung	kW (PS) bei min^{-1}	40 (54)/4800	52 (70)/4500
Spezifische Leistung	kW/L (PS/L)	25,4 (34,5)	32,5 (44,1)
Drehmoment	Nm bei min^{-1}	102/2000	130/2600
Verdichtungsverhältnis		23,5:1	
Verbrennungsverfahren		Wirbelkammer	
Gewicht	kg	120	130
Werkstoff Zylinderkopf		Leichtmetall	
Werkstoff Motorgehäuse		Grauguß	
Ventilsteuerung/Nockenwellenantrieb		ohc/Zahnriemen	
Kurbelwellenlager		5	
Einspritzpumpe		VP Bosch	
Turbolader		–	Garrett/KKK
Maximaler Ladedruck	bar	–	0,7
Ölinhalt	L	3,5	
Antrieb		Vorderräder	
Getriebe		4-Gang (a.W. 5-Gang)	5-Gang
Gesamtübersetzung		3,62:1 (5-Gang: 2,82:1)	2,82:1
Geschwindigkeit pro 1000/min	km/h	29,8 (5-Gang: 38,3)	38,3
Leergewicht	kg	955	965
Höchstgeschwindigkeit	km/h	143	155
Beschleunigung 0–100 km/h	s	20,5	15,6
DIN-Verbrauch	L/100 km	5,2/7,2/7,8 (5-G.: 4,7/7,2/7,0)	4,7/6,9/7,0
Kraftstofftank	L	60	
Ölwechsel/Inspektion	km	7500/15000	

VW Santana Diesel
(ab 1982)
VW Santana Turbodiesel
(ab 1982)

Mittelklasse-Limousine mit Stufenheck auf der Basis des VW Passat. Gleiche Technik und Motorisierung. Als viertürige Limousine in verschiedenen Ausstattungsstufen lieferbar.

Fahrzeug-Typ		VW Santana Diesel (ab 1982)	VW Santana Turbodiesel (ab 1982)
Zylinderzahl/Bauart/Einbau		4/R/längs	
Hubraum	cm^3	1588	
Bohrung × Hub	mm	76,5×84,4	
Leistung	kW (PS) bei min^{-1}	40 (54)/4800	52 (70)/4500
Spezifische Leistung	kW/L (PS/L)	24,9 (34,0)	32,5 (44,1)
Drehmoment	Nm bei min^{-1}	100/2300	133/2600
Verdichtungsverhältnis		23,0:1	
Verbrennungsverfahren		Wirbelkammer	
Gewicht	kg	120	130
Werkstoff Zylinderkopf		Leichtmetall	
Werkstoff Motorgehäuse		Grauguß	
Ventilsteuerung/Nockenwellenantrieb		ohc/Zahnriemen	
Kurbelwellenlager		5	
Einspritzpumpe		VP Bosch	
Turbolader		–	Garrett/KKK
Maximaler Ladedruck	bar	–	0,7
Ölinhalt	L	3,5	
Antrieb		Vorderräder	
Getriebe		4-Gang (a.W. 5-G., Autom.)	5-Gang
Gesamtübersetzung		3,62:1 (5-Gang: 3,00:1)	3,00:1
Geschwindigkeit pro 1000/min	km/h	30,0	36,2
Leergewicht	kg	1025	1055
Höchstgeschwindigkeit	km/h	140	154
Beschleunigung 0–100 km/h	s	20,3	15,6
DIN-Verbrauch	L/100 km	5,0/7,3/7,0	4,8/6,9/7,0
Kraftstofftank	L	60	
Ölwechsel/Inspektion	km	7500/15000	

VW Jetta Diesel
(ab 1984)
VW Jetta Turbodiesel
(ab 1984)

Neue, geräumigere Karosserie auf der Basis des neuen VW Golf, wie beim Vormodell jedoch wieder mit Stufenheck. Diesel- und Turbodiesel-Motor unverändert. Als zwei- und viertürige Limousine in verschiedenen Ausstattungs-Varianten lieferbar.

Fahrzeug-Typ		VW Jetta Diesel (ab 1984)	VW Jetta Turbodiesel (ab 1984)
Zylinderzahl/Bauart/Einbau		4/R/quer	
Hubraum	cm^3	1588	
Bohrung×Hub	mm	76,5×84,4	
Leistung	kW (PS) bei min^{-1}	40 (54)/4800	52 (70)/4500
Spezifische Leistung	kW/L (PS/L)	24,9 (34,0)	32,5 (44,1)
Drehmoment	Nm bei min^{-1}	100/2300	133/2600
Verdichtungsverhältnis		23,0:1	
Verbrennungsverfahren		Wirbelkammer	
Gewicht	kg	120	130
Werkstoff Zylinderkopf		Leichtmetall	
Werkstoff Motorgehäuse		Grauguß	
Ventilsteuerung/Nockenwellenantrieb		ohc/Zahnriemen	
Kurbelwellenlager		5	
Einspritzpumpe		VP Bosch	
Turbolader		–	Garrett/KKK
Maximaler Ladedruck	bar	–	0,7
Ölinhalt	L	3,5	
Antrieb		Vorderräder	
Getriebe		4-Gang (a.W. 5-G., Autom.)	5-Gang
Gesamtübersetzung		3,47:1 (5-Gang: 2,95:1)	2,76:1
Geschwindigkeit pro 1000/min	km/h	30,5	38,5
Leergewicht	kg	930	955
Höchstgeschwindigkeit	km/h	146	158
Beschleunigung 0–100 km/h	s	19,3	15,0
DIN-Verbrauch	L/100 km	4,9/7,0/6,6 (5-G.: 4,5/6,4/6,6)	4,4/6,3/6,4
Kraftstofftank	L	55	
Ölwechsel/Inspektion	km	7500/15000	